CHUANXIBEI YESHENG YAOYONG
GUANSHANG ZHIWU TUPU

川西北野生药用
观赏植物图谱

陈 娟 张志强 王 丽 编著

中国林业出版社
China Forestry Publishing House

图书在版编目（CIP）数据

川西北野生药用观赏植物图谱 / 陈娟，张志强，王丽编著.—北京：中国林业出版社，2022.5

ISBN 978-7-5219-1677-5

Ⅰ.①川… Ⅱ.①陈…②张…③王… Ⅲ.①野生植物—药用植物—四川—图集 Ⅳ.①Q949.95-64

中国版本图书馆CIP数据核字（2022）第078933号

中国林业出版社·自然保护分社（国家公园分社）

策划、责任编辑：许　玮

电　　话：010-83143576

出版发行　中国林业出版社（100009　北京市西城区刘海胡同7号）

　　　　　　http://www.forestry.gov.cn/lycb.html

印　　刷　河北京平诚乾印刷有限公司

版　　次　2022年5月第1版

印　　次　2022年5月第1次印刷

开　　本　889mm×1196mm　1/16

印　　张　20.25

字　　数　580千字

定　　价　200.00元

编写委员会

主　编　陈娟　张志强　王　丽

副主编　罗明华　孙旭东　梁明霞　李　锐

参　编　徐　刚　王化东　李　艳　王雪梅　刘　炜　罗国容　李　杨　韩素菊

　　　　杨子宜　高国强　李金芳

前　言

随着我国城市化进程与生态文明建设事业的快速发展，园林绿化、美化、彩化需求逐步扩大，此外，园林植物还进一步发挥着"香化""康养"的作用。药用观赏植物不仅具有一般园林植物的观赏性，还具有康养保健的药用价值，在今后的生态园林建设与城市景观营造中深具潜力。

川西北地区位于四川盆地与青藏高原连接带，占四川省总面积的47.90%，地貌复杂多样，生物多样性丰富。根据《全国生态功能区划》，川西北地区全域涉及对国家和区域生态安全具有重要作用的水源涵养生态功能区和生物多样性保护区，肩负着维育川滇生物多样性和维护国家生态安全的重大使命。川西北地区的主体功能定位是建设人与自然和谐相处的国家生态文明建设示范区。

为展现川西北山地丰富而独特，兼具观赏和药用价值的植物资源，项目组决定编写出版《川西北野生药用观赏植物图谱》。本书编写的主旨在于将野外调查的成果，通过本书的出版发行来实现全社会共享，让更多的人了解川西北山地丰富、多样的野生乡土观赏药用植物，同时给相关的专业人士和花卉爱好者提供植物识别方面的参考书籍。

《川西北野生药用观赏植物图谱》共收集川西北山地乡土野生观赏药用植物665种，分属于145个科。本书植物分类系统采用"恩格勒分类系统"，植物中文名和拉丁名以《中国植物志》为准，形态特征描述主要参考《中国植物志》《中国高等植物图鉴》《中国高等植物》和《四川植物志》等成果。本书是四川省药用植物普查项目的成果之一，获得绵阳师范学院出版基金的资助。感谢四川省中医药科学院方清茂研究员、周毅研究员、罗冰老师等专家学者的指导。感谢参与植物调查和标本制作的人员：李剑南、张义秋、陈艾莲、杨红晨、古久林、陈静、刘思凡、王春、陈茂华、胡蝶、叶易成、易金艳、夏瑅瑅、杨琼、杨钰、张定珍、周黎明等。

由于作者水平有限，书中如有差错和不当之处，敬请广大读者批评指正。

编著者

2022年1月

目　录

引 言

近年来，随着我国社会经济的快速发展，人们对城乡人居环境的要求逐渐提升，对园林观赏植物的需求日益突出。优良的观赏植物应用于公园、广场、道路、居住区绿化以及室内盆栽等，具有净化空气、美化环境、愉悦心情等功能，可满足城乡园林建设需求和人们对高品质生活的追求。我国野生观赏植物种类丰富，素有"园林之母"的称号，很多植物具备良好的观赏性、抗逆性和适应性。其中，药用观赏植物不仅有独特的药用价值，同时还具有观赏性，药用观赏植物的整合应用可提升人居环境质量和园林绿化的综合效益。

野生药用观赏植物资源的基因潜力巨大，是培育新品种的优良亲本材料。野生观赏药用植物种质资源的调研、收集、评价和开发利用是当今我国农林领域的重要工作之一。开展野生药用观赏植物资源的调查研究，加速相关科研成果转化可有效形成新的经济增长点，对于提升我国的花卉产业经济以及推动城乡园林景观建设有着重要的战略意义。

1 野生药用观赏植物资源研究现状与发展趋势

1.1 野生观赏植物资源研究现状与发展趋势

在 18 世纪，野生观赏植物的价值被欧美植物学家所发掘，不仅对本国的野生植物资源进行了大量的调查与研究，还远渡他国调查野生植物并引种到本国，使得大量的野生植物资源进入欧美国家，极大地增加了欧美国家的野生植物种质资源，促进了世界引种驯化、遗传育种、观赏园艺的快速发展（鲍海鸥，2008）。英国 Wilosn E H 和 Keswick M 基于在中国开展的野生观赏植物资源调查结果，出版了《中国——园林之母》《中国园林史、艺术及建造》等著作（陈俊愉，1998；张育恺，2016），由此，中国被誉为"世界园林之母"。

我国高等植物的数量 3 万余种，裸子植物 250 多种，位居世界第一。其中，银杏、水杉、珙桐等 1.7 万 ~1.8 万种高等植物为我国所特有，中国为世界的园林绿化提供了丰富的种质资源（乔勇进等，2005）。欧美国家擅长利用中国的野生植物资源壮大本国的植物种类，美国、英国、法国等国家多次到中国搜集野生植物活体、种子、标本。20 世纪五六十年代，欧洲各国就首先开始了中国植物的研究（张育恺，2016）。传教士大卫在四川首次发现珙桐并发表文章后，引起了世界各地植物学家的关注。珙桐先后被多国引种，出现在欧美多个城市街头，成为著名的园林观赏树种。荷兰 40% 以上的观赏花木来自中国（陈俊愉，1998）。美国曾经多次派人前往我国川西北、云南、西藏高原等地区采集、引种野生植物资源不计其数。19 世纪以来，英国的威尔逊多次来华收集植物标本和繁殖材料，英国从中国引种了数千种野生观赏植物，不断丰富园林绿化苗木种类，世界最著名的植物园之一——邱园，拥有全世界已知植物的 1/8，约 5 万种，种类繁多，堪称世界之最。

由此可见，国外很早就开始注重野生观赏植物资源的调查收集与应用，并且很重视中国的野生植物种质资源，通常引种成功后栽培应用在园林绿化中，一部分则作为杂交育种的亲本材料。除园林应用外，随着鲜切花国际需求的增长和切花市场的快速发展，世界各国对于观赏植物的研究重心已经转移到了花卉新品种的选育与改良，通过生物技术、基因调控技术、环境管理技术等生产观赏植物，可以大幅节省育苗周期，改变花形、花色、芳香，提高植物抗病性和适应性（陈俊愉，1990；潘端云，2019）。此外，分子标记确定观赏植物的遗传变异，评价植物形态和遗传变异性，研究植物对环境的适应性成为研究热点（Anne-Marie et al., 2012；Pejman et al., 2016）。

我国地域广袤，地形地貌复杂，地跨温带、亚热带、热带以及特殊气候区等地带，大小山川和江河星罗棋布，孕育着极为丰富的野生观赏植物。但直至20世纪80年代，我国野生观赏植物种质资源工作才受到各地的重视。2012年以来，我国提出了生态文明建设的重大方针，生态环境保护、西北地区荒漠化治理、生态恢复、城乡园林绿化等备受关注。

野生植物种质资源的保护与生物多样性保护密不可分。20世纪末，在著名植物学家吴征镒老先生的努力下，批准建立了中国野生生物种质资源库，成为世界两个按照顶尖标准营建的种质资源库之一。国内许多学者对各地的野生观赏植物资源进行了调查和评价工作（朱纯和代色平，2008；周海峰 2014）。冯学华等（2001）的调查指出，南岭国家级自然保护区野生观赏植物资源丰富，共有 548 种，隶属于 132 科 304 属。陈福春等（2011）对大兴安岭北部山地野生花灌木资源进行调查与研究，详细阐述了兴安杜鹃 (Rhododendron dauricum)、红瑞木 (Cornus alba)、杜香 (Ledum palustre) 等 31 种野生花灌木的生长特性、生境及绿化用途。张旭乐等（2011）调查了浙江省的野生植物资源，从观赏性、适应性和安全性出发筛选出观赏价值较高的 33 种野生花境植物。强晓鸣等（2012）报道了陕西牛背梁保护区野生木本彩叶植物种类。李国兴等 (2015) 对山东地区野生观赏植物资源进行了性状评价。我国的一些植物园和科研单位进行了部分观赏植物资源的引种驯化工作。中国科学院华南植物研究所在广州华南植物园建立了木兰区，专门研究木兰科植物的引种繁殖技术。2017 年 12 月，中国科学院昆明植物研究所获批建设云南极小种群综合保护实验室，多次对云南的特殊生境地带进行植物调查，并积极对濒危物种开展有效就地保护措施。

2021 年是我国"十四五"规划开局之年，我国的社会经济发展将迈上新台阶，生态文明建设也面临新的挑战和任务。2021 年，联合国《生物多样性公约》第十五次缔约方大会（COP15）在云南昆明举办，生物多样性保护受到广泛关注。生物多样性保护与野生生物种质资源的保护两者相辅相成。对我国野生生物种质资源保护的未来发展进行思考和谋划，可为我国在生态文明建设、种业和生物技术领域的关键核心技术实现重大突破提供科学支撑（李德铢等，2021）。

1.2   野生药用植物资源研究现状与发展趋势

国外药用植物的应用起源于欧洲文艺复兴时期的修道院花园，是较早将药用植物应用于园林景观营造的形式（李莎，2013）。我国对药用植物的栽培与应用具有悠久的历史，可能追溯到新石器时代，人们尝试对野生植物食用或药用并逐渐驯化培育（程文静，2016）。殷商时期的甲骨文中可发现桑、柏、杏等药用园林植物的记载，后来的论著如《诗经》《神农本草经》《本草纲目》《园冶》《长物志》及《花镜》等均有描述园林植物的药用价值。发展至当代园林时期，学者提出药用观赏植物的概念，即兼具园林绿化、预防疾病、医疗保健的植物。

目前，药用植物已经被作为观赏植物广泛应用到园林绿化中，如菊花、芍药、百合等，该类植物不仅拥有资源优势，而且兼具药用功能和观赏价值。依据气候、土壤特性及景观绿化要求，精选药用植物品种，使园林景观植物更加多样，为人们提供独特的观赏体验，如萱草、桔梗、野菊、曼陀罗、薄荷等药用植物，除了具备药用价值外，其果、叶、花、芽等因姿态柔美、形态各异，非常具有观赏价值。很多药用植物的原生环境为山沟、稀疏树丛等，移栽时可依据园林绿化要求加以设计和布局，为药用植物营造良好的生长环境，供人观赏、宜人身心。

处于生长状态的药用植物，会释放生物活性物质，于身心有益，观赏者可通过嗅觉感受，起到保健作用。一些药用植物在散发气味的同时，对人体产生相应的功效，例如，玫瑰花香能够杀死葡萄球菌。还有一些木本植物具有外疗价值，其干、茎、叶等分泌物可抑菌。桔梗、野菊花等药用植物，经内服或外用，可达到良好的疾病防治效果。一些园林中种植了薄荷、薰衣草等，其分泌的香味能够驱逐蚊虫，赋予大众良好的园林观赏体验。

此外，一些药用植物具有净化空气、防风沙、降噪音、固土护坡等作用。当前，我国环境污染较严重，依据地域特征，在园林景观中种植鸢尾、金银花、栀子、木槿等药用植物，吸收空气中的二氧化硫，兼种夹竹桃、美人蕉、香樟、杜仲、连翘、凌霄等，降低空气中的氯化氢、氟化氢含量。除此之外，还可以种植一些杀菌、抑尘的药用植物，如紫薇、茉莉、木芙蓉、棕榈等，常见的银杏、女贞、石榴等能够抵抗有毒、有害气体，或选择药用植物设置林带，达到良好的防风固沙效果。金鸡菊、常春藤等根系发达，具备非常强的攀援性，在河岸、池塘等地种植均可，固土护坡效果好、成本低。

2　总结与展望

川西北山地独特的自然、地理条件为野生植物创造了优良的生境，其地形复杂、小气候明显，自然条件优越，使得川西北地区的野生植物资源十分丰富。但目前真正被开发利用的观赏植物种类却不多。近年来，全球气候变化，人们大肆采挖，有些野生植物资源还未被发现，就已经灭绝。因此，亟需对川西北野生观赏植物资源进行研究、保护以及合理的开发利用。

本书调查了川西北野生观赏药用植物资源的科属组成、观赏特性、园林应用和药用价值等。本书采用恩格勒（Engler）植物分类系统，通过中国植物志、中国植物图像库、中国自然标本馆、《观赏药用植物图鉴》《川西高原野生花卉图谱》《四川植物志》等网站、著作、文献对所调查植物进行鉴定，并初步筛选出具有观赏价值的野生药用植物资源，为该地区野生药用观赏植物资源的综合开发和利用提供基础资料。

野生药用观赏植物名录

一、杜鹃花科

1 红棕杜鹃 *Rhododendron rubiginosum* Franch.

科属：杜鹃花科杜鹃花属

形态特征：常绿灌木。幼枝粗壮，褐色，有鳞片。叶通常向下倾斜，椭圆形、椭圆状披针形或长圆状卵形。花序顶生，5~7 花，伞形着生；花梗长密被鳞片；花萼短小，边缘状或浅 5 圆裂，密被鳞片；花冠宽漏斗状，淡紫色、紫红色、玫瑰红色、淡红色，外面被疏散的鳞片；雄蕊 10，不等长，子房 5 室。蒴果长圆形。花期 4~6 月，果期 7~8 月。

生境：生于林缘或林间，海拔 2500~4200 米。

药用价值：花朵入药可止咳，补益气血。叶子入药能解毒消肿。

园林应用：最宜作花篱，在林缘、溪边、池畔及岩石旁成丛成片栽植，也可于疏林下散植。

2 云南杜鹃 *Rhododendron yunnanense* Franch.

科属：杜鹃花科杜鹃花属

形态特征：落叶、半落叶或常绿灌木。幼枝疏生鳞片，无毛或有微柔毛，老枝光滑。叶通常向下倾斜着生，叶片长圆形、披针形，长圆状披针形或倒卵形。花序顶生或同时枝顶腋生，3~6 花，伞形着生或成短总状；花萼环状或 5 裂；花冠宽漏斗状，略呈两侧对称，白色、淡红色或淡紫色，内面有红、褐红、黄或黄绿色斑点子房 5 室。蒴果长圆形。花期 4~6 月。

生境：生于山坡杂木林、灌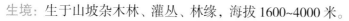丛、林缘，海拔 1600~4000 米。

药用价值：花可清热，止血，调经。

园林应用：枝繁叶茂，绮丽多姿，萌发力强，耐修剪，根桩奇特，是优良的盆景材料或作花篱材料。

3 白花杜鹃 *Rhododendron mucronatum* (Blume) G. Don

科属：杜鹃花科杜鹃花属

形态特征：半常绿灌木。幼枝开展，分枝多，密被灰褐色开展的长柔毛，混生少数腺毛。叶纸质，披针形至卵状披针形或长圆状披针形。伞形花序顶生，具花 1~3；花萼大，绿色，裂片 5，披针形；花冠白色，有时淡红色，阔漏斗形，5 深裂，裂片椭圆状卵形，雄蕊 10，不等长；子房卵球形，5 室。蒴果圆锥状卵球形。花期 4~5 月，果期 6~7 月。

生境：高海拔地区，喜凉爽湿润。生于富含腐殖质、疏松、湿润及酸性土壤。

药用价值：根能养血止血，补益气血，外用凝血止血。

园林应用：在林缘、溪边、池畔及岩石旁成丛成片栽植，或疏林下散植和作花篱材料。

4　樱草杜鹃 *Rhododendron primuliflorum* Bureau & Franch.

科属：杜鹃花科杜鹃花属

形态特征：常绿小灌木。幼枝被鳞片和短刚毛。叶革质，芳香，长圆形、长圆状椭圆形或卵状长圆形。花序顶生，头状，有 5~8 花；花冠窄筒状漏斗形，白色具黄色的筒部，稀全为粉红或蔷薇色，长 1.2~1.9 厘米；雄蕊 5（6），藏于冠筒。蒴果卵状椭圆形。

生境：喜凉爽湿润的气候。要求富含腐殖质的疏松、湿润酸性土壤。

药用价值：花和叶用于气管炎、肺气肿、浮肿、身体虚弱及水土不适、消化不良。外用治疮病。

园林应用：可用作盆景材料、成片栽植、疏林散植物或作花篱用。

5　长蕊杜鹃 *Rhododendron stamineum* Franch.

科属：杜鹃花科杜鹃花属

形态特征：常绿灌木或小乔木。小枝细长，无毛。叶革质，近轮生，长圆状披针形或椭圆状披针形，先端渐尖，基部楔形。花序生枝顶叶腋，有 3~5 花，花冠白或淡蔷薇色，有黄色斑点；雄蕊 10，细长，伸出花冠；子房圆柱形，花柱长于雄蕊。蒴果稍弯弓形。

生境：通常生于海拔 500~1600 米的灌丛或疏林内。

药用价值：枝、叶、花入药，可用于狂犬病治疗。

园林应用：长蕊杜鹃花形较大，色、香俱全，可种植于庭园或作为盆栽观赏。

6　杂种杜鹃 *Rhododendron hybrida* Hort.

科属：杜鹃花科杜鹃花属

形态特征：灌木。又称西洋鹃，系皋月杜鹃、映山红及毛白杜鹃反复杂交而成。株形矮壮。树冠紧密。花色多样，多见重瓣、半重瓣。花期 12 月至翌年 7 月。

生境：喜温暖湿润和阳光充足的环境，较耐寒，稍耐阴，怕水涝。土壤以肥沃、疏松的酸性砂质壤土为宜。

药用价值：根入药后能祛风止痛，收敛止泻，活血调经。

园林应用：可于疏林下散植或在庭园中作为矮墙或屏障。

7 耳叶杜鹃 *Rhododendron auriculatum* Hemsl.

科属：杜鹃花科杜鹃花属

形态特征：常绿灌木或小乔木。树皮灰色。幼枝密被长腺毛，老枝无毛。叶革质，长圆形、长圆状披针形或倒披针形。顶生伞形花序大，疏松，有7~15花；花冠漏斗形，长6~10厘米，直径6厘米，银白色，有香味，筒状部外面有长柄腺体，裂片7，卵形；雄蕊14~16，不等长；子房椭圆状卵球形。蒴果长圆柱形，微弯曲。花期7~8月，果期9~10月。

生境：生于海拔600~2000米的山坡上或沟谷森林中。

药用价值：花、叶、根都可入药，味酸性平，能活血、止血、祛风湿。

园林应用：植于庭园中假山、疏林下、溪边或山坡上。

8 黄毛岷江杜鹃 *Rhododendron hunnewellianum* subsp. *rockii* (Wils.) Chamb. ex Cullen et Chamb.

科属：杜鹃花科杜鹃花属

形态特征：灌木。枝条粗壮，当年生幼枝有灰色绒毛；老枝无毛但有裂纹。叶革质，狭窄披针形至狭倒披针形。总状伞形花序，有3~7花；花冠宽钟状，长4~4.5厘米，乳白色至粉红色，筒部有紫色斑点，5裂，裂片圆形；子房圆柱状锥形，柱头膨大，红色。蒴果圆柱状。花期4~5月，果期7~9月。

生境：生于海拔1600~2400米的山坡、山谷林中。

药用价值：叶、花用于气管炎，肺气肿，浮肿，身体虚弱，水土不适。外治疮疬。

园林应用：可种植于庭园或作为盆栽观赏。

9 头花杜鹃 *Rhododendron capitatum* Maxim.

科属：杜鹃花科杜鹃花属

形态特征：灌木。花序顶生，伞形，有2~8花；花冠宽漏斗状，长10~17毫米，淡紫或深紫，紫蓝色，外面不被鳞片，花管较裂片短；雄蕊10，伸出。蒴果卵圆形，被鳞片。花期4~6月，果期7~9月。

生境：生于海拔2500~4300米的高山草甸、湿草地或岩坡，常成灌丛，构成优势群落。

药用价值：具有止咳平喘之功效，主治咳嗽，哮喘。

园林应用：用于花篱，成片栽植或疏林散植。

10 马醉木 *Pieris japonica* (Thunb.) D. Don ex G. Don

科属：杜鹃花科马醉木属

形态特征：灌木或小乔木，高约4米。树皮棕褐色。小枝开展，无毛。冬芽倒卵形，芽鳞3~8枚，呈覆瓦状排列。叶革质，密集枝顶，椭圆状披针形。总状花序或圆锥花序顶生或腋生，长8~14厘米，直立或俯垂，花序轴有柔毛；花冠白色，坛状，无毛，上部浅5裂，裂片近圆形；雄蕊10，子房近球形。蒴果近于扁球形。花期4~5月，果期7~9月。

生境：生于海拔800~1200米的山坡疏林下、林缘及溪谷旁灌丛中。

药用价值：茎叶有毒，其水煎剂可杀农业害虫。

园林应用：可作切花、盆景、绿篱和庭园露地栽培用。

11 南烛 *Vaccinium bracteatum* Thunb.

科属：杜鹃花科越橘属

形态特征：常绿灌木或小乔木。分枝多，幼枝被短柔毛或无毛，老枝紫褐色，无毛。叶片薄革质，椭圆形、菱状椭圆形、披针状椭圆形至披针形。总状花序顶生和腋生，长4~10厘米，有多数花，序轴密被短柔毛稀无毛；花冠白色，筒状，有时略呈坛状；雄蕊内藏；花盘密生短柔毛。浆果熟时紫黑色。花期6~7月，果期8~10月。

生境：生于丘陵地带或海拔400~1400米的山地山坡、路旁或灌木丛中。喜温暖气候及酸性土地，耐旱、耐寒、耐瘠薄。

药用价值：果实入药，名"南烛子"，有强筋益气、固精之效。

园林应用：全年叶色绿红亮丽，是很好的彩叶树种。

二、百合科

1　狭叶重楼 *Paris polyphylla* var. *stenophylla* Franch.

科属：百合科重楼属

形态特征：叶 8~22 枚轮生，披针形、倒披针形或条状披针形，有时略微弯曲呈镰刀状，先端渐尖，基部楔形，具短叶柄。外轮花被片叶状，5~7 枚，狭披针形或卵状披针形，长 3~8 厘米，宽 0.5~1.5 厘米，先端渐尖头，基部渐狭成短柄；内轮花被片狭条形，远比外轮花被片长；雄蕊 7~14，花药长 5~8 毫米，与花丝近等长；药隔突出部分极短，长 0.5~1 毫米；子房近球形，暗紫色，花柱明显，长 3~5 毫米，顶端具 4~5 分枝。花期 6~8 月，果期 9~10 月。

生境：生于林下或草丛阴湿处，海拔 1000~2700 米。

药用价值：以根茎入药，具有清热解毒、活血散瘀、平喘止咳、接骨等功效。

园林应用：茎叶可爱，多植庭院间。

2　华重楼 *Paris polyphylla* var. *chinensis* (Franch.) Hara

科属：百合科重楼属

形态特征：叶 5~8 枚轮生，通常 7 枚，倒卵状披针形、矩圆状披针形或倒披针形，基部通常楔形。内轮花被片狭条形，通常中部以上变宽，宽 1~1.5 毫米，长 1.5~3.5 厘米，长为外轮的 1/3 至近等长或稍超过；雄蕊 8~10 枚，花药长 1.2~2 厘米，长为花丝的 3~4 倍，药隔突出部分长 1~2 毫米。花期 5~7 月。果期 8~10 月。

生境：生于林下阴处或沟谷边的草丛中，海拔 600~2000 米。

药用价值：清热解毒，消肿止痛，凉肝定惊。用于疔肿痈肿、咽喉肿痛、毒蛇咬伤、跌仆伤痛、惊风抽搐。

园林应用：可庭院露天栽培作园林地被植物。

3　竹根七 *Disporopsis fuscopicta* Hance

科属：百合科竹根七属

形态特征：根状茎连珠状；茎高 25~50 厘米。叶纸质，卵形、椭圆形或矩圆状披针形，两面无毛。花 1~2 生于叶腋，白色，内带紫色，稍俯垂；花被钟形；副花冠裂片膜质，与花被裂片互生，卵状披针形，长约 5 毫米，先端通常 2~3 齿或二浅裂；雌蕊长 8~9 毫米；花柱与子房近等长。浆果近球形。花期 4~5 月，果期 11 月。

生境：海拔 500~2400 米，生于林下或山谷中。

药用价值：具有养阴清肺，活血祛瘀之功效。

园林应用：株形优美，叶色青翠，可盆栽观赏或庭院露天栽培。

4 宜昌百合 *Lilium leucanthum* (Baker) Baker

科属：百合科百合属

形态特征：鳞茎近球形，鳞片披针形，干时褐黄色或紫色；茎高 60~150 厘米，有小乳头状突起。叶散生，披针形。花单生或 2~4；紫色；花喇叭形，有微香，白色，里面淡黄色，背脊及近脊处淡绿黄色，长 12~15 厘米；外轮花被片披针形；内轮花被片匙形，先端钝圆，蜜腺无乳头状突起；子房圆柱形，淡黄色。花期 6~7 月。

生境：生于山沟、河边草丛中，海拔 450~1500 米。

药用价值：宜昌百合以干燥肉质鳞叶入药，具有养阴润肺，清心安神的功能。

园林应用：可丛植，多用于打造百合专类园。

5 大百合 *Cardiocrinum giganteum* (Wall.) Makino

科属：百合科大百合属

形态特征：草本。小鳞茎卵形，干时淡褐色；茎直立，中空，高 1~2 米，无毛。叶纸质，网状脉；基生叶卵状心形或近宽矩圆状心形，茎生叶卵状心形。总状花序有花 10~16，无苞片；花狭喇叭形，白色，里面具淡紫红色条纹；花被片条状倒披针形。子房圆柱形。蒴果近球形，基部有粗短果柄，红褐色，具 6 钝棱和多数细横纹，3 瓣裂。花期 6~7 月，果期 9~10 月。

生境：生于林下草丛中，海拔 1450~2300 米。

药用价值：清热止咳，宽胸利气。用于肺痨咯血、咳嗽痰喘、小儿高烧、胃痛、呕吐。

园林应用：可观花观果，花大洁白，十分雅致。

6 宝兴百合 *Lilium duchartrei* Franch.

科属：百合科百合属

形态特征：鳞茎卵圆形，具走茎，鳞片卵形至宽披针形白色；茎高 50~85 厘米，有淡紫色条纹。叶散生，披针形至矩圆状披针形，具 3~5 脉，有的边缘有乳头状突起。花单生或数朵排成总状花序或近伞房花序、伞形总状花序；苞片叶状，披针形，花梗长 10~22 厘米；花下垂，有香味，白色或

粉红色，有紫色斑点；花被片反卷，花药窄矩圆形黄色；子房圆柱形。蒴果椭圆形。种子扁平，具翅。花期 7 月，果期 9 月。

生境：生于高山草地、林缘或灌木丛中，海拔 2300~3500 米。

药用价值：功效养阴润肺，清心安神。

园林应用：百合花姿雅致，叶片青翠娟秀，茎干亭亭玉立，是名贵的切花，可盆栽或露地栽培。

7　川百合 *Lilium davidii* Duchartre ex Elwes

科属：百合科百合属

形态特征：鳞茎扁球形或宽卵形，鳞片宽卵形至卵状披针形，白色；茎高 50~100 厘米，有的带紫色，密被小乳头状突起。叶多数，散生，在中部较密集，条形，叶腋有白色绵毛。花单生或 2~8 排成总状花序；苞片叶状；花下垂，橙黄色，向基部约 2/3 有紫黑色斑点，外轮花被片长 5~6 厘米，宽 1.2~1.4 厘米；内轮花被片比外轮花被片稍宽，蜜腺两边有乳头状突起，花粉深橘红色；子房圆柱形。蒴果长矩圆形。花期 7~8 月，果期 9 月。

生境：生于山坡草地、林下潮湿处或林缘，海拔 850~3200 米。

药用价值：功效养阴润肺，清心安神。

园林应用：百合花姿雅致，可作切花、盆栽或露天栽培用。

8　假百合 *Notholirion bulbuliferum* (Lingelsh. ex H. Limpricht) Stearn

科属：百合科假百合属

形态特征：小鳞茎多数，卵形，淡褐色；茎高 60~150 厘米，近无毛。基生叶数枚，带形；茎生叶条状披针形。总状花序具 10~24 花；苞片叶状，条形；花淡紫色或蓝紫色；花被片倒卵形或倒披针形；雄蕊与花被片近等长；子房淡紫色。蒴果矩圆形或倒卵状矩圆形。花期 7 月，果期 8 月。

生境：生于高山草丛或灌木丛中，海拔 3000~4500 米。

药用价值：治胃痛腹胀，胸闷，呕吐反胃，风寒咳嗽，小儿惊风。

园林应用：可栽植于大庭院或稀疏林下半阴处，也可盆栽观赏。

9　卷叶黄精 *Polygonatum cirrhifolium* (Wall.) Royle

科属：百合科黄精属

形态特征：草本。根状茎肥厚，圆柱状，或连珠状；茎高 30~90 厘米。叶通常每 3~6 枚轮生，很少下部有少数散生的，细条形至条状披针形，先端拳卷或弯曲成钩状，边常外卷。花序轮生，通常具 2 花，花被淡紫色，全长 8~11 毫米，花被筒中部稍缢狭。浆果红色或紫红色，具 4~9 颗种子。花期 5~7 月，果期 9~10 月。

生境：生于林下、山坡或草地，海拔 2000~4000 米。

药用价值：具有补中益气，补精髓，滋润心肺，生津养胃功效。

园林应用：可栽植于山坡阴湿处。

10 卷丹 *Lilium lancifolium*

科属：百合科百合属

形态特征：鳞茎近宽球形，鳞片宽卵形，白色；茎高 0.8~1.5 米，带紫色条纹，具白色绵毛。叶散生，矩圆状披针形或披针形，两面近无毛。花 3~6 或更多；苞片叶状，卵状披针形；花梗紫色，有白色绵毛；花下垂，花被片披针形，反卷，橙红色，有紫黑色斑点；外轮花被片长 6~10 厘米，宽 1~2 厘米；内轮花被片稍宽，蜜腺两边有乳头状突起；花丝淡红色，花药矩圆形；子房圆柱形。蒴果狭长卵形。花期 7~8 月，果期 9~10 月。

生境：生于山坡灌木林下、草地，路边或水旁，海拔 400~2500 米。

药用价值：鳞茎富含淀粉，供食用，亦可作药用；花含芳香油，可作香料。

园林应用：观花，可盆栽或露地栽培。

11 紫萼 *Hosta ventricosa* (Salisb.) Stearn

科属：百合科玉簪属

形态特征：叶卵状心形、卵形至卵圆形，先端通常近短尾状或骤尖，基部心形或近截形，极少叶片基部下延而略呈楔形，具 7~11 对侧脉；叶柄长 6~30 厘米。花葶高 60~100 厘米，具 10~30 花；苞片矩圆状披针形，白色，膜质；花单生，长 4~5.8 厘米，盛开时从花被管向上骤然作近漏斗状扩大，紫红色。蒴果圆柱状，有三棱。花期 6~7 月，果期 7~9 月。

生境：生于林下、草坡或路旁，海拔 500~2400 米。

药用价值：全草入药，止血，止痛，解毒。

园林应用：阴生观叶植物，丛植于岩石园或置室内观赏。

12 七叶一枝花 *Paris polyphylla* Smith

科属：百合科重楼属

形态特征：植株高 35~100 厘米，无毛。根状茎粗厚，外面棕褐色，密生多数环节和许多须根，茎通常带紫红色，基部有灰白色干膜质的鞘 1~3 枚。叶 5~10 枚，矩圆形、椭圆形或倒卵状披针形；叶柄明显，长 2~6 厘米，带紫红色。外轮花被片绿色，3~6 枚，狭卵状披针形；内轮花被片狭条形；雄蕊 8~12；子房近球形，具棱。蒴果紫色，3~6 瓣裂开。花期 4~7 月，果期 8~11 月。

生境：生于海拔 1800~3200 米的林下。

药用价值：用于治疗胃癌、肝癌、肺癌、脑瘤等。

园林应用：花型奇特，适宜栽植于荫蔽、潮湿处。

13 暗紫贝母 *Fritillaria unibracteata* Hsiao et K. C. Hsia

科属：百合科贝母属

形态特征：植株长 15~23 厘米。鳞茎由 2 枚鳞片组成，直径 6~8 毫米。叶在下面的 1~2 对为对生，上面的 1~2 枚散生或对生，条形或条状披针形。花单朵，深紫色，有黄褐色小方格；叶状苞片 1 枚，先端不卷曲；花被片长 2.5~2.7 厘米；雄蕊长约为花被片的一半，花药近基着，花丝具或不具小乳突；柱头裂片很短，长 0.5~1 毫米。蒴果，果期 8 月。

生境：生于海拔 3200~4500 米的草地上。

药用价值：主治清热润肺，化痰止咳，散结消肿。

园林应用：可露地栽培作地被用。

14 粉条儿菜 *Aletris spicata* (Thunb.) Franch.

科属：百合科粉条儿菜属

形态特征：植株具多数须根，根毛局部膨大。叶簇生，纸质，条形。花葶高 40~70 厘米，有棱，密生柔毛；总状花序长 6~30 厘米，疏生多花；苞片 2 枚，窄条形，位于花梗的基部，花被黄绿色，上端粉红色，外面有柔毛；裂片条状披针形；雄蕊着生于花被裂片的基部，花丝短，花药椭圆形；子房卵形。蒴果倒卵形或矩圆状倒卵形，有棱角，密生柔毛。花期 4~5 月，果期 6~7 月。

生境：生于山坡上、路边、灌丛边或草地上，海拔 350~2500 米。

药用价值：根药用，有润肺止咳、杀蛔虫、消疳等效。

园林应用：可作地被植物。

15 高山粉条儿菜 *Aletris alpestris* Diels

科属：百合科粉条儿菜属

形态特征：植株细弱，具细长的纤维根。叶近莲座状簇生，条状披针形先端渐尖。花葶高 7~20 厘米，疏生柔毛，中下部有几枚苞片状叶；总状花序长 1~4 厘米，疏生 4~10 花；苞片 2 枚，披针形或卵状披针形，绿色；花被近钟形，无毛，白色；裂片披针形；花药球形；子房卵形，突然收缩为短的花柱。蒴果球状卵形。花期 6 月，果期 8 月。

> 生境：生于岩石上或林下石壁上，海拔 800~3600 米。
>
> 药用价值：清热，润肺，止咳。
>
> 园林应用：可用于地被。

16　龙须菜 *Asparagus schoberioides* Kunth

科属：百合科天门冬属

形态特征：直立草本，高可达 1 米。根细长。茎上部和分枝具纵棱，分枝有时有极狭的翅。叶状枝通常每 3~4 枚成簇，窄条形，镰刀状，基部近锐三棱形，上部扁平；鳞片状叶近披针形，基部无刺。花每 2~4 腋生，黄绿色；雄花花被长 2~2.5 毫米；雄蕊的花丝不贴生于花被片上；雌花和雄花近等大。浆果直径约 6 毫米，熟时红色。花期 5~6 月，果期 8~9 月。

> 生境：生于海拔 400~2300 米的草坡或林下。
>
> 药用价值：根状茎和根常被作为中药白前混用。
>
> 园林应用：可引种用于地被。

17　毛叶藜芦 *Veratrum grandiflorum* Loes.

科属：百合科藜芦属

形态特征：植株高大，高达 1.5 米。基部具无网眼的纤维束。叶宽椭圆形至矩圆状披针形。圆锥花序塔状，侧生总状花序直立或斜升，顶生总状花序较侧生的长约一倍；花大，密集，绿白色；花被片宽矩圆形或椭圆形，先端钝，基部略具柄，边缘具啮蚀状牙齿，外花被片背面尤其中下部密生短柔毛；雄蕊长约为花被片的 3/5；子房长圆锥状，密生短柔毛。蒴果。花果期 7~8 月。

> 生境：生于海拔 2600~4000 米的山坡林下或湿生草丛中。
>
> 药用价值：根状茎及根入药，有涌吐风痰、杀虫治疮功能。
>
> 园林应用：可引种栽培作地被用。

18　七筋姑 *Clintonia udensis* Trantv. et Mey.

科属：百合科七筋姑属

形态特征：根状茎较硬，有撕裂成纤维状的残存鞘叶。叶 3~4 枚，纸质或厚纸质，椭圆形、倒卵状矩圆形或倒披针形。花莛密生白色短柔毛；总状花序有花3~12，花梗密生柔毛；苞片披针形；花白色，少有淡蓝色；花被片矩圆形，先端钝圆，外面有微毛，具5~7脉；花药长1.5~2毫米，花丝长3~7毫米。果实球形至矩圆形，自顶端至中部沿背缝线作蒴果状开裂，每室有种子6~12颗。种子卵形或梭形。花期5~6月，果期7~10月。

生境：生于高山疏林下或阴坡疏林下，海拔1600~4000米。

药用价值：全草药用，味苦，微辛，性凉，有小毒。归肾经。有祛风止痛，败毒散瘀之功效。

园林应用：可引种栽培，用于地被。

19　山麦冬 *Liriope spicata* (Thunb.) Lour.

科属：百合科山麦冬属

形态特征：根状茎短，木质，具地下走茎。叶长25~60厘米，先端急尖或钝，基部常包以褐色的叶鞘，上面深绿色，背面粉绿色，具5条脉，中脉比较明显，边缘具细锯齿。花莛通常长于或几等长于叶；总状花序长6~20厘米，具多数花；花通常2~5簇生于苞片腋内；花被片矩圆形、矩圆状披针形，先端钝圆，淡紫色或淡蓝色；花药狭矩圆形；子房近球形。种子近球形。花期5~7月，果期8~10月。

生境：喜阴湿，忌阳光直射，对土壤要求不严，以湿润肥沃为宜。生于海拔50~1400米的山坡、山谷林下、路旁或湿地。

药用价值：养阴生津，润肺清心。

园林应用：宜作花坛、花境的镶边材料，可林下种植或盆栽。

20　梭砂贝母 *Fritillaria delavayi* Franch.

科属：百合科贝母属

形态特征：植株长17~35厘米。鳞茎由2~3枚鳞片组成。叶3~5枚，较紧密地生于植株中部或上部，全部散生或最上面2枚对生，狭卵形至卵状椭圆形。花单朵，浅黄色，具红褐色斑点或小方格；花被片内三片比外三片稍长而宽；雄蕊长约为花被片的一半；花药近基着，花丝不具小乳突。蒴果，棱上翅很狭。花期6~7月，果期8~9月。

生境：生于海拔3800~4700米的沙石地或流沙岩石的缝隙中。

药用价值：具有化痰止咳、清热散结功效。

园林应用：宜作花坛、花境材料，林下种植或盆栽。

21　洼瓣花 *Lloydia serotina* (L.) Rchb.

科属：百合科洼瓣花属

形态特征：植株高 10~20 厘米。鳞茎狭卵形。基生叶通常 2 枚；茎生叶狭披针形或近条形。内外花被片近相似，白色而有紫斑；子房近矩圆形或狭椭圆形。蒴果近倒卵形，略有三钝棱。花期 6~8 月，果期 8~10 月。

生境：生于海拔 2400~4000 米的山坡、灌丛中或草地上。

药用价值：具有化痰止咳、清热散结功效。

园林应用：可用于地被。

22　西藏洼瓣花 *Lloydia tibetica* Baker ex Oliver

科属：百合科洼瓣花属

形态特征：植株高 10~30 厘米。鳞茎顶端延长、开裂。基生叶 3~10 枚；茎生叶 2~3 枚，向上逐渐过渡为苞片。花 1~5；花被片黄色，有淡紫绿色脉；内外花被片内面下部通常有长柔毛；雄蕊长约为花被片的一半；柱头近头状，稍 3 裂。花期 5~7 月。

生境：生于海拔 2300~4100 米的山坡或草地上。

药用价值：鳞茎供药用。内服祛痰止咳，外用治痈肿疮毒及外伤出血。

园林应用：可用于林下地被。

三、五福花科

1 红荚蒾 *Viburnum erubescens* Wall.

科属：五福花科荚蒾属

形态特征：落叶灌木或小乔木。当年小枝被簇状毛至无毛。叶纸质，椭圆形、矩圆状披针形至狭矩圆形，稀卵状心形或略带倒卵形。圆锥花序生于具1对叶的短枝之顶，通常下垂，萼筒筒状，有时具红褐色微腺，萼齿卵状三角形；花冠白色或淡红色，高脚碟状，裂片开展，顶端圆；雄蕊生于花冠筒顶端，花丝极短，花药黄白色，微外露；花柱高出萼齿。果实紫红色，后转黑色，椭圆形。花期4~6月，果期8月。

生境：生于针、阔叶混交林中，海拔1500~3000米。

药用价值：根可祛瘀消肿，用于跌打损伤；枝、叶清热解表，疏风解表，用于暑热感冒。外用于过敏性皮炎。

园林应用：枝叶稠密，树冠球形；叶形美观，入秋变为红色；开花时节，纷纷白花布满枝头；为观赏佳木和制作盆景的良好素材。

2 桦叶荚蒾 *Viburnum betulifolium* Batal.

科属：五福花科荚蒾属

形态特征：落叶灌木或小乔木。小枝紫褐色或黑褐色，稍有棱角，散生圆形、凸起的浅色小皮孔，无毛或初时稍有毛。叶厚纸质或略带革质，干后变黑色，宽卵形至菱状卵形或宽倒卵形，稀椭圆状矩圆形。复伞形式聚伞花序顶生或生于具1对叶的侧生短枝上；花冠白色，辐状，裂片圆卵形，比筒长；雄蕊常高出花冠，花药宽椭圆形；柱头高出萼齿。果实红色，近圆形。花期6~7月，果期9~10月。

生境：生于山谷林中或山坡灌丛中，海拔1300~3100米。

药用价值：以根入药，有调经，涩精功效。

园林应用：可植于庭园草地边、林缘、花坛、墙垣处。

3 荚蒾 *Viburnum dilatatum* Thunb.

科属：五福花科荚蒾属

形态特征：落叶灌木。当年小枝连同芽、叶柄和花序均密被土黄色或黄绿色开展的小刚毛状粗毛及簇状短毛，二年生小枝暗紫褐色。叶纸质，宽倒卵形、倒卵形或宽卵形。复伞形式聚伞花序稠密，第一级辐射枝 5 条，花生于第三至第四级辐射枝上；花冠白色，辐状，直径约 5 毫米，裂片圆卵形；雄蕊明显高出花冠，花药小，乳白色，宽椭圆形；花柱高出萼齿。果实红色，椭圆状卵圆形。花期 5~6 月，果期 9~11 月。

生境：生于山坡或山谷疏林下，林缘及山脚灌丛中，海拔 100~1000 米。

药用价值：根可用于祛瘀消肿。枝、叶可用于清热解毒，疏风解表。外用于过敏性皮炎。

园林应用：叶形美观，入秋变为红色，也可观花和观果。

4　聚花荚蒾 *Viburnum glomeratum* Maxim.

科属：五福花科荚蒾属

形态特征：落叶灌木或小乔木。当年小枝、芽、幼叶下面、叶柄及花序均被黄色或黄白色簇状毛。叶纸质，卵状椭圆形、卵形或宽卵形。聚伞花序，第一级辐射枝 4~9 条；萼筒被白色簇状毛；花冠白色，辐状裂片卵圆形；雄蕊稍高出花冠裂片，花药近圆形。果实红色，后变黑色。花期 4~6 月，果期 7~9 月。

生境：生于山谷林中、灌丛中或草坡的阴湿处，海拔 1100~3200 米。

药用价值：用于疔疮发热，暑热感冒。外用于过敏性皮炎。

园林应用：果熟时，累累红果，令人赏心悦目。

5　少花荚蒾 *Viburnum oliganthum* Batal.

科属：五福花科荚蒾属

形态特征：常绿灌木或小乔木。当年小枝褐色，有凸起的圆形皮孔，连同花序散生黄褐色簇状微柔毛，二年生小枝灰褐色或黑色。叶亚革质至革质，倒披针形至条状倒披针形或倒卵状矩圆形至矩圆形。圆锥花序顶生，花生于花序轴的第一至第二级分枝上；萼筒筒状倒圆锥形，萼齿三角状卵形；花冠白色或淡红色，漏斗状，花药紫红色，矩圆形。果实红色，后转黑色，宽椭圆形。花期 4~6 月，果期 6~8 月。

生境：生于丛林或溪涧旁灌丛中及岩石上，海拔 1000~2200 米。

药用价值：疏风解毒，清热解毒，活血。

园林应用：观叶花果，是制作盆景的良好素材。

6 显脉荚蒾 *Viburnum nervosum* D. Don

科属：五福花科荚蒾属

形态特征：落叶灌木或小乔木。幼枝、叶下面中脉和侧脉上、叶柄和花序均疏被鳞片状或糠秕状簇状毛；二年生小枝灰色或灰褐色，具少数大形皮孔。叶纸质，卵形至宽卵形，稀矩圆状卵形。聚伞花序与叶同时开放，第一级辐射枝 5~7 条，花生于第二至第三级辐射枝上；萼筒筒状钟形；花冠白色或带微红，辐状，裂片卵状矩圆形至矩圆形，花药宽卵圆形，紫色。果实先红色后变黑色，卵圆形。花期 4~6 月，果期 9~10 月。

生境：生于山顶、山坡和林缘灌丛中，冷杉林下常见，海拔 1800~4500 米。

药用价值：枝叶清热解毒，疏风解表，外用治过敏性皮炎。根可祛瘀消肿。

园林应用：可作观果盆景。

7 接骨草 *Sambucus javanica*

科属：五福花科接骨木属

形态特征：高大草本或半灌木。茎有棱条，髓部白色。羽状复叶的托叶叶状或有时退化成蓝色的腺体；小叶 2~3 对，互生或对生，狭卵形。复伞形花序顶生，大而疏散；杯形不孕性花不脱落，可孕性花小；萼筒杯状，萼齿三角形；花冠白色，仅基部联合，花药黄色或紫色。果实红色，近圆形。花期 4~5 月，果期 8~9 月。

生境：生于海拔 300~2600 米的山坡、林下、沟边和草丛中，亦有栽种。

药用价值：可治跌打损伤，有去风湿、通经活血、解毒消炎之功效。

园林应用：可观花观果，林下栽培。

四、兰科

1 独蒜兰 *Pleione bulbocodioides* (Franch.) Rolfe

科属：兰科独蒜兰属

形态特征：半附生草本。叶狭椭圆状披针形或近倒披针形，纸质。花莛从无叶的老假鳞茎基部发出，直立，顶端具 1~2 花；花粉红色至淡紫色，唇瓣上有深色斑；中萼片近倒披针形，长 3.5~5 厘米，宽 7~9 毫米，先端急尖或钝；侧萼片稍斜歪，狭椭圆形或长圆状倒披针形，与中萼片等长，常略宽；花瓣倒披针形，稍斜歪，长 3.5~5 厘米，宽 4~7 毫米；唇瓣轮廓为倒卵形或宽倒卵形，长 3.5~4.5 厘米，宽 3~4 厘米，不明显 3 裂，上部边缘撕裂状，基部楔形并多少贴生于蕊柱上，通常具 4~5 条褶片。蒴果近长圆形，长 2.7~3.5 厘米。花期 4~6 月。

生境：生于常绿阔叶林下或灌木林缘，腐植质丰富的土壤上或苔藓覆盖的岩石上，海拔 900~3600 米。

药用价值：茎部入药，清热解毒、消肿散结，化痰止咳。还可治疗毒蛇咬伤。

园林应用：可作盆栽观赏或花境。

2 鸢尾 *Iris tectorum* Maxim.

科属：兰科鸢尾兰属

形态特征：多年生草本。叶基生，黄绿色，稍弯曲，中部略宽，宽剑形。花茎光滑，高 20~40 厘米。苞片 2~3 枚，绿色，草质，边缘膜质，色淡，披针形或长卵圆形，内包含有 1~2 花；花蓝紫色，直径约 10 厘米；花梗甚短；花被管细长，上端膨大成喇叭形，外花被裂片圆形或宽卵形，爪部狭楔形，中脉上有不规则的鸡冠状附属物，成不整齐的缝状裂，内花被裂片椭圆形，花盛开时向外平展，爪部突然变细；花药鲜黄色，花丝细长，白色；花柱分枝扁平，淡蓝色，子房纺锤状圆柱形。蒴果长椭圆形或倒卵形。花期 4~5 月，果期 6~8 月。

生境：生于向阳坡地、林缘及水边湿地。

药用价值：根状茎治关节炎、跌打损伤、食积、肝炎等症。

园林应用：叶片如剑，花朵似蝶，可在林缘或疏林下作地被植物。

3 绿花杓兰 *Cypripedium henryi* Rolfe

科属：兰科杓兰属

形态特征：植株高 30~60 厘米，具较粗短的根状茎。茎直立，被短柔毛，基部具数枚鞘，鞘上方具 4~5 枚叶。叶片椭圆状至卵状披针形。花序顶生，通常具 2~3 花；花苞片叶状，卵状披针形或披针形；花绿色至绿黄色；中萼片卵状披针形，先端渐尖，背面脉上和近基部处稍有短柔毛；合萼片与中萼片相似，先端 2 浅裂；花瓣线状披针形先端渐尖，通常稍扭转，内表面基部和背面中脉上有短柔毛；唇瓣深囊状，椭圆形，囊底有毛，囊外无毛；退化雄蕊椭圆形或卵状椭圆形，背面有龙骨状突起。蒴果近椭圆形或狭椭圆形被毛。花期 4~5 月，果期 7~9 月。

生境：生于海拔 800~2800 米的疏林下、林缘、灌丛坡地上湿润和腐殖质丰富之地。

药用价值：理气行血，消肿止痛。用于胃寒腹痛，腰腿疼痛，疝气痛，跌打损伤。

园林应用：露地栽培或盆栽。

4 离萼杓兰 *Cypripedium plectrochilum* Fraanch.

科属：兰科杓兰属

形态特征：植株高 12~30 厘米，具粗壮、较短的根状茎。茎直立，被短柔毛。叶片椭圆形至狭椭圆状披针形。花序顶生，具 1 花；花序柄纤细，被短柔毛；花苞片叶状，椭圆状披针形或披针形；花瓣淡红褐色或栗褐色并有白色边缘，唇瓣白色而有粉红色晕；中萼片卵状披针形；侧萼片完全离生，线状披针形；花瓣线形，内表面基部具短柔毛；唇瓣深囊状，倒圆锥形，囊口周围具短柔毛，囊底亦有毛；退化雄蕊宽倒卵形或方形的倒卵形。蒴果狭椭圆形，有棱，棱上被短柔毛。花期 4~6 月，果期 7 月。

生境：生于海拔 2000~3600 米的林下、林缘、灌丛中或草坡上的多石之地。

药用价值：全草入药，有活血，祛瘀，行水之功效。

园林应用：可作花境和地被植物。

5 西藏杓兰 *Cypripedium tibeticum* King ex Rolfe

科属：兰科杓兰属

形态特征：植株高 15~35 厘米，具粗壮、较短的根状茎。茎直立，叶片椭圆形、卵状椭圆形或宽椭圆形。花序顶生，具 1 花；花苞片叶状，椭圆形至卵状披针形；花大，俯垂，紫色、紫红色或暗栗色，通常有淡绿黄色的斑纹，花瓣上的纹理尤其清晰，唇瓣的囊口周围有白色或浅色的圈；中萼片椭圆形或卵状椭圆形；花瓣披针形或长圆状披针形，先端渐尖或急尖，内表面基部密生短柔毛，边缘疏生细缘毛；唇瓣深囊状，近球形至椭圆形，囊底有长毛；退化雄蕊卵状长圆形。花期 5~8 月。

生境：生于海拔 2300~4200 米的透光林下、林缘、灌木坡地、草坡或乱石地上。

药用价值：根状茎可治风湿腰腿痛、下肢水肿、跌打损伤、淋病、白带等症。

园林应用：庭院盆栽，花大，色泽艳丽，观赏性强。

6　春兰 *Cymbidium goeringii* (Rchb. f.) Rchb. F.

科属：兰科兰属

形态特征：地生植物。假鳞茎较小，卵球形。叶 4~7 枚，带形，通常较短小，下部常多少对折而呈 V 形。花莛从假鳞茎基部外侧叶腋中抽出，直立；花序具单朵花；花苞片长而宽；花色泽变化较大，通常为绿色或淡褐黄色而有紫褐色脉纹，有香气；萼片近长圆形至长圆状倒卵形；花瓣倒卵状椭圆形至长圆状卵形；唇瓣近卵形；蕊柱两侧有较宽的翅；花粉团 4 个，成 2 对。蒴果狭椭圆形。花期 1~3 月。

生境：生于多石山坡、林缘、林中透光处，海拔 300~2200 米。

药用价值：其根、叶、花均可入药。治神经衰弱，阴虚，肺结核咯血，跌打损伤、痛肿，妇女白带，劳累咳嗽，手足心发烧，乌发等。

园林应用：春兰在中国有悠久的栽培历史，多进行盆栽，作为室内观赏用，开花时有特别幽雅的香气。

7　大叶火烧兰 *Epipactis mairei* var. Mairei

科属：兰科火烧兰属

形态特征：地生草本，高 30~70 厘米。茎直立。叶 5~8 枚，互生，中部叶较大；叶片卵圆形、卵形至椭圆形。总状花序长 10~20 厘米，具 10~20 花；花苞片椭圆状披针形；子房和花梗被黄褐色或绣色柔毛；花黄绿带紫色、紫褐色或黄褐色，下垂；中萼片椭圆形或倒卵状椭圆形，舟形；侧萼片斜卵状披针形或斜卵形；花瓣长椭圆形或椭圆形，先端渐尖；唇瓣中部稍缢缩而成上下唇；下唇两侧裂片近斜三角形，近直立；上唇肥厚，卵状椭圆形、长椭圆形或椭圆形。蒴果椭圆状。花期 6~7 月，果期 9 月。

生境：生于海拔 1200~3200 米的山坡灌丛中、草丛中、河滩阶地或冲积扇等地。

药用价值：用于风湿痹痛，肢体麻木，关节屈伸不利，跌打损伤。

园林应用：引种栽培用于地被植物。

8　二叶舌唇兰 *Platanthera chlorantha* Cust. ex Rchb.

科属：兰科舌唇兰属

形态特征：植株高 30~50 厘米。茎直立，无毛。近基部具 2 枚彼此紧靠、近对生的大叶，在大叶之上具 2~4 枚变小的披针形苞片状小叶，基部大叶片椭圆形或倒披针状椭圆形。总状花序具 12~32 花，花苞片披针形，先端渐尖，最下部的长于子房；子房圆柱状；花较大，绿白色或白色；中萼片直立，舟状，圆状心形；侧萼片张开，斜卵形；花瓣直立，偏斜，狭披针形，不等侧，弯的，逐渐收狭成线形，与中萼片相靠合呈兜状；唇瓣向前伸，舌状，肉质，先端钝；距棒状圆筒形；花粉团椭圆形。花期 6~8 月。

生境：生于海拔 400~3300 米的山坡林下或草丛中。

药用价值：补肺生肌，化瘀止血。用于肺痨咳血、吐血、衄血。外用治创伤，痈肿，水火烫伤。

园林应用：盆栽或花境地被。

9 广布小红门兰 *Ponerorchis chusua*

科属：兰科小红门兰属

形态特征：植株高 5~45 厘米。茎直立，圆柱状。叶片长圆状披针形、披针形或线状披针形至线形。花序具花 1~20，多偏向一侧；花苞片披针形或卵状披针形；子房圆柱形，扭转；花紫红色或粉红色；中萼片长圆形或卵状长圆形，直立，凹陷呈舟状，具 3 脉，与花瓣靠合呈兜状；侧萼片向后反折，偏斜，卵状披针形，具 3 脉；花瓣直立，斜狭卵形、宽卵形或狭卵状长圆形；唇瓣向前伸展，中裂片长圆形、四方形或卵形，侧裂片扩展，镰状长圆形或近三角形；距圆筒状或圆筒状锥形。花期 6~8 月。

生境：生于海拔 500~4500 米的山坡林下、灌丛下、高山灌丛草地或高山草甸中。

药用价值：清热解毒，补肾益气，安神。

园林应用：可作花境或地被植物。

10 弧距虾脊兰 *Calanthe arcuata* Rolfe

科属：兰科虾脊兰属

形态特征：根状茎不明显。假鳞茎短，圆锥形，具 2~3 枚鞘和 3~4 枚叶。叶狭椭圆状披针形或狭披针形。花葶出自叶丛中间，1~2 个，直立，高出叶层外，长 30~50 厘米，密被短毛，总状花序长约 10 厘米，疏生约 10 花；花苞片宿存，草质，狭披针形，子房棒状；萼片和花瓣的背面黄绿色，内面红褐色，无毛；中萼片狭披针形，具 5 条脉；侧萼片斜披针形，具 5 条脉；花瓣线形，与萼片近等长，具 3 条脉，仅中脉到达先端；唇瓣白色带紫色先端，后来转变为黄色，基部与整个蕊柱翅合生，3 裂；侧裂片斜卵状三角形或近长圆形；中裂片椭圆状棱形；唇盘上具 3~5 条龙骨状脊；距圆筒形；蕊柱粗短；花粉团稍扁的狭卵球形；粘盘小，近长圆形。蒴果近椭圆形。花期 5~9 月。

生境：生于海拔 1400~2500 米的山地林下或山谷覆有薄土层的岩石上。

药用价值：根及根状茎（肉连环）性辛、甘、温，用于舒筋活络，祛风除湿，止痛。

园林应用：可盆栽或作切花材料。

11　流苏虾脊兰 *Calanthe alpina* Hook. f. ex Lindl.

科属：兰科虾脊兰属

形态特征：植株高达 50 厘米。假鳞茎短小，狭圆锥状。叶 3 枚，椭圆形或倒卵状椭圆。花葶从叶间抽出，通常 1 个，直立，高出叶层之外，被稀疏的短毛；总状花序长 3~12 厘米，疏生 3~10 花；花苞片宿存，狭披针形；萼片和花瓣白色带绿色先端或浅紫堇色，先端急尖或渐尖而呈芒状，无毛；中萼片近椭圆形，具 5 条脉；侧萼片卵状披针形，具 5 条脉；花瓣狭长圆形至卵状披针形，长 12~13 毫米，中部宽 4~4.5 毫米，具 3 条脉；唇瓣浅白色，后部黄色，前部具紫红色条纹，与蕊柱中部以下的蕊柱翅合生，半圆状扇形，不裂；距浅黄色或浅紫堇色，圆筒形；蕊柱白色；花粉团倒卵球形；粘盘小，近长圆形。蒴果倒卵状椭圆形。花期 6~9 月，果期 11 月。

生境：生于海拔 1500~3500 米的山地林下和草坡上。

药用价值：散结，解毒，活血，舒筋。

园林应用：可作盆栽观赏。

12　剑叶虾脊兰 *Calanthe davidii* Franch.

科属：兰科虾脊兰属

形态特征：植株紧密聚生。无明显的假鳞茎和根状茎。叶剑形或带状。花葶出自叶腋，直立，粗壮，长达 120 厘米，密被细花；花序之下疏生数枚紧贴花序柄的筒状鞘；鞘膜质；总状花序长 8~30 厘米，密生许多小花；花苞片宿存，草质，反折，狭披针形；花黄绿色、白色或有时带紫色；萼片和花瓣反折；萼片具 5 条脉；花瓣狭长圆状倒披针形，与萼片等长，具 3 条脉，基部收窄为爪，无毛；唇瓣的轮廓为宽三角形，基部无爪，与整个蕊柱翅合生，3 裂；距圆筒形，镰刀状弯曲；花粉团近梨形或倒卵形；粘盘小，颗粒状。蒴果卵球形。花期 6~7 月，果期 9~10 月。

生境：生于海拔 500~3300 米的山谷、溪边或林下。

药用价值：清热解毒，散瘀，止痛。

园林应用：盆栽或用作切花。

13　三棱虾脊兰 *Calanthe tricarinata* Lindl.

科属：兰科虾脊兰属

形态特征：根状茎不明显；假鳞茎圆球状。叶在花期时尚未展开，薄纸质，椭圆形或倒卵状披针形。花葶从假茎顶端的叶间发出，直立，粗壮，高出叶层外，花序之下具 1 至多枚膜质、卵状披针形的苞片状叶；

总状花序长 3~20 厘米，疏生少数至多数花；花苞片宿存，膜质，卵状披针形，子房棒状；花张开，质地薄，萼片和花瓣浅黄色；萼片相似，长圆状披针形；花瓣倒卵状披针形，先端锐尖或稍钝，基部收狭为爪，具 3 条脉；唇瓣红褐色，基部合生于整个蕊柱翅上，3 裂；侧裂片小，耳状或近半圆形，中裂片肾形，先端微凹并具短尖，边缘强烈波状；唇盘上具 3~5 条鸡冠状褶片，无距；蕊柱粗短，花粉团狭倒卵状球形；粘盘小，椭圆形。花期 5~6 月。

生境：生于海拔 1600~3500 米的山坡草地上或混交林下。

药用价值：用于风湿、类风湿关节痛，腰肌劳伤，胃痛，跌打损伤。

园林应用：盆栽或用作切花。

14 舌唇兰 *Platanthera japonica* (Thunb. ex Marray) Lindl.

科属：兰科舌唇兰属

形态特征：植株高 35~70 厘米。根状茎指状，肉质、近平展。茎粗壮，直立，无毛，具 3~6 枚叶。叶自下向上渐小，下部叶片椭圆形或长椭圆形，上部叶片小，披针形，先端渐尖。总状花序长 10~18 厘米，具 10~28 花；花苞片狭披针形，子房细圆柱状，无毛，扭转；花大，白色；中萼片直立，卵形，舟状，具 3 脉；侧萼片反折，斜卵形，具 3 脉；花瓣直立，线形，具 1 脉，与中萼片靠合呈兜状；唇瓣线形，不分裂，肉质，先端钝；距下垂，细长，细圆筒状至丝状；花粉团倒卵形，具细而长的柄和线状椭圆形的大粘盘；退化雄蕊显著；柱头 1 个。花期 5~7 月。

生境：生于海拔 600~2600 米的山坡林下或草地。

药用价值：主治虚火牙痛，肺热咳嗽，白带。外治毒蛇咬伤。

园林应用：室内盆栽，芳香四溢，花色淡雅，其中以嫩绿、黄绿的居多，但尤以素心者为名贵。

15 黄花白及 *Bletilla ochracea* Schltr.

科属：兰科白及属

形态特征：植株高 25~55 厘米。假鳞茎扁斜卵形。茎较粗壮，常具 4 枚叶。叶长圆状披针形。花序具 3~8 花；花序轴或多或少呈"之"字状折曲；花苞片长圆状披针形；花中等大，黄色或萼片和花瓣外侧黄绿色，内面黄白色，罕近白色；萼片和花瓣近等长，长圆形，先端钝或稍尖，背面常具细紫点；唇瓣椭圆形，白色或淡黄色；侧裂片直立；中裂片近正方形，边缘微波状；蕊柱，具狭翅，稍弓曲。花期 6~7 月。

生境：生于海拔 300~2350 米的常绿阔叶林、针叶林或灌丛下、草丛中或沟边。

药用价值：收敛止血、消肿生肌。

园林应用：可作盆栽或地被植物。

五、五味子科

1 五味子 *Schisandra chinensis* (Turcz.) Baill.

科属：五味子科五味子属

形态特征：落叶木质藤本。叶膜质，宽椭圆形，卵形、倒卵形。雄花花梗中部以下具狭卵形，花被片粉白色或粉红色，6~9枚，长圆形或椭圆状长圆形，外面的较狭小；雄蕊长约2毫米，花药长约1.5毫米，无花丝或外3雄蕊具极短花丝，雄蕊仅6，互相靠贴，直立排列于柱状花托顶端，形成近倒卵圆形的雄蕊群；

雌花花梗长17~38毫米，花被片和雄花相似；雌蕊群近卵圆形，长2~4毫米，心皮17~40个，子房卵圆形或卵状椭圆体形，柱头鸡冠状。聚合果；小浆果红色，近球形或倒卵圆形。花期5~7月，果期7~10月。

生境：生于海拔1200~1700米的沟谷、溪旁、山坡。

药用价值：果含有五味子素及维生素C、树脂、鞣质及少量糖类。有敛肺止咳、滋补涩精、止泻止汗之效。

园林应用：适合用在屋顶阳台绿化、立体绿化、棚架绿化。

2 铁箍散 *Schisandra propinqua* var. *sinensis*

科属：五味子科五味子属

形态特征：藤本。花橙黄色，花被片椭圆形，雄蕊较少，6~9枚；成熟心皮亦较小，10~30枚。葡萄状红色果实，种子较小，肾形，近圆形长4~4.5毫米，种皮灰白色，种脐狭"V"形，约为宽的1/3。花期6~8月，果期8~9月。

生境：生于沟谷、岩石山坡林中。海拔500~2000米。

药用价值：药用铁箍散，还可用于酿酒、制作果汁。

园林应用：以观叶和观果为主，可作立体绿化材料。

3 华中五味子 *Schisandra sphenanthera* Rehd. et Wils.

科属：五味子科五味子属

形态特征：落叶木质藤本。叶纸质，倒卵形、宽倒卵形；雄蕊群倒卵圆形；花托圆柱形，顶端伸长，无盾状附属物；雄蕊11~19（23），药室内侧向开裂，药隔倒卵形，两药室向外倾斜，顶端分开，基部近邻接，花丝长约1毫米，上部1~4雄蕊与花托顶贴生，无花丝；雌花：雌蕊群卵球形，雌蕊30~60枚，子房近

镰刀状椭圆形，柱头冠狭窄。花期4~7月，果期7~9月。

生境：生于海拔600~3000米的湿润山坡边或灌丛中。

药用价值：果供药用，为五味子代用品。种子榨油可制肥皂或作润滑油。

园林应用：枝叶繁茂，夏有香花、秋有红果，是庭园和公园垂直绿化的良好树种。

六、芸香科

1　吴茱萸 *Tetradium ruticarpum* (A. Jussieu) T. G. Hartley

科属：芸香科吴茱萸属

形态特征：灌木或小乔木。叶有小叶 5~11 片，小叶薄至厚纸质，卵形，椭圆形或披针形。花序顶生；雄花序的花彼此疏离，雌花序的花密集或疏离；萼片及花瓣均 5 片，偶有 4 片，镊合排列；雄花花瓣长 3~4 毫米，腹面被疏长毛，退化雌蕊 4~5 深裂，下部及花丝均被白色长柔毛，雄蕊伸出花瓣之上；雌花花瓣长 4~5 毫米，腹面被毛，退化雄蕊鳞片状或短线状或兼有细小的不育花药，子房及花柱下部被疏长毛。果暗紫红色，有大油点。花期 4~6 月，果期 8~11 月。

生境：生长于平地至海拔 1500 米的山地疏林或灌木丛中，多见于向阳坡地。

药用价值：果实可供药用，有散寒、止痛、解毒、杀虫等作用。

园林应用：常栽培于林缘、沟边作观赏用。

2　花椒 *Zanthoxylum bungeanum* Maxim.

科属：芸香科花椒属

形态特征：落叶小乔木。叶有小叶片，叶轴常有甚狭窄的叶翼；小叶片对生，无柄，卵形，椭圆形，稀披针形，位于叶轴顶部的较大，叶缘有细裂齿，齿缝有油点。花序顶生或生于侧枝之顶，花序轴及花梗密被短柔毛或无毛；花被片黄绿色，形状及大小大致相同；雌花很少有发育雄蕊，有心皮，花柱斜向背弯。果紫红色。花期 4~5 月，果期 8~10 月。

生境：生于平原至海拔较高的山地，耐旱，喜阳光，各地多栽种。

药用价值：有温中行气、逐寒、止痛、杀虫等功效。

园林应用：可作观果乔木用。

3　花椒簕 *Zanthoxylum scandens* Bl.

科属：芸香科花椒属

形态特征：幼龄植株呈直立灌木状，成龄植株攀援于它树上。枝干有短沟刺，叶轴上的刺较多。叶有小叶 5~25 片，小叶互生或位于叶轴上部的对生，卵形，卵状椭圆形或斜长圆形。花序腋生或兼有顶生；萼片及花瓣均 4 片；萼片淡紫绿色；花瓣淡黄绿色；雄花的雄蕊 4，药隔顶部有 1 油点；退化雌蕊半圆形垫状凸起，花柱 2~4 裂；雌花有心皮 4 或 3 个；退化雄蕊鳞片状。
分果瓣紫红色，干后灰褐色或乌黑色。花期 3~5 月，果期 7~8 月。

生境：生于低地至海拔 1500 米山坡灌木丛或疏林下。

药用价值：活血，散瘀，止痛。

园林应用：可作绿篱或垂直绿化用。

4　狭叶花椒 *Zanthoxylum stenophyllum* Hemsl.

科属：芸香科花椒属

形态特征：小乔木或灌木。茎枝灰白色，当年生枝淡紫
红色，小枝纤细，多刺。叶有小叶 9~23 片，稀较少；小叶互生，披针形。伞房状聚伞花序顶生；雄花的
花梗长 2~5 毫米；雌花梗长 6~15 毫米，结果时伸长达 30 毫米；
萼片及花瓣均 4 片；雄蕊 4，药隔顶端无油点；退化雌蕊浅
盆状；雌花无退化雄蕊，花柱甚短。果梗与分果瓣淡紫红色
或鲜红色。花期 5~6 月，果期 8~9 月。

生境：生于海拔 1000~2200 米山地灌木丛中。

药用价值：治胃腹冷痛、呕吐、泄泻、血吸虫、蛔虫等症。

园林应用：可作观果小乔木。

5　山吴萸 *Euodia trichotoma* (Lour.) Pierre

科属：芸香科吴茱萸属

形态特征：常绿灌木或小乔木。树皮青灰褐色。幼枝紫褐色，有细小圆形的皮孔。奇数羽状复叶对生，
有明显的油点，厚纸质或纸质。雌雄异株，聚伞圆锥花序，顶生；萼片 5 片，广卵形；花瓣 5 片，白色，
长圆形；雄花具 5 雄蕊，插生在极小的花盘上；花药基着，椭圆形；花丝粗短，被毛；退化子房先端 4~5
裂；雌花的花瓣较雄花瓣大，退化雄蕊鳞片状，子房上位，长圆形，心皮 5 个，花后增宽成扁圆形，有
粗大的腺点；花柱粗短，柱头先端 4~5 浅裂。果实扁球形，
呈蓇葖果状，紫红色。花期 6~8 月，果期 9~10 月。

生境：生于海拔 300~1600 米山地疏林中，多见于石灰岩
山地的阳坡。

药用价值：果可理气止痛。叶可祛风除湿。外用治风湿
性关节炎、荨麻疹、湿疹、皮肤疮疡。

园林应用：可在庭园、花坛内单植或片植。

七、大戟科

1　大戟 *Euphorbia pekinensis* Rupr.

科属：大戟科大戟属

形态特征：多年生草本。叶互生，常为椭圆形，少为披针形或披针状椭圆形。花序单生于二歧分枝顶端，无柄；总苞杯状，裂片半圆形，边缘具不明显的缘毛；腺体4，半圆形或肾状圆形，淡褐色；雄花多数，伸出总苞之外；雌花1，具较长的子房柄；子房幼时被较密的瘤状突起；花柱3，分离；柱头2裂。蒴果球状。花期5~8月，果期6~9月。

生境：生于山坡、灌丛、路旁、荒地、草丛、林缘和疏林内。

药用价值：根入药，逐水通便，消肿散结，主治水肿，并有通经之效。

园林应用：可作室内观花植物。

2　湖北大戟 *Euphorbia hylonoma* Hand.–Mazz.

科属：大戟科大戟属

形态特征：多年生草本。全株光滑无毛。叶互生，长圆形至椭圆形，变异较大。无柄花序单生于二歧分枝顶端；总苞钟状；腺体4，圆肾形，淡黑褐色；雄花多枚，明显伸出总苞外；雌花1；子房光滑；花柱3，分离；柱头2裂。蒴果球状；种子卵圆状，灰色或淡褐色。花期4~7月，果期6~9月。

生境：生于海拔200~3000米山沟、山坡、灌丛、草地、疏林等地。

药用价值：根有消疲、逐水、攻积之功效；茎叶有止血、止痛的功效。

园林应用：可作为地被用。

3　甘青大戟 *Euphorbia micractina* Boiss.

科属：大戟科大戟属

形态特征：多年生草本。根圆柱状。茎自基部3~4分枝，每个分枝向上不再分枝。叶互生，长椭圆形至卵状长椭圆形。花序单生于二歧分枝顶端，基部近无柄；总苞杯状，裂片三

角形或近舌状三角形；腺体 4，半圆形，淡黄褐色；雄花多枚，伸出总苞；雌花 1，明显伸出总苞之外；子房被稀疏的刺状或瘤状突起；花柱 3，基部合生；柱头微 2 裂。蒴果球状，果脊上被稀疏的刺状或瘤状突起，花柱宿存；种子卵状，灰褐色，腹面具淡白色条纹。花果期 6~7 月。

生境：生于海拔 1500~2700 米的山坡、草甸、林缘及沙石砾地区。

药用价值：可用作通便，利尿，治疗水肿，结核，牛皮癣，疥疮和无名肿毒。

园林应用：可引种栽培作地被用。

4 乳浆大戟 *Euphorbia esula L.*

科属：大戟科大戟属

形态特征：多年生草本。茎单生或丛生。叶线形至卵形，变化极不稳定。花序单生于二歧分枝的顶端，基部无柄；总苞钟状；腺体 4，新月形，雄花多枚，苞片宽线形；雌花 1，子房柄明显伸出总苞之外。蒴果三棱状球形，具 3 个纵沟，花柱宿存；种子卵球状。花果期 4~10 月。

生境：生于路旁、杂草丛、山坡、林下、河沟边、荒山、沙丘及草地。

药用价值：全草入药，具拔毒止痒之效。

园林应用：可作为功能植物用于重金属污染土壤的修复和绿化。

5 钩腺大戟 *Euphorbia sieboldiana Morr. et Decne.*

科属：大戟科大戟属

形态特征：多年生草本。根状茎较粗状，茎单一或自基部多分枝。叶互生，椭圆形、倒卵状披针形、长椭圆形。雄花多数，伸出总苞之外；雌花 1，子房柄伸出总苞边缘。蒴果三棱状球状；种子近长球状。花果期 4~9 月。

生境：生于田间、林缘、灌丛、林下、山坡、草地，生境较杂。

药用价值：状茎入药，具泻下和利尿之效。煎水外用洗疥疮。有毒，宜慎用。

园林应用：引种栽培地被。

6 广东地构叶 *Speranskia cantonensis* (Hance) Pax et Hoffm.

科属：大戟科地构叶属

形态特征：草本，高 50~70 厘米。茎少分枝，上部稍被伏贴柔毛。叶纸质，卵形或卵状椭圆形至卵状披针形。总状花序，通常上部有雄花 5~15，下部有雌花 4~10；雄花 1~2 生于苞腋；花萼裂片卵形；花瓣倒心形或倒卵形；雄蕊 10~12，花丝无毛；花盘有离生腺体 5 枚；雌花的花萼裂片卵状披针形，无花瓣；子房球形，具疣状突起和疏柔毛。蒴果扁球形，

具瘤状突起；种子球形，灰褐色或暗褐色。花期 2~5 月，果期 10~12 月。

　　生境：生于海拔 1000~2600 米草地或灌丛中。

　　药用价值：祛风湿，通经络，破瘀止痛。

　　园林应用：叶片宽大，果实奇特，是优良的庭院绿化和经济树种。具有抗多种有毒气体的特性，耐烟尘，少病虫害，可用于厂矿绿化。

7 野桐 *Mallotus japonicus* var. floccosus

　　科属：大戟科野桐属

　　形态特征：落叶灌木或小乔木。幼枝被星状绒毛，树皮褐色；嫩枝具纵棱，枝、叶柄和花序轴均密被褐色星状毛。蒴果近扁球形，钝三棱形，密被有星状毛的软刺和红色腺点；种子近球形，褐色或暗褐色，具皱纹。花期 4~6 月，果期 7~8 月。

　　生境：生于海拔 800~1800 米的林中。

　　药用价值：根入药，清热平肝，收敛，止血。

　　园林应用：可作庭院绿化和经济树种。

8 油桐 *Vernicia fordii* (Hemsl.) Airy Shaw

　　科属：大戟科油桐属

　　形态特征：落叶乔木。树皮灰色，近光滑。枝条粗壮，无毛，具明显皮孔。叶卵圆形。花雌雄同株，先叶或与叶同时开放；花萼外面密被棕褐色微柔毛；花瓣白色，有淡红色脉纹，倒卵形；雄花：雄蕊 8~12 枚，2 轮；外轮离生，内轮花丝中部以下合生；雌花：子房密被柔毛，3~8 室，每室有 1 颗胚珠，花柱与子房室同数，2 裂。核果近球状。花期 3~4 月，果期 8~9 月。

　　生境：通常栽培于海拔 1000 米以下的丘陵山地。

　　药用价值：吐风痰，消肿毒，利便。

　　园林应用：洁白如雪，宛如飘雪，可植于林荫小径或绿地。

9 雀儿舌头 *Leptopus chinensis* (Bunge) Pojark.

　　科属：大戟科雀舌木属

　　形态特征：直立灌木。茎上部和小枝条具棱。叶片膜质至薄纸质，卵形、近圆形、椭圆形或披针形。花小，雌雄同株，单生或 2~4 簇生于叶腋；萼片、花瓣和雄蕊均为 5；雄花：花梗丝状，长 6~10 毫米；萼片卵形或宽卵形，浅绿色，膜质，具有脉纹；花瓣白色，匙形，长 1~1.5 毫米，膜质；花盘腺体 5；雄蕊离生，花丝丝状，花药卵圆形；雌花：花梗长 1.5~2.5 厘米；花瓣倒卵形；花盘环状；子房近球形。蒴果圆球形或扁球形。花期 2~8 月，果期 6~10 月。

　　生境：生于海拔一般为 500~1000 米的山地灌丛、林缘、路旁、岩崖或石缝中。

药用价值：根入药，主治脾胃气滞、疝、痢疾、脘腹痛，治水肿。

园林应用：为水土保持林优良的林下植物，可作庭园绿化灌木。

10　山麻杆 *Alchornea davidii* Franch.

科属：大戟科山麻杆属

形态特征：落叶灌木。叶薄纸质，阔卵形或近圆形。雌雄异株，雄花序穗状，花序梗几无，呈葇荑花序状；苞片卵形，具柔毛，未开花时覆瓦状密生；雄花 5~6 簇生于苞腋雌花序总状，顶生，具花 4~7，各部均被短柔毛，小苞片披针形；雄花：花萼花蕾球形，无毛，萼片 3~4 枚；雄蕊 6~8；雌花：萼片 5 片，长三角形；子房球形，被绒毛，花柱 3 枚，线状。蒴果近球形，具 3 圆棱；种子卵状三角形。花期 3~5 月，果期 6~7 月。

生境：生于海拔 300~1000 米沟谷或溪畔、河边的坡地灌丛中或栽种于坡地。

药用价值：解毒，杀虫，止痛。

园林应用：观叶、观花和观果树种，适于群植，庭院门侧、窗前孤植，或在路边、水滨列植。

11　蓖麻 *Ricinus communis* L.

科属：大戟科蓖麻属

形态特征：一年生粗壮草本或草质灌木。小枝、叶和花序通常被白霜。茎多液汁。叶轮廓近圆形，长和宽达 40 厘米或更大，掌状 7~11 裂。总状花序或圆锥花序，长 15~30 厘米或更长；苞片阔三角形，膜质，早落；雄花：花萼裂片卵状三角形；雄蕊束众多；雌花：萼片卵状披针形；子房卵状，密生软刺或无刺，花柱红色。蒴果卵球形或近球形。花期几全年或 6~9 月。

生境：生于海拔 20~500 米的村旁疏林或河流两岸冲积地。

药用价值：叶可消肿拔毒，止痒，治疮疡肿毒；根可祛风活血，止痛镇静。

园林应用：可观果，用作园林丛植或片植植被。

12　地锦草 *Euphorbia humifusa* Willd.

科属：大戟科大戟属

形态特征：一年生草本。茎匍匐，自基部以上多分枝。叶对生，矩圆形或椭圆形。雄花数枚，近与总苞边缘等长；雌花 1；子房三棱状卵形，光滑无毛；花柱 3，分离；柱头 2 裂。蒴果三棱状卵球形。花果期 5~10 月。

生境：生于原野荒地、路旁、田间、沙丘、海滩、山坡等地。

药用价值：全草入药，有清热解毒、利尿、通乳、止血及杀虫作用。

园林应用：可用作地被。

13　山乌桕 *Triadica cochinchinensis* Loureiro

科属：大戟科乌桕属

形态特征：乔木或灌木。小枝灰褐色，有皮孔。叶互生，纸质，嫩时呈淡红色，叶片椭圆形或长卵形。花单性，雌雄同株，密集成顶生总状花序，雌花生于花序轴下部，雄花生于花序轴上部或有时整个花序全为雄花；雄花：花梗丝状；苞片卵形，每一枚苞片内有 5~7 花；花萼杯状，具不整齐的裂齿；雄蕊 2，花药球形；雌花：花梗粗壮，圆柱形，长约 5 毫米；每一枚苞片内仅有 1 花；子房卵形，3 室，花柱粗壮，柱头 3。蒴果黑色，球形。花期 4~6 月。

生境：生于山谷或山坡混交林中。

药用价值：山乌桕的叶、根皮和树皮可药用。根皮、树皮：用于肾炎水肿，肝硬化腹水，二便不通。叶用于跌打肿痛，毒蛇咬伤，过敏性皮炎，湿疹。

园林应用：山乌桕可作为庭院观赏彩色树种。

14 石岩枫 *Mallotus repandus* (Willd.) Muell. Arg.

科属：大戟科野桐属

形态特征：攀缘状灌木。嫩枝、叶柄、花序和花梗均密生黄色星状柔毛。老枝无毛，常有皮孔。叶互生，纸质或膜质，卵形或椭圆状卵形。总状花序，雄花序顶生，稀腋生；苞片钻状，密生星状毛，苞腋有花 2~5；雄花：花萼裂片 3~4 枚，卵状长圆形；雄蕊 40~75，花药长圆形；雌花序顶生，苞片长三角形；雌花：花萼卵状披针形；花柱 2~3 枚，被星状毛，密生羽毛状突起。蒴果，密生黄色粉末状毛和具颗粒状腺体；种子卵形，黑色，有光泽。花期 3~5 月，果期 8~9 月。

生境：生于海拔 250~300 米山地疏林中或林缘。

药用价值：根或茎叶入药，能祛风，治毒蛇咬伤、风湿痹痛、慢性溃疡。

园林应用：常绿攀援灌木，树姿优美，养护简单，可作公路边坡绿化。

15 铁苋菜 *Acalypha australis* L.

科属：大戟科铁苋菜属

形态特征：一年生草本。叶膜质，长卵形、近菱状卵形或阔披针形。雌雄花同序，花序腋生，稀顶生，雌花苞片 1~4 枚，卵状心形，花后增大，边缘具三角形齿，外面沿掌状脉具疏柔毛，苞腋具雌花 1~3；雄花生于花序上部，排列呈穗状或头状，雄花苞片卵形，苞腋具雄花 5~7，簇生；雄花：花蕾时近球形，花萼裂片 4 枚，卵形；雄蕊 7~8；雌花：萼片 3 片，长卵形。蒴果，果皮具疏生毛和毛基变厚的小瘤体；种子近卵状。花果期 4~12 月。

生境：生于海拔 20~1200 米的平原或山坡较湿润耕地和空旷草地，石灰岩山疏林下。

药用价值：以全草或地上部分入药，具有清热解毒、利湿消积、收敛止血的功效。

园林应用：可室内盆栽或片植作园林地被。

八、蔷薇科

1 **七姊妹** *Rosa multiflora* var. *carnea*

科属：蔷薇科蔷薇属

形态特征：攀援灌木。小枝圆柱形，通常无毛，有短、粗稍弯曲皮束。小叶 5~9，近花序的小叶有时 3 枚；小叶片倒卵形、长圆形或卵形。花多朵，排成圆锥状花序；花直径 1.5~2 厘米，萼片披针形；花瓣白色，宽倒卵形，先端微凹，基部楔形；花柱结合成束，无毛，比雄蕊稍长。果近球形，红褐色或紫褐色。该变种为重瓣，粉红色。

生境：喜阳光，耐寒、耐旱、耐水湿，适应性强，在黏重土壤上也能生长良好。

药用价值：清热解毒，强心镇痛，利水。

园林应用：可布置成花柱、花架、花廊、墙垣等造型，是优良的垂直绿化材料。还可植于山坡、堤岸作水土保持用。

2 **假升麻** *Aruncus sylvester* Kostel.

科属：蔷薇科假升麻属

形态特征：多年生草本，基部木质化。茎圆柱形，无毛，带暗紫色。大型羽状复叶，通常二回稀三回，总叶柄无毛；小叶片 3~9 枚，菱状卵形、卵状披针形或长椭圆形。大型穗状圆锥花序，外被柔毛与稀疏星状毛；花直径 2~4 毫米；萼筒杯状；萼片三角形；花瓣倒卵形，先端圆钝，白色；雄花具雄蕊 20，着生在萼筒边缘，花丝比花瓣长约 1 倍，有退化雌蕊；花盘盘状；雌花心皮 3~4 个，稀 5~8 个，花柱顶生。蓇葖果并立。花期 6 月，果期 8~9 月。

生境：生于山沟、山坡杂木林下，海拔 1800~3500 米。

药用价值：能疏风解表，活血舒筋。

园林应用：叶片浓密，比较适合作花境的背景。

3 **缫丝花** *Rosa roxburghii* Tratt.

科属：蔷薇科蔷薇属

形态特征：树皮灰褐色，成片状剥落。小叶 9~15 枚，椭圆形或长圆形，稀倒卵形。花单生或 2~3，生于短枝顶端；花直径 5~6 厘米；小苞片 2~3 枚，卵形，边缘有腺毛；花瓣重瓣至半重瓣，淡红色或粉红色，微香，倒卵形，外轮花瓣大，内轮较小；雄蕊多数着生在杯状萼筒边缘；

心皮多数，着生在花托底部；花柱离生。果扁球形，绿红色，外面密生针刺。花期 5~7 月，果期 8~10 月。

生境：多生于溪沟、路旁及灌丛中。

药用价值：根药用，能消食健脾，收敛止泻。叶泡茶，能解热降暑。

园林应用：花朵秀美，颇具野趣，适用于坡地和路边丛植绿化。

4 峨眉蔷薇 _Rosa omeiensis_ Rolfe

科属：蔷薇科蔷薇属

形态特征：直立灌木。小叶 9~17 枚，长圆形或椭圆状长圆形。花单生于叶腋，无苞片；花直径 2.5~3.5 厘米；萼片 4 片，披针形；花瓣 4 片，白色，倒三角状卵形，先端微凹，基部宽楔形；花柱离生。果倒卵球形或梨形，亮红色。花期 5~6 月，果期 7~9 月。

生境：多生于山坡、山脚下或灌丛中，海拔 750~4000 米。

药用价值：花瓣用于肺热咳嗽，吐血，月经不调，脉管瘀痛，赤白带下，乳痈等。根、果实，可止血，止痢。

园林应用：可观赏和净化环境。

5 川滇蔷薇 _Rosa soulieana_ Crép.

科属：蔷薇科蔷薇属

形态特征：直立开展灌木。小叶 5~9 枚，椭圆形或倒卵形。花成多花伞房花序，稀单花顶生；花直径 3~3.5 厘米；萼片卵形；花瓣黄白色，倒卵形，先端微凹，基部楔形；心皮多数，密被柔毛。果实近球形至卵球形，桔红色，老时变为黑紫色。花期 5~7，果期 8~9 月。

生境：生于山坡、沟边或灌丛中，海拔 2500~3000 米。

药用价值：果实固肾涩精。

园林应用：花密，色艳，香浓，秋果红艳，是极好的垂直绿化材料。

6 华西蔷薇 _Rosa moyesii_ Hemsl. et Wils.

科属：蔷薇科蔷薇属

形态特征：灌木。小枝圆柱形，无毛或有稀疏短柔毛。小叶 7~13 枚，卵形、椭圆形或长圆状卵形。花单生或 2~3 簇生；苞片 1 或 2 枚，长圆卵形；花直径 4~6 厘米；萼片卵形，先端延长成叶状而有羽状浅裂，外面有腺毛，内面被柔毛；花瓣深红色，宽倒卵形。果长圆卵球形或卵球形，紫红色。花期 6~7 月，果期 8~10 月。

生境：多生于山坡或灌丛中，海拔 2700~3800 米。

药用价值：根入药，治腹泻、牙疼、肺痈、外伤流血、遗精等。

园林应用：可净化空气，丛植或片植绿化用。

7　小果蔷薇 *Rosa cymosa* Tratt.

科属：蔷薇科蔷薇属

形态特征：攀援灌木。小枝圆柱形，无毛或稍有柔毛，有钩状皮刺。小叶 3~5 枚，卵状披针形或椭圆形。花多朵成复伞房花序；花直径 2~2.5 厘米；萼片卵形，内面被稀疏白色绒毛；花瓣白色，倒卵形，先端凹，基部楔形；花柱离生，密被白色柔毛。果球形，红色至黑褐色。花期 5~6 月，果期 7~11 月。

生境：多生于向阳山坡、路旁、溪边或丘陵地，海拔 250~1300 米。

药用价值：消肿止痛，祛风除湿，止血解毒，补脾固涩。

园林应用：固土保水、绿化美化、蜜源植物。

8　细梗蔷薇 *Rosa graciliflora* Rehd. et Wils.

科属：蔷薇科蔷薇属

形态特征：小灌木。枝圆柱形，有散生皮刺。小叶 9~11 枚，卵形或椭圆形。花单生于叶腋，基部无苞片；花直径 2.5~3.5 厘米；萼片卵状披针形，先端呈叶状，全缘或有时有齿，内面有白色绒毛；花瓣粉红色或深红色，倒卵形；雄蕊多数；花柱离生。果倒卵形至长圆倒卵形，红色。花期 7~8 月，果期 9~10 月。

生境：多生于山坡、云杉林下或林边灌丛中，海拔 3300~4500 米。

药用价值：果实甘、酸、微涩，平。收涩，消肿。用于痢疾，痔疮。

园林应用：适用于布置花柱、花架、花廊和墙垣，是作绿篱的良好材料。

9　扁刺蔷薇 *Rosa sweginzowii* Koehne

科属：蔷薇科蔷薇属

形态特征：灌木。小枝圆柱形，无毛或有稀疏短柔毛，有直立或稍弯曲，基部膨大而扁，平皮刺，有时老枝常混有针刺。小叶 7~11 枚，椭圆形至卵状长圆形。花单生，或 2~3 簇生，苞片 1~2 枚，卵状披针形；花直径 3~5 厘米；萼片卵状披针形；花瓣粉红色，宽倒卵形；花柱离生。果长圆形或倒卵状长圆形，紫红色。花期 6~7 月，果期 8~11 月。

　　生境：生于山坡路旁或灌丛中，海拔 2300~3850 米。

　　药用价值：果实和茎皮可入药。功效解毒，敛黄水。治中毒症、黄水病。

　　园林应用：色泽鲜艳，气味芳香，枝干成半攀缘状，宜布置于花架、花格、花墙等处。

10　大红蔷薇 *Rosa saturata* Baker

　　科属：蔷薇科蔷薇属

　　形态特征：灌木。小枝圆柱形，直立或开展。小叶通常 7(~9) 枚，卵形或卵状披针形。花单生，稀 2，苞片卵状披针形；花直径 3.5~5 厘米；萼片卵状披针形；花瓣红色，倒卵形；花柱离生。果卵球形，殊红色。花期 6 月，果期 7~10 月。

　　生境：适应性强，多生山坡，灌丛中或水沟旁等处，海拔 2200~2400 米。

　　药用价值：根和果实可活血，通络，收敛，用于关节痛、面神经瘫痪，高血压症，偏瘫，烫伤。也可清暑热，化湿浊，顺气和胃。

　　园林应用：花繁叶茂，芳香清幽，花色五彩缤纷，可作栅栏绿化、墙面绿化、山石绿化、阳台绿化和立交桥绿化等。

11　火棘 *Pyracantha fortuneana* (Maxim.) Li

　　科属：蔷薇科火棘属

　　形态特征：常绿灌木。嫩枝外被锈色短柔毛，老枝暗褐色。叶片倒卵形或倒卵状长圆形。花集成复伞房花序；花直径约 1 厘米；花瓣白色，近圆形，长约 4 毫米；雄蕊 20，花丝、药黄色；花柱 5，离生，子房上部密生白色柔毛。果实近球形，桔红色或深红色。花期 3~5 月，果期 8~11 月。

　　生境：生于山地、丘陵地阳坡灌丛草地及河沟路旁，海拔 500~2800 米。

　　药用价值：果：消积止痢，活血止血。根：清热凉血。叶：清热解毒。外敷治疮疡肿毒。

　　园林应用：作绿篱用，可点缀庭园，或作盆景和插花材料，也可用于治理山区石漠化。

12　银叶委陵菜 *Potentilla leuconota* D. Don

　　科属：蔷薇科委陵菜属

　　形态特征：多年生草本。茎粗壮，圆柱形；花茎直立或上升。基生叶间断羽状复叶，有小叶 10~17 对，小叶片长圆形、椭圆形或椭圆卵形。花序集生在花茎顶端，呈假伞形花序；花直径通常 0.8 厘米；萼片三角卵形；花瓣黄色，倒卵形，顶端圆钝，稍长于萼片；花柱侧生，小枝状，柱头扩大。瘦果光滑无毛。花果期 5~10 月。

生境：生于山坡草地及林下，海拔 1300~4600 米。

药用价值：根可用于风热声哑，湿痰风邪，腹痛下痢，带下病。

园林应用：可作园林地被用。

13 **蛇含委陵菜** *Potentilla kleiniana* Wight et Arn.

科属：蔷薇科委陵菜属

形态特征：多年生宿根草本。花茎上升或匍匐，常于节处生根并发育出新植株，长 10~50 厘米，被疏柔毛或开展长柔毛。基生叶为近于鸟足状 5 枚小叶，小叶片倒卵形或长圆倒卵形。聚伞花序密集枝顶如假伞形；花直径 0.8~1 厘米；萼片三角卵圆形；花瓣黄色，倒卵形；花柱近顶生，圆锥形。瘦果近圆形。花果期 4~9 月。

生境：生于田边、水旁、草甸及山坡草地，海拔 400~3000 米。

药用价值：全草供药用，有清热、解毒、止咳、化痰之效。

园林应用：坡地绿化。

14 **伏毛银露梅** *Potentilla glabra* var. *veitchii* (Wils.) Hand.-Mazz.

科属：蔷薇科委陵菜属

形态特征：灌木。树皮纵向剥落。小枝灰褐色或紫褐色，被稀疏柔毛。叶为羽状复叶，有小叶 2 对，稀 3 枚小叶，小叶片椭圆形、倒卵椭圆形或卵状椭圆形。顶生单花或数朵，花梗细长，被疏柔毛；花直径 1.5~2.5 厘米；花瓣白色，倒卵形，花柱近基生，棒状。瘦果表面被毛。花果期 6~11 月。

生境：生于山坡草地、河谷岩石缝中、灌丛及林中，海拔 1400~4200 米。

药用价值：叶可药用，有清热、健胃、调经之效。

园林应用：枝叶繁盛，花白如雪，花期长达 4 个多月，适于草坪、林缘、路边及假山岩石间配植，作花坛、花境或花篱。

15 **绣线菊** *Spiraea salicifolia* L.

科属：蔷薇科绣线菊属

形态特征：直立灌木，高 1~2 米。枝条密集，小枝稍有棱角，黄褐色。叶片长圆披针形至披针形。花序为长圆形或金字塔形的圆锥花序，花朵密集；花直径 5~7 毫米；萼筒钟状；萼片三角形，花瓣卵形，先端通常圆钝，粉红色；雄蕊 50；花盘圆环形。蓇葖果直立。花期 6~8 月，果期 8~9 月。

生境：生长于河流沿岸、湿草原、空旷地和山沟中，海拔 200~900 米。

药用价值：根、全草：通经活血，通便利水。用于关节痛，周身酸痛，咳嗽多痰。

园林应用：夏季盛开粉红色鲜艳花朵，栽培供观赏用，又为蜜源植物。

16 渐尖粉花绣线菊 *Spiraea japonica* var. *acuminata* Franch.

科属：蔷薇科绣线菊属

形态特征：叶片长卵形至披针形。复伞房花序直径 10~14 厘米，有时达 18 厘米，花粉红色。

生境：生于山坡旷地、疏密杂木林中、山谷或河沟旁，海拔 950~4000 米。

药用价值：通经活血，通便利水。

园林应用：可用于装饰花坛、花境，或植于草坪及园路角隅等处。

17 绢毛绣线菊 *Spiraea sericea* Turcz.

科属：蔷薇科绣线菊属

形态特征：灌木，高达 2 米。小枝近圆柱形，幼时被柔毛，棕褐色，老时灰褐色或灰红色，树皮片状剥落。叶片卵状椭圆形或椭圆形。伞形总状花序具花 15~30；花直径 4~5 毫米；萼筒近钟状；花瓣近圆形，白色；雄蕊 15~20，长短不齐；花盘圆环形。蓇葖果直立开张。花期 6 月，果期 7~8 月。

生境：生于海拔 500~1100 米的干燥山坡、杂木林内或林缘草地上。耐寒、耐旱。

药用价值：通经活血，通便利水。

园林应用：花色艳丽，花朵繁茂，是极好的观花灌木。

18 粉花绣线菊 *Spiraea japonica* L. f.

科属：蔷薇科绣线菊属

形态特征：直立灌木，高达 1.5 米。叶片卵形至卵状椭圆形。复伞房花序生于当年生的直立新枝顶端，花朵密集，密被短柔毛；花直径 4~7 毫米；花萼外面有稀疏短柔毛；萼片三角形；花瓣卵形至圆形，先端通常圆钝，粉红色；雄蕊 25~30；花盘圆环形。蓇葖果半开张。花期 6~7 月，果期 8~9 月。

生境：原产日本、朝鲜，我国各地栽培供观赏。

药用价值：用于闭经，月经不调，便结腹胀，小便不利，跌打损伤。

园林应用：可作花坛、花境和绿篱用，可成片配置于草坪或丛植庭园一隅。

19 鄂西绣线菊 *Spiraea veitchii* Hemsl.

科属：蔷薇科绣线菊属

形态特征：灌木，高达 4 米。枝条细长，呈拱形弯曲。叶片长圆形、椭圆形或倒卵形。复伞房花序着生在侧生小枝顶端，花小而密集；萼筒钟状；萼片三角形；花瓣卵形或近圆形；雄蕊约 20，稍长于花瓣；子房几无毛，花柱短于雄蕊。蓇葖果小。花期 5~7 月，果期 7~10 月。

生境：生于山坡草地或灌木丛中，海拔 2000~3600 米。

药用价值：用于闭经，月经不调，便结腹胀，小便不利，跌打损伤。

园林应用：初夏观花，秋季观叶用作绿篱，由于其花期长，可用作花境。

20 川滇绣线菊 *Spiraea schneideriana* Rehd.

科属：蔷薇科绣线菊属

形态特征：灌木，高 1~2 米。枝条开展，小枝有棱角。叶片卵至卵状长圆形。复伞房花序着生在侧生小枝顶端，具多数花朵；花直径 5~6 毫米；萼筒钟状，萼片卵状三角形；花瓣圆形至卵形，先端圆钝或微凹，白色；雄蕊 20。蓇葖果开张。花期 5~6 月，果期 7~9 月。

生境：生于海拔 2500~4000 米的杂木林内或高山冷杉林边缘，耐寒、耐旱。

药用价值：用于闭经，月经不调，便结腹胀，小便不利，跌打损伤。

园林应用：丛植于山坡、水岸、草坪角隅或建筑物前后，起到点缀或映衬作用。

21 广椭绣线菊 *Spiraea ovalis* Rehd.

科属：蔷薇科绣线菊属

形态特征：灌木，高 2~3 米。枝条嫩时暗红褐色，老时稍带棕褐色。叶片广椭圆形、长圆形、稀倒卵形。复伞房花序着生在侧生小枝顶端，多花，无毛；花直径约 5 毫米；萼筒钟状；萼片卵状三角形；花瓣宽卵形或近圆形，白色；雄蕊 20；花盘圆环形。蓇葖果开张。花期 5~6 月，果期 8 月。

生境：生于山谷或山顶草地中，海拔 900~2500 米。

药用价值：用于闭经，月经不调，便结腹胀，小便不利，跌打损伤。

园林应用：适于丛植或片植于园林绿地，或布置小品。

22　单瓣黄木香 *Rosa banksiae* Ait.

科属：蔷薇科蔷薇属

形态特征：攀援小灌木植物，高可达 6 米。小枝圆柱形，有短小皮刺。小叶 3~5 枚，椭圆状卵形或长圆披针形。花小形，多朵成伞形花序，花直径 1.5~2.5 厘米；萼片卵形；花瓣重瓣至半重瓣，白色，倒卵形；心皮多数，花柱离生。花期 4~5 月。

生境：喜温暖湿润气候，耐寒性较强。对土壤要求不严。生长较迅速，萌芽力强，耐修剪。

药用价值：根皮涩，平。收敛止痛，止血。

园林应用：花密，色艳，香浓，秋果红艳，是极好的垂直绿化和绿篱材料。

23　桃 *Prunus persica* L.

科属：蔷薇科桃属

形态特征：乔木。树皮暗红褐色，具大量小皮孔。叶片长圆披针形、椭圆披针形或倒卵状披针形。花单生，先于叶开放，直径 2.5~3.5 厘米；萼筒钟形，绿色而具红色斑点；萼片卵形至长圆形；花瓣长圆状椭圆形至宽倒卵形，粉红色；雄蕊 20~30，花药绯红色。果实卵形、宽椭圆形或扁圆形，色泽变化由淡绿白色至橙黄色；果肉白色、浅绿白色、黄色、橙黄色或红色，多汁有香味；核大，离核或粘核；种仁味苦，稀味甜。花期 3~4 月。

生境：各省区广泛栽培。

药用价值：可药用，也可食用，有破血、和血、益气之效。

园林应用：观花观果类植物。

24　平枝栒子 *Cotoneaster horizontalis* Dcne.

科属：蔷薇科栒子属

形态特征：落叶或半常绿匍匐灌木。叶片近圆形或宽椭圆形，稀倒卵形。花 1~2，近无梗，直径 5~7 毫米；萼筒钟状；萼片三角形；花瓣直立，倒卵形，粉红色；雄蕊约 12。果实近球形，鲜红色。花期 5~6 月，果期 9~10 月。

生境：生于灌木丛中或岩石坡上，海拔 2000~3500 米。

药用价值：根、全草：清热化湿，止血止痛。

园林应用：丛植在假山叠石、草坪旁或溪水畔。

25　柳叶栒子 *Cotoneaster salicifolius* Franch.

科属：蔷薇科栒子属

形态特征：半常绿或常绿灌木，高达 5 米。枝条开张，小枝灰褐色。叶片椭圆长圆形至卵状披针形。花多而密生成复聚伞花序；花直径 5~6 毫米；萼筒钟状；萼片三角形；花瓣平展，卵形或近圆形，白色；雄蕊 20，花药紫色。果实近球形，深红色，小核 2~3 颗。花期 6 月，果期 9~10 月。

生境：生于山地或沟边杂木林中，海拔 1800~3000 米。

药用价值：治疗咳嗽、除风热。

园林应用：花富含花蜜和花粉，果实大多为红色，色彩从黄色到黑色均有，是良好的观果植物。

26 匍匐枸子 *Cotoneaster adpressus* Bois

科属：蔷薇科枸子属

形态特征：落叶匍匐灌木。茎不规则分枝，平铺地上。叶片宽卵形或倒卵形，稀椭圆形。花 1~2；萼筒钟；萼片卵状三角形；花瓣直立，倒卵形，粉红色；雄蕊 10~15。果实近球形，鲜红色。花期 5~6 月，果期 8~9 月。

生境：生于山坡杂木林边及岩石山坡，海拔 1900~4000 米。

药用价值：清热化湿，止血止痛。

园林应用：可片植于坡地、花坛。可观花观果，有很高的观赏价值。

27 翻白草 *Potentilla discolor* Bge.

科属：蔷薇科委陵菜属

形态特征：多年生草本。根粗壮，下部常肥厚呈纺锤形。花茎直立，高 10~45 厘米。基生叶有小叶 2~4 对，小叶对生或互生，无柄，小叶片长圆形或长圆披针形。聚伞花序有花数朵至多朵；花直径 1~2 厘米；萼片三角状卵形；花瓣黄色，倒卵形；花柱近顶生。瘦果近肾形。花果期 5~9 月。

生境：生丁荒地、山谷、沟边、山坡草地、草甸及疏林下，海拔 100~1850 米。

药用价值：全草入药，能解热、消肿、止痢、止血。

园林应用：植株紧密，花色艳丽，为良好荫生和观花地被植物，可保持水土。

28 龙芽草 *Agrimonia pilosa* Ldb.

科属：蔷薇科龙牙草属

形态特征：多年生草本。根多呈块茎状。茎高 30~120 厘米。叶为间断奇数羽状复叶，通常有小叶 3~4 对，稀 2 对，向上减少至 3 枚小叶，倒卵形，倒卵椭圆形或倒卵披针形。花序穗状总状顶生；花直径 6~9 毫米；萼片 5 片，三角卵形；花瓣黄色，长圆形；雄蕊 5~15；花柱 2，丝状，柱头头状。果实倒卵圆锥形。花果期 5~12 月。

生境：常生于海拔 100~3800 米的溪边、路旁、草地、灌丛、林缘及疏林下。

药用价值：龙芽草全草供药用，为收敛止血药，兼有强心作用。

园林应用：可丛植作为地被植物。

29 金露梅 *Potentilla fruticosa* L.

科属：蔷薇科委陵菜属

形态特征：灌木，高 0.5~2 米。多分枝，树皮纵向剥落；小枝红褐色。羽状复叶，有小叶 2 对，稀 3 枚小叶，小叶片长圆形、倒卵长圆形或卵状披针形。单花或数朵生于枝顶；花直径 2.2~3 厘米；萼片卵圆形；花瓣黄色，宽倒卵形。瘦果近卵形，褐棕色。花果期 6~9 月。

生境：生于海拔 1000~4000 米的山坡草地、砾石坡、灌丛及林缘。

药用价值：叶：清暑热，益脑清心，调经，健胃。

园林应用：枝叶茂密，黄花鲜艳，适宜作庭园丛植植物，或作矮篱。

30 变叶海棠 *Malus toringoides* (Rehd.) Hughes

科属：蔷薇科苹果属

形态特征：灌木至小乔木。小枝圆柱形，老时紫褐色或暗褐色。叶片形状变异很大，通常卵形至长椭圆形。花 3~6，近似伞形排列；花直径 2~2.5 厘米；萼筒钟状；花瓣卵形或长椭倒卵形，白色；雄蕊约 20，花丝长短不等，花柱 3，稀 4~5。果实倒卵形或长椭圆形，黄色有红晕。花期 4~5 月，果期 9 月。

生境：生于山坡丛林中，海拔 2000~3000 米。

药用价值：海棠具有利尿、消渴、健胃等功能。

园林应用：该树种是甘孜州高海拔地区阳坡、半阳坡地带造林绿化的优良乡土树种之一。根系发达，抗逆性强，并且果实成熟后红果满树，是高原宽谷区美丽秋景的重要组成部分。

31 陇东海棠 *Malus kansuensis* (Batal.) Schneid.

科属：蔷薇科苹果属

形态特征：灌木至小乔木。小枝粗壮，圆柱形，老时紫褐色或暗褐色。叶片卵形或宽卵形。伞形总状花序，具花 4~10；花直径 1.5~2 厘米；萼片三角卵形至三角披针形；花瓣宽倒卵形，基部有短爪，内面上部有稀疏长柔毛，白色；雄蕊 20。果实椭圆形或倒卵形，黄红色，有少数石细胞。花期 5~6 月，果期 7~8 月。

生境：生于杂木林或灌木丛中，海拔 1500~3000 米。

药用价值：具有利尿、消渴、健胃的功效。

园林应用：可在草坪边缘、水边湖畔成片群植，或在公园游步道旁列植或丛植，亦具特色。

32 插田泡 *Rubus coreanus* Miq.

科属：蔷薇科悬钩子属

形态特征：灌木。枝粗壮，红褐色，被白粉，具近直立或钩状扁平皮刺。小叶通常5枚，稀3枚，卵形、菱状卵形或宽卵形。伞房花序生于侧枝顶端，具花数朵至30余朵；花直径7~10毫米；花瓣倒卵形，淡红色至深红色，花丝带粉红色；雌蕊多数。果实近球形，深红色至紫黑色。花期4~6月，果期6~8月。

生境：抗旱，抗寒，耐瘠薄，适应性极强。生于海拔100~1700米的山坡灌丛或山谷、河边、路旁。

药用价值：果：补肾固精。根、不定根：调经活血，止血止痛。外用治外伤出血。

园林应用：观赏价值高，自我更新能力强，适宜在采石场、荒山、矿区边坡和迹地等困难立地条件下种植，是水土保持植物。

33 川梨 *Pyrus pashia* Buch.–Ham. ex D. Don

科属：蔷薇科梨属

形态特征：乔木。常具枝刺，小枝圆柱形。叶片卵形至长卵形。伞形总状花序，具花7~13，直径4~5厘米；花直径2~2.5厘米；萼筒杯状萼片三角形；花瓣倒卵形，先端圆或啮齿状，基部具短爪，白色；雄蕊25~30。果实近球形，褐色。花期3~4月，果期8~9月。

生境：生于海拔650~3000米的山谷斜坡、丛林中。适应性较强，对涝、旱、寒、盐、碱的抵抗力较强。

药用价值：消食积，化瘀滞。

园林应用：可供公园和庭院绿化种植用。

34 川西樱桃 *Prunus trichostoma* (Koehne) Yü et Li

科属：蔷薇科李属

形态特征：灌木或小乔木。树皮灰黑色。小枝灰褐色。叶片卵形、倒卵形或椭圆披针形。花2（3），稀单生，花叶同开；萼筒钟状，萼片三角形至卵形；花瓣白色或淡粉红色，倒卵形；先端圆钝；雄蕊25~36。核果紫红色，多肉质，卵球形。

生境：生于海拔1000~4000米的山坡、沟谷林中或草坡上。

药用价值：淡斑美白，增强抗病毒能力，能有效预防麻疹发生。

园林应用：适合庭院、公园路边、水岸、建筑物墙垣一隅或山石边栽培观赏。

35　大瓣紫花山莓草 *Sibbaldia purpurea* var. *macropetala* (Muraj.) Yü et Li

科属： 蔷薇科山莓草属

形态特征： 多年生草本。根稍木质化，根茎多分枝，仰卧。基生叶掌状五出复叶，小叶无柄或几无柄，倒卵形或倒卵长圆形。单花1，腋生；花直径0.4~0.6厘米；萼片三角状卵形；花瓣5片，紫色，倒卵长圆形，顶端微凹；花盘显著，紫色，雄蕊5，与花瓣互生；花柱侧生。瘦果卵球形，紫褐色，光滑。花果期6~7月。

生境： 生于海拔3600~4700米的高山草地、高冷林缘、雪线附近石砾间或岩石缝中。

药用价值： 富含维生素。

园林应用： 可引种栽培作园林地被。

36　大乌泡 *Rubus pluribracteatus*

科属： 蔷薇科悬钩子属

形态特征： 灌木。茎粗，有黄色绒毛状柔毛和稀疏钩状小皮刺。单叶，近圆形。顶生狭圆锥花序或总状花序，腋生花序为总状或花团集；花直径1.5~2.5厘米；萼片宽卵形；花瓣倒卵形或匙形，白色，有爪；雄蕊多数；雌蕊很多，子房无毛。果实球形，红色。花期4~6月，果期8~9月。

生境： 生于山坡及沟谷阴处灌木林内或林缘及路边，海拔可达2000~2500米左右。

药用价值： 清热利湿，止血接骨。

园林应用： 树型美观，用于园林公园和庭院绿化。

37　黄泡 *Rubus pectinellus* Maxim.

科属： 蔷薇科悬钩子属

形态特征： 草本或半灌木。茎匍匐，节处生根。单叶，叶片心状近圆形。花单生，顶生，稀2~3，直径达2厘米；萼筒卵球形；萼片不等大，叶状，卵形至卵状披针形；花瓣狭倒卵形，白色，有爪，稍短于萼片；雄蕊多数，直立；雌蕊多数，但很多败育。果实红色，球形。花期5~7月，果实7~8月。

生境： 生于海拔1000~3000米的山地林中。

药用价值： 根、叶可入药，能清热解毒。有益肾固精作用。

园林应用： 可作地被植物。

38　单瓣月季花 *Rosa chinensis* var. *spontanea* (Rehd.et Wils.) Yü et Ku

科属： 蔷薇科蔷薇属

形态特征： 初生茎紫红色，嫩茎绿色，老茎灰褐色；茎上生有尖而挺的刺。奇数羽状复叶；小叶3~7枚，卵形或长圆形，初展叶时为紫红色，后逐渐变绿。花生于茎顶，单生或丛生，有单瓣、复瓣（半重瓣）和重瓣之别，花色丰富，花形多样。果实为球形或梨形，成熟前为绿色，成熟果实为橘红色；内含骨质瘦果（种子）5~14颗。

生境：生于山坡及沟谷阴处灌木林内或林缘。

药用价值：具开发应用潜力。

园林应用：可片植或丛植于公园或庭院。

39　棣棠花 *Kerria japonica* (L.) DC.

科属：蔷薇科棣棠花属

形态特征：落叶灌木。叶互生，三角状卵形或卵圆形。单花，花直径2.5~6厘米；萼片卵状椭圆形；花瓣黄色，宽椭圆形，顶端下凹，比萼片长1~4倍。瘦果倒卵形至半球形，褐色或黑褐色。花期4~6月，果期6~8月。

生境：生于山坡灌丛中，海拔200~3000米。

药用价值：治久咳，消化不良，水肿，风湿痛，热毒疮。

园林应用：棣棠花枝叶翠绿细柔，金花满树，别具风姿，宜作花篱、花径，也可盆栽观赏。

40　多毛樱桃 *Prunus polytricha* (Koehne) Yü et Li

科属：蔷薇科樱属

形态特征：乔木或灌木。树皮黑色或灰褐色。小枝灰红褐色。叶片倒卵形或倒卵长圆形。花序伞形或近伞形，有花2~4；萼筒钟状，萼片卵状三角形；花瓣白色或粉色，卵形；雄蕊20~30；花柱下部被疏柔毛，柱头头状。核果红色，卵球形。花期4~5月，果期6~7月。

生境：生于山坡林中或溪边林缘，海拔1100~3300米。

药用价值：可治疗消化不良，便秘，脚气，风湿，贫血等病症。

园林应用：在公园、庭院等处孤植或与其他花卉组合配置。

41　高粱泡 *Rubus lambertianus* Ser.

科属：蔷薇科悬钩子属

形态特征：半落叶藤状灌木。单叶宽卵形，稀长圆状卵形。圆锥花序顶生，生于枝上部叶腋内的花序常近总状，有时仅数朵花簇生于叶腋；花直径约8毫米；萼片卵状披针形；花瓣倒卵形，白色。果实小，近球形。花期7~8月，果期9~11月。

生境：生于低海拔山坡、山谷或路旁灌木丛中阴湿处或生于林缘及草坪。

药用价值：根叶供药用，有清热散瘀、止血之效。

园林应用：可作攀缘植物应用在园林绿化中。

42　凉山悬钩子 *Rubus fockeanus* Kurz

科属：蔷薇科悬钩子属

形态特征：多年生匍匐草本。茎细，平卧，节上生根，有短柔毛。复叶具 3 枚小叶，小叶片近圆形至宽倒卵形。花单生或 1~2，顶生，直径达 2 厘米；花瓣倒卵圆状长圆形至带状长圆形，白色；雄蕊多数，雌蕊 4~20。果实球形，红色。花期 5~6 月，果期 7~8 月。

生境：生于山坡草地或林下，海拔 2000~4000 米。

药用价值：全株清热，解毒，消炎。

园林应用：花枝梢茂密，花繁香浓，入秋后果色变红。宜作绿篱。

43　红毛悬钩子 *Rubus wallichianus* Wight & Arnott

科属：蔷薇科悬钩子属

形态特征：攀援灌木。小枝粗壮，红褐色，有棱。小叶 3 枚，椭圆形、卵形、稀倒卵形。花数朵在叶腋团聚成束，稀单生；花直径 1~1.3 厘米；花瓣长倒卵形，白色，基部具爪，长于萼片。果实球形，熟时金黄色或红黄色。花期 3~4 月，果期 5~6 月。

生境：生于山坡灌丛、杂木林内或林缘，也见于山谷或山沟边，海拔 500~2200 米。

药用价值：根和叶供药用，有祛风除湿、散瘀伤之效。

园林应用：叶形优美，果实可食，可作地被和垂直绿化植物。

44　红腺悬钩子 *Rubus sumatranus* Miq.

科属：蔷薇科悬钩子属

形态特征：直立或攀援灌木。小枝、叶轴、叶柄、花梗和花序均被紫红色腺毛、柔毛和皮刺。小叶 5~7 枚，稀 3 枚，卵状披针形至披针形。花 3 或数朵成伞房状花序，稀单生；花直径 1~2 厘米；花瓣长倒卵

形或匙状，白色，基部具爪；花丝线形；雌蕊数可达 400。果实长圆形，橘红色。花期 4~6 月，果期 7~8 月。

　　生境：生于山地、山谷疏密林内、林缘、灌丛及草丛中，海拔达 2000 米。

　　药用价值：根入药，有清热、解毒、利尿之效。

　　园林应用：可观花观果，用作地被或立体绿化用。

45　黄果悬钩子 *Rubus xanthocarpus* Bureau et Franch.

　　科属：蔷薇科悬钩子属

　　形态特征：低矮半灌木，高 15~50 厘米。根状茎匍匐，木质；地上茎草质，通常直立。小叶 3 枚，有时 5 枚，长圆形或椭圆状披针形，稀卵状披针形。花 1~4 成伞房状，顶生或腋生，稀单生；花直径 1~2.5 厘米；花瓣倒卵圆形至匙形，白色，长 1~1.3 厘米，常较萼片长，基部有长爪。果实扁球形，橘黄色。花期 5~6 月，果期 8 月。

　　生境：生于山坡路旁、林缘、林中或山沟石砾滩地，海拔 600~3200 米。

　　药用价值：全草供药用，能消炎止痛。

　　园林应用：可作观花观果植物，同时是优良的水土保持植物。

46　蓬蘽 *Rubus hirsutus* Thunb.

　　科属：蔷薇科悬钩子属

　　形态特征：灌木。枝红褐色或褐色，被柔毛和腺毛，疏生皮刺。羽状复叶、小叶 3~5 枚，卵形或宽卵形。花常单生于侧枝顶端，也有腋生；花大，直径 3~4 厘米；花萼外密被柔毛和腺毛；花瓣倒卵形或近圆形，白色，基部具爪。果实近球形。花期 4 月，果期 5~6 月。

　　生境：生于山坡路旁阴湿处或灌丛中，海拔达 1500 米。

　　药用价值：全株及根入药，能消炎解毒、清热镇惊、活血及祛风湿。

　　园林应用：独特的株型、叶色有季相变化。白色花朵，有香气。果实鲜红色，是观花观果植物。

47　软条七蔷薇 *Rosa henryi* Bouleng.

　　科属：蔷薇科蔷薇属

　　形态特征：灌木。有长匍枝，小枝有短扁、弯曲皮刺或无刺。小叶通常 5 枚，近花序小叶片常为 3 枚，小叶片长圆形、卵形、椭圆形或椭圆状卵形。花 5~15，成伞形伞房状花序；花直径 3~4 厘米；花瓣白色，宽倒卵形，先端微凹，基部宽楔形。果近球形，成熟后褐红色，有光泽。

　　生境：生于山谷、林边、田边或灌丛中，海拔 1700~2000 米。

　　药用价值：根、果实可消肿止痛，祛风除湿，止血解毒，补脾固涩。

　　园林应用：可净化空气，是极好的垂直绿化材料。

九、芍药科

川赤芍 *Paeonia veitchii* Lynch

科属：芍药科芍药属

形态特征：多年生草本植物。茎高 30~80 厘米。叶为二回三出复叶，叶片轮廓宽卵形；小叶成羽状分裂，裂片窄披针形至披针形。花 2~4，生茎顶端及叶腋，有时仅顶端一朵开放；萼片 4 片，宽卵形；花瓣 6~9 片，倒卵形，紫红色或粉红色。蓇葖长 1~2 厘米，密生黄色绒毛。花期 5~6 月，果期 7 月。

生境：生长于海拔 1800~3700 米的地区，常生长在山坡林下草丛中、路旁及山坡疏林中。

药用价值：根供药用，称为"赤芍"，能活血通经，凉血散瘀，清热解毒。

园林应用：是中国古老的传统名贵花卉之一，各地均有栽植引种。

十、毛茛科

1 铁线莲 *Clematis florida* Thunb.

科属：毛茛科铁线莲属

形态特征：草质藤本。茎棕色或紫红色。二回三出复叶，小叶片狭卵形至披针形。萼片 6 片，白色，倒卵圆形或匙形；雄蕊紫红色，花丝宽线形；子房狭卵形，被淡黄色柔毛。瘦果倒卵形，扁平，边缘增厚。花期 1~2 月，果期 3~4 月。

生境：生于低山区的丘陵灌丛中，山谷、路旁及小溪边。

药用价值：根和全草供药用，利尿通经，根可通经络、解毒，治痛风、虫蛇咬伤。

园林应用：可作廊架绿亭、立柱、墙面、造型和篱垣栅栏式等垂直绿化用。

2 铁破锣 *Beesia calthifolia* (Maxim.) Ulbr.

科属：毛茛科铁破锣属

形态特征：多年生草本。叶 2~4 枚，肾形，心形或心状卵形。花莛高 14~58 厘米，上部花序处密被开展的短柔毛；苞片通常钻形，有时披针形；萼片白色或带粉红色，狭卵形或椭圆形。蓇葖长 1.1~1.7 厘米，扁，披针状线形。

生境：生于海拔 1400~3500 米的山地谷中林下阴湿处。

药用价值：根状茎入药，治风湿感冒、风湿骨痛、目赤肿痛等症。

园林应用：可作园林地被用。

3 直距耧斗菜 *Aquilegia rockii* Munz

科属：毛茛科耧斗菜属

形态特征：根圆柱形，外皮黑褐色。茎高 40~80 厘米。基生叶少数，为二回三出复叶；茎生叶 2~3 枚或更多。花序含 1~3 花，花下垂或水平展出；萼片紫红色或蓝色，开展，长椭圆状狭卵形；花瓣与萼片同色，顶端圆截形，雄蕊比瓣片短，花药黑色。蓇葖长 1.5~2.1 厘米；种子黑色，具棱。花期 6~8 月，果期 7~9 月。

生境：生于海拔 2500~3500 米的山地杂木林下或路旁。

药用价值：凉血止血，清热解毒，可治疗痛经、崩漏、痢疾。

园林应用：可进行盆栽观赏，也可以用来制作插花，或配置于灌木丛间和林缘。

4　绣球藤 *Clematis montana* Buch.-Ham. ex DC.

科属：毛茛科铁线莲属

形态特征：木质藤本。茎圆柱形，有纵条纹。三出复叶，数叶与花簇生，或对生；小叶片卵形、宽卵形至椭圆形。花1~6与叶簇生，直径 3~5 厘米；萼片 4 片，开展，白色或外面带淡红色，长圆状倒卵形至倒卵形。瘦果扁，卵形或卵圆形。花期 4~6 月，果期 7~9 月。

生境：生于山坡、山谷灌丛中、林边或沟旁。

药用价值：茎藤入药，具利水通淋、活血通经、通关顺气功效。

园林应用：花大而美丽，可作观花树种。

5　打破碗花花 *Anemone hupehensis* Lemoine

科属：毛茛科银莲花属

形态特征：多年生草本。基生叶多为三出复叶，少有单叶；小叶卵形。花茎长 20~80 厘米，疏生短柔毛；聚伞花序，花多数，有时仅有 3；总苞片 2~3 厘米，有柄，叶状；萼片 5 片，花瓣状，红紫色；无花瓣；雄蕊多数，花药淡黄色。聚合果球形；瘦果多数。花期 7~10 月，果期 11 月。

生境：喜生于海拔 400~1800 米间低山或丘陵的草坡或沟边。

药用价值：可治疗痢疾、泄泻、疟疾、蛔虫病、疮疖痈肿、瘰疬、跌打损伤。

园林应用：可片植或作为花坛、花境用。

6　毛茛 *Ranunculus japonicus* Thunb.

科属：毛茛科毛茛属

形态特征：多年生草本。须根多数簇生。茎直立，高 30~70 厘米。基生叶多数；叶片圆心形或五角形。聚伞花序有多数花，疏散；花直径 1.5~2.2 厘米；花瓣 5 片，倒卵状圆形，基部有爪。聚合果近球形；瘦果扁平。花果期 4~9 月。

生境：生于田沟旁和林缘路边，海拔 200~2500 米。

药用价值：该种全草含原白头翁素，捣碎外敷，可截疟、消肿及治疮癣。

园林应用：可布置花坛，盆栽观赏，还可用于鲜切花生产。

7　大火草 *Anemone tomentosa* (Maxim.) Pei

科属：毛茛科银莲花属

形态特征：草本，植株高 40~150 厘米。基生叶 3~4 枚，有长柄，为三出复叶，有时有 1~2 枚叶为单叶；

中央小叶有长柄，小叶片卵形至三角状卵形。聚伞花序，2~3回分枝；聚伞花序淡粉红色或白色，萼片5片，淡粉红色或白色，倒卵形、宽倒卵形或宽椭圆形。聚合果球形；瘦果密被绵毛。花期7~10月。

生境：生于山地草坡或路边阳处。

药用价值：根状茎供药用，治疗痢疾等症，也可作小儿驱虫药。

园林应用：可作地被绿化材料。

8 柱果铁线莲 *Clematis uncinata* Champ.

科属：毛茛科铁线莲属

形态特征：藤本。干时常带黑色。除花柱有羽状毛及萼片外面边缘有短柔毛外，其余光滑。茎圆柱形，有纵条纹。一至二回羽状复叶，有5~15枚小叶，基部二对常为2~3枚小叶，茎基部为单叶或三出复叶；小叶片纸质或薄革质，宽卵形、卵形、长圆状卵形至卵状披针形。圆锥状聚伞花序腋生或顶生，多花；萼片4片，开展，白色，干时变褐色至黑色，线状披针形至倒披针形。瘦果圆柱状钻形，干后变黑。花期6~7月，果期7~9月。

生境：生于山地、山谷、溪边的灌丛中、林边或石灰岩灌丛中。

药用价值：根入药，能祛风除湿、舒筋活络、镇痛。叶外用治外伤出血。

园林应用：可用于垂直绿化。

9 野棉花 *Anemone vitifolia* Buch.-Ham.

科属：毛茛科银莲花属

形态特征：草本，植株高60~100厘米。根状茎斜，木质。基生叶2~5枚，有长柄；叶片心状卵形或心状宽卵形。花葶粗壮，有密或疏的柔毛；聚伞花序，2~4回分枝；花丝丝形；心皮约400个，子房密被绵毛。聚合果球形；瘦果有细柄，密被绵毛。花期7~10月。

生境：生喜光，耐半荫，喜夏季凉爽气候，耐寒。主要分布在西南地区的1200~2700米的山地草坡或疏林中。

药用价值：根状茎供药用，治跌打损伤、风湿关节痛、肠炎、痢疾、蛔虫病等症。

园林应用：花色娇艳，叶色浓绿，花期也较长，用于岩石园、花境、山地绿化。

10 露蕊乌头 *Aconitum gymnandrum* Maxim.

科属：毛茛科乌头属

形态特征：一年生草本。根近圆柱形，茎被疏或密的短柔毛，等距地生叶，常分枝。基生叶1~6枚，叶片宽卵形或三角状卵形。总状花序有6~16花；萼片蓝紫色，少有白色，外面疏被柔毛，有较长爪，上萼片船形；花瓣，疏被缘毛；心皮6~13个，子房有柔毛。蓇葖果；种子倒卵球形。花期6~8月。

生境：生于海拔1550~3800米山地草坡、田边草地或河边砂地。

药用价值：叶、花、根皆可入药。味辛，性温，具祛风镇静、驱虫杀蛆的功效。可用于治疗关节疼痛、风湿等症。全草有毒。

园林应用：可用于园林地被。

11 盾叶唐松草 *Thalictrum ichangense* Lecoy. ex Oliv.

科属：毛茛科唐松草属

形态特征：草本。根状茎斜，密生须根；茎高14~32厘米，不分枝或上部分枝。基生叶，有长柄，为一至三回三出复叶；小叶草质，顶生小叶卵形、宽卵形、宽椭圆形或近圆形。复单歧聚伞花序有稀疏分枝；花梗丝形，萼片白色，卵形，花药椭圆形，柱头近球形，无柄。瘦果近镰刀形。

生境：生于海拔500~1800米草原、山地林边草坡或林中。适应性强，喜阳又耐半阴。对土壤要求不严，较耐寒。

药用价值：全草、根入药，可治小儿抽风、小儿白口疮，有散寒除风湿、去目雾、消浮肿等作用。

园林应用：可作园林地被用。

12 还亮草 *Delphinium anthriscifolium* Hance

科属：毛茛科翠雀属

形态特征：草本。茎等距地生叶，分枝。叶为二至三回近羽状复叶，间或为三出复叶；叶片菱状卵形或三角状卵形。总状花序有1~15花；轴和花梗被反曲的短柔毛；基部苞片叶状，其他苞片小，披针形至披针状钻形；花瓣紫色，无毛，上部变宽；退化雄蕊与萼片同色，无毛，瓣片斧形。花期3~5月。

生境：生于海拔200~1200米丘陵或低山的山坡草丛或溪边草地。

药用价值：全草供药用，治风湿骨痛，外涂治痈疮癣癞。

园林应用：可作园林地被用。

13 矮金莲花 *Trollius farreri* Stapf

科属：毛茛科金莲花属

形态特征：草本。植株全部无毛。根状茎短；茎高5~17厘米，不分枝。叶3~4枚，全部基生或近基生；叶片五角形。花单独顶生；萼片黄色，外面常带暗紫色，5~6片，宽倒卵形；花瓣匙状线形，比雄蕊稍短。聚合果；蓇葖长黑褐色，有光泽。花期6~7月，果期8月。

生境：分布于海拔 3500~4700 米的山地草坡。

药用价值：主治伤风感冒，急慢性扁桃体炎，急性中耳炎，急性结膜炎等。

园林应用：可用于园林地被绿化。

14　薄叶铁线莲 *Clematis gracilifolia* Rehd. et Wils.

科属：毛茛科铁线莲属

形态特征：藤本。茎、枝圆柱形，有纵条纹，外皮紫褐色。三出复叶至一回羽状复叶，有 3~5 枚小叶，数叶与花簇生，或为对生，小叶片 3 或 2 裂至 3 全裂，小叶片或裂片纸质或薄纸质，卵状披针形、卵形至宽卵形或倒卵形。花 1~5 与叶簇生；花直径 2.5~3.5 厘米；萼片 4 片，开展，白色或外面带淡红色，长圆形至宽倒卵形。瘦果扁。花期 4~6 月，果期 6~10 月。

生境：生于山坡林中阴湿处或沟边。

药用价值：主要含有以齐墩果酸或常春藤皂苷元、原白头翁素等是利尿通淋或祛风止痛类药物。

园林应用：枝叶扶苏，花大色艳，花型多变，花期长，用于垂直绿化，亦可配置于假山或岩石园中。

15　草玉梅 *Anemone rivularis* Buch.-Ham.

科属：毛茛科银莲花属

形态特征：草本，植株高 10~65 厘米。根状茎木质，垂直或稍斜。基生叶 3~5 枚，有长柄；叶片肾状五角形。花莛 1~3 个，直立；聚伞花序，（1~）2~3 回分枝；花直径 1.3~3 厘米；萼片 6~10 片，白色，倒卵形或椭圆状倒卵形，花药椭圆形，花丝丝形；心皮 30~60 个。瘦果狭卵球形。花期 5~8 月。

生境：生于山地林边或草坡上。

药用价值：根状茎和叶供药用，治喉炎、扁桃腺炎、肝炎、痢疾、跌打损伤等症。

园林应用：可作园林地被植物。

16　川陕金莲花 *Trollius buddae* Schipcz.

科属：毛茛科金莲花属

形态特征：草本。茎高 60~70 厘米。基生叶 1~3 枚，有长柄；叶片五角形；茎生叶 3~4 枚。花序具 2~3 花；萼片黄色，干时不变绿色，5 片，倒卵形或宽倒卵形；花瓣与雄蕊等长或比雄蕊稍短，狭线形。蓇葖具横脉。花期 7 月，果期 8 月。

生境：生于海拔 1780~2400 米的山地草坡。

药用价值：根供药用，有活血、破血的功效。

园林应用：茎叶形态优美，花大色艳，可作园林地被植物。

17　翠雀 *Delphinium grandiflorum* L.

科属：毛茛科翠雀属

形态特征：草本，茎高 35~65 厘米。基生叶和茎下部叶有长柄；叶片圆五角形。总状花序有 3~15 花；下部苞片叶状，其他苞片线形；萼片紫蓝色，椭圆形或宽椭圆形，距钻形；花瓣蓝色，无毛，顶端圆形；退化雄蕊蓝色，瓣片近圆形或宽倒卵形。蓇葖直；种子倒卵状四面体形。花期 5~10 月。

生境：生于海拔 500~2800 米的山地草坡或丘陵砂地。

药用价值：根：苦，寒。有毒。泻火止痛，杀虫。含漱用于风热牙痛。全草：外用于疥癣。种子：用于哮喘。

园林应用：花色大多为蓝紫色或淡紫色，花型似蓝色飞燕落满枝头，因而又名"飞燕草"，广泛用于庭院绿化、盆栽观赏和切花生产。

18　单花翠雀花 *Delphinium candelabrum* var. *monanthum* (Hand.–Mazz.)W.T.Wang

科属：毛茛科翠雀属

形态特征：与奇林翠雀花 *Delphinium candelabrum* Ostf. 的区别为叶裂片分裂程度较小，小裂片较宽，卵形，彼此多邻接；花瓣顶端全缘；退化雄蕊常紫色，有时下部黑褐色。

生境：生长于海拔 4100~5000 米山地多石砾的山坡。

药用价值：全草供药用，可止泻。

园林应用：丛植布置花境，也可点缀岩石园，或作草地镶边植物。

19　叠裂银莲花 *Anemone imbricata* Maxim.

科属：毛茛科银莲花属

形态特征：草本，植株高 4~20 厘米。根状茎长约 5 厘米。基生叶 4~7 枚，有长柄；叶片椭圆状狭卵形。萼片 6~9 片，白色、紫色或黑紫色，倒卵状长圆形或倒卵形；雄蕊长约 3.5 毫米，花药椭圆形；心皮约 30 个，无毛。瘦果扁平，椭圆形。花期 5~8 月。

生境：生于海拔 3200~5300 米的高山草坡或灌丛中。

药用价值：全草用于消化不良，痢疾，淋病，风寒湿痹。花、茎、叶可药用，能消炎、治烧伤等症。

园林应用：用于园林地被。

20　钝裂银莲花 *Anemone obtusiloba* D. Don

科属：毛茛科银莲花属

形态特征：草本，植株高 10~30 厘米。基生叶 7~15 枚，有长柄，多少密被短柔毛；叶片肾状五角形或宽卵形。花葶2~5个，萼片5~8片，白色，蓝色或黄色，倒卵形或狭倒卵形，花药椭圆形。花期5~7月。

生境：生于海拔2900~4000米的高山草地或铁杉林下。

药用价值：全草可入药，具有清热除湿、活血祛瘀、消肿解毒等功效。

园林应用：可作园林地被用。

21　多枝唐松草 *Thalictrum ramosum* Boivin

科属：毛茛科唐松草属

形态特征：草本。植株全部无毛。茎高12~45厘米。基生叶数个，为二至三回三出复叶；小叶草质，宽卵形、近圆形或宽倒卵形。复单歧聚花序圆锥状；萼片4片，淡堇色或白色，卵形；花药淡黄色，长圆形。瘦果无柄，狭卵形或披针形。花期4月，果期5~6月。

生境：生于海拔540~950米的丘陵或低山灌丛中。

药用价值：全草供药用，治目赤、热痢、黄疸等症。

园林应用：用于地被植物。

22　短柱侧金盏花 *Adonis davidii* Franchet

科属：毛茛科侧金盏花属

形态特征：多年生草本。茎高20~40厘米。叶片五角形或三角状卵形。花直径1.5~2.8厘米；萼片5~7片，椭圆形；花瓣7~14片，白色，有时带淡紫色，倒卵状长圆形或长圆形，子房卵形，有疏柔毛，花柱极短，柱头球形。瘦果倒卵形。花期4~8月。

生境：生于海拔1900~3500米的山地草坡、沟边、林边或林中。

药用价值：清热解毒，强心镇静。用于黄疸，咳嗽，哮喘，解热毒，心力衰竭，癫痫等。

园林应用：宜于庭园中假山、岩石缝隙及山脚下栽植，或花坛、花境。

23　飞燕草 *Consolida ajacis* (L.) Schur

科属：毛茛科飞燕草属

形态特征：草本。茎高约达60厘米，与花序均被多少弯曲的短柔毛。叶片长达3厘米，掌状细裂。花序生茎或分枝顶端；萼片紫色、粉红色或白色，宽卵形，距钻形；花瓣的瓣片三裂，卵形。蓇葖直，密被短柔毛，网脉稍隆起。

生境：生长于山坡、草地、固定沙丘。

药用价值：全草及种子可入药治牙痛。

园林应用：花形别致，色彩淡雅。丛植，或栽植花坛、花境，也可用作切花材料。

24 覆裂云南金莲花 *Trollius yunnanensis* var. *anemonifolius*

科属：毛茛科金莲花属

形态特征：植株全部无毛。茎高 30~80 厘米。疏生 1~2 枚叶；基生叶 2~3 枚，叶片干时常变暗绿色，五角形；下部茎生叶似基生叶，但叶柄稍短。花单生茎顶端或 2~3 组成顶生聚伞花序；萼片黄色，干时多少变绿色，宽倒卵形或倒卵形；花瓣线形，顶端稍变宽，近匙形；心皮 7~25 个。聚合果近球形；蓇葖光滑，种子狭卵球形。花期 6~9 月，果期 9~10 月。

生境：生长于海拔 3050~3800 米的山地草坡。

药用价值：治外感风寒、风湿痹痛、筋脉拘挛、瘰疬等。

园林应用：作园林地被植物。

25 高乌头 *Aconitum sinomontanum* Nakai

科属：毛茛科乌头属

形态特征：草本。茎高 60~150 厘米，生 4~6 枚叶。基生叶 1 枚，叶片肾形或圆肾形。总状花序长 20~50 厘米，具密集的花；萼片蓝紫色或淡紫色，外面密被短曲柔毛；花瓣无毛，唇舌形，距，向后拳卷；雄蕊无毛，花丝大多具 1~2 枚小齿；心皮 3 个。蓇葖长 1.1~1.7 厘米；种子倒卵形，具 3 条棱。花期 6~9 月。

生境：生于山坡草地或林中。

药用价值：根药用，治心悸、胃气痛、跌打损伤等症。

园林应用：用于药用植物园或园林地被。

26 光序翠雀花 *Delphinium kamaonense* Hunth

科属：毛茛科翠雀属

形态特征：草本。茎高约 35 厘米。基生叶和近基部叶有稍长柄；叶片圆五角形，其他叶细裂，小裂片线形或狭线形。花序通常复总状，有多数花；基部苞片叶状，其他苞片狭线形或钻形；萼片深蓝色，椭圆形或倒卵状椭圆形，距钻形；花瓣无毛，顶端圆形；退化雄蕊蓝色，瓣片宽倒卵形，顶端微凹，腹面基部之上有黄色髯毛；花丝有少数柔毛；心皮 3 个。蓇葖长约 1 厘米；种子四面体形。花期 6~8 月。

生境：生于海拔 2800~4100 米的山地草坡。

药用价值：全草药用，可消肠炎、止腹泻。根部浸酒，可镇痛、除风湿，外敷疮癣。

园林应用：用于花坛、花境，也可用作切花材料。

27 黑水翠雀花 *Delphinium potaninii* Huth

科属：毛茛科翠雀属

形态特征：草本。茎高 60~120 厘米。近等距地生叶，叶片五角形。顶生总状花序长 20~30 厘米，有多数花；萼片蓝紫色，倒卵形或椭圆状卵形，距钻形；花瓣紫色，无毛；退化雄蕊与萼片同色，瓣片二裂至中部，有短缘毛，腹面中央密被黄色髯毛；雄蕊无毛；心皮 3 个。蓇葖长 1.4~1.7 厘米；种子倒卵球形。花期 8~9 月。

生境：生于海拔 1800~3300 米的山地山坡或林中。

药用价值：祛风除湿，通络止痛，消肿解毒。

园林应用：作林下地被植物，布置花坛、花境。

28 美丽芍药 *Paeonia mairei* Lévl.

科属：毛茛科芍药属

形态特征：多年生草本。茎高 0.5~1 米。叶为二回三出复叶；顶生小叶长圆状卵形至长圆状倒卵形；侧生小叶长圆状狭卵形。花单生茎顶；苞片线状披针形，比花瓣长；萼片 5 片，宽卵形，绿色；花瓣 7~9 片，红色，倒卵形顶端圆形，有时稍具短尖头；花丝无毛，花盘浅杯状，包住心皮基部；心皮通常 2~3 色。蓇葖长 3~3.5 厘米。花期 4~5 月，果期 6~8 月。

生境：生于海拔 1500~2700 米的山坡林缘阴湿处。

药用价值：根药用，有行瘀活血、止痛之效。

园林应用：花朵大，颜色艳丽，用于花境或花坛。

29 女萎 *Clematis apiifolia* DC.

科属：毛茛科铁线莲属

形态特征：藤本。小枝和花序梗、花梗密生贴伏短柔毛。三出复叶，小叶片卵形或宽卵形。圆锥状聚伞花序多花；花直径约 1.5 厘米；萼片 4 片，开展，白色，狭倒卵形，花丝比花药长 5 倍。瘦果纺锤形或狭卵形。花期 7~9 月，果期 9~10 月。

生境：生于山野林边，海拔 150~1000 米。

药用价值：根、茎藤或全株入药，能消炎消肿、利尿通乳。

园林应用：可布置于墙垣、棚架、阳台、门廊等处作垂直绿化用。

30 匍枝毛茛 *Ranunculus repens* L.

科属：毛茛科毛茛属

形态特征：多年生草本。茎下部匍匐地面，节处生根并分枝，高 30~60 厘米。叶为三出复叶，基生叶和下部叶有长柄；叶片宽卵圆形。花序有疏花；花直径2~2.5厘米；萼片卵形；花瓣5~8片，橙黄色至黄色，卵形至宽倒卵形。聚合果卵球形；瘦果扁平。花果期5~8月。

生境：生于沟边草地。

药用价值：有清热镇痛，消翳之功效。

园林应用：匍匐低矮，覆地性强，栽培养护技术简便，易于在城市绿地中广泛推广。

31 人字果 *Dichocarpum sutchuenense* (Franch.) W. T. Wang et Hsiao

科属：毛茛科人字果属

形态特征：草本。全体无毛。根状茎横走，较粗壮；茎高7.5~30厘米。基生叶少数，为鸟趾状复叶；叶片草质，茎生叶通常1枚。复单歧聚伞花序长达10厘米，有1~8花；萼片白色，倒卵状椭圆形，花瓣金黄色，瓣片近圆形；雄蕊20~45，子房倒披针形。蓇葖狭倒卵状披针形；种子8~10颗，圆球形，黄褐色。花期4~5月，果期5~6月。

生境：生于海拔1450~2150米的山地林下湿润处或溪边的岩石旁。

药用价值：微甘，平。健脾利湿，用于消化不良。

园林应用：可用作园林绿化的地被材料。

32 耳状人字果 *Dichocarpum auriculatum* (Franch.) W. T. Wang et Hsiao

科属：毛茛科人字果属

形态特征：草本。全体无毛。根状茎横走，黑褐色，质坚硬，生许多细根。基生叶少数，为二回鸟趾状复叶；叶片草质。复单歧聚伞花序长7~19厘米，有1~7花；下部苞片叶状；花直径1~1.7厘米；萼片白色，倒卵状椭圆形；花瓣金黄色，长约4毫米，瓣片宽倒卵圆形；雄蕊约20，花药宽椭圆形。蓇葖狭倒卵状披针形；种子8~9粒，近圆形，黄褐色，光滑。花期4~5月，果期4~6月。

生境：生于海拔650~1600米的山地阴处潮湿地，疏林下岩石旁。

药用价值：全草供药用，可止咳化痰。

园林应用：可用作园林地被材料。

十一、莎草科

1　白鳞莎草 *Cyperus nipponicus* Franch. et Savat.

　　科属：莎草科莎草属

　　形态特征：一年生草本。具许多细长的须根。高 5~20 厘米，扁三棱形，平滑，基部具少数叶。叶通常短于秆；叶鞘膜质，淡红棕色或紫褐色。聚伞花序短缩成头状，圆球形；小穗无柄，披针形或卵状长圆形，具 8~30 花；小穗轴具白色透明的翅；鳞片二列，稍疏的复瓦状排列；雄蕊 2，花药线状长圆形；花柱长，柱头 2。小坚果长圆形，平凸状或有时近于凹凸状，黄棕色。花果期 8~9 月。

　　生境：主要生长于空旷的地方，涅地田边、菜地较常见。

　　药用价值：功效行气开郁，祛风止痒，宽胸利痰。

　　园林应用：可用于水边或湿地。

2　百球藨草 *Scirpus rosthornii* Diels

　　科属：莎草科藨草属

　　形态特征：根状茎短；秆粗壮，高 70~100 厘米，坚硬，三棱形、有节，节间长，具秆生叶。叶较坚挺。多次复出长侧枝聚伞花序大，顶生，具 6~7 条第一次辐射枝，辐射枝稍粗壮，长可达 12 厘米，各次辐射枝均粗糙；4~15 个小穗聚合成头状着生于辐射枝顶端；小穗无柄，卵形或椭圆形，顶端近于圆形，长 2~3 毫米，宽约 1.5 毫米，具多数很小的花；鳞片宽卵形，顶端纯，两侧脉间黄缘色，其余为麦秆黄色或棕色，后来变为深褐色；下位刚毛 2~3 条，较小坚果稍长，直，中部以上有顺刺；柱头 2。小坚果椭圆形或近于圆形，双凸状，长 0.6~0.7 毫米，黄色。花果期 5~9 月。

　　生境：生长于海拔 600~2400 米的林中、林缘、山坡、山脚、路旁、湿地、溪边及沼泽地。

　　药用价值：全草药用清热解毒，凉血利水。

　　园林应用：可用作水生植物景观营造。

3　垂穗薹草 *Carex brachyathera* Ohwi

　　科属：莎草科薹草属

　　形态特征：根状茎木质，较粗，通常具匍匐茎；秆疏丛生，高 30~60 厘米，纤细，三棱形。叶短于秆，线形，短于小穗，上部的刚毛状。小穗 3~5 个，上部小穗接近，下部稍远离，顶生小穗雄性，或少有基

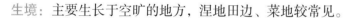

部具极少的雌花，棒状至细棒状；侧生小穗雌性，狭圆柱形，疏花；小穗柄丝状。雌花鳞片长圆形，顶端截形或微凹，薄革质，深栗褐色。果囊稍长于鳞片，卵状三棱形；小坚果紧包于果囊中，卵状椭圆形，扁三棱形。花果期7月。

生境：生长于高山砂质草地。

药用价值：全草药用清热解毒，凉血利水。

园林应用：可作为常绿草坪和花坛植物。

4 浆果薹草 *Carex baccans* Nees

科属：莎草科薹草属

形态特征：根状茎木质；秆密丛生，直立而粗壮，高80~150厘米，三棱形。叶基生和秆生。苞片叶状，长于花序；圆锥花序复出。小苞片鳞片状，披针形，革质；支花序柄坚挺；小穗多数，全部从内无花的囊状枝先出叶中生出，圆柱形，两性，雄雌顺序；雄花部分纤细，具少数花，长为雌花部分的1/2或1/3；雌花部分具多数密生的花。果囊倒卵状球形或近球形，成熟时鲜红色或紫红色；小坚果椭圆形，三棱形，成熟时褐色。花果期8~12月。

生境：生于林边、河边及村边，海拔200~2700米。

药用价值：凉血，止血，调经。

园林应用：可用作草坪植物。

十二、唇形科

1 野芝麻 *Lamium barbatum* Sieb. et Zucc.

科属：唇形科野芝麻属

形态特征：多年生植物。根茎有长地下匍匐枝；茎高达1米，单生，直立，四棱形，具浅槽，中空，几无毛。茎下部的叶卵圆形或心脏形，茎上部的叶卵圆状披针形，较茎下部的叶为长而狭。轮伞花序4~14花，着生于茎端；花萼钟形；花冠白或浅黄色，上唇直立，倒卵圆形或长圆形，下唇长约6毫米，3裂，中裂片倒肾形，先端深凹；雄蕊花丝扁平，花药深紫色，被柔毛；花柱丝状；花盘杯状。小坚果倒卵圆形，淡褐色。花期4~6月，果期7~8月。

生境：生于路边、溪旁、田埂及荒坡上，海拔最高可达2600米。

药用价值：花用于治疗子宫及泌尿系统疾患、白带及行经困难。全草用于跌打损伤、小儿疳积。

园林应用：可用于花境配色、压边或作地被用。

2 一串红 *Salvia splendens* Ker-Gawler

科属：唇形科鼠尾草属

形态特征：亚灌木状草本，高可达90厘米。茎钝四棱形。叶卵圆形或三角状卵圆形。轮伞花序2~6花，组成顶生总状花序；苞片卵圆形，红色，大，在花开前包裹着花蕾；花萼钟形，红色，二唇形，唇裂达花萼长1/3，上唇三角状卵圆形，下唇比上唇略长，深2裂，裂片三角形，先端渐尖；花冠红色，冠筒筒状，冠檐二唇形，上唇直伸；能育雄蕊2，近外伸；花盘等大。小坚果椭圆形，暗褐色。花期3~10月。

生境：喜温暖和阳光充足环境。不耐寒，耐半阴，忌霜雪和高温，怕积水和碱性土壤。

药用价值：味甘性平，具有清热凉血的作用，还能消肿，对治疗疔疮有很好的功效。

园林应用：花朵繁密，色彩艳丽，常用作花丛花坛材料或栽植于林缘。

3 半枝莲 *Scutellaria barbata* D. Don

科属：唇形科黄芩属

形态特征：根茎短粗，生出簇生的须状根；茎直立，高

12~55 厘米，四棱形。叶片三角状卵圆形或卵圆状披针形，上面橄榄绿色，下面淡绿有时带紫色。花单生于茎或分枝上部叶腋内，椭圆形至长椭圆形，全缘，上面散布下面沿脉疏被小毛；子房 4 裂，裂片等大。小坚果褐色，扁球形。花果期 4~7 月。

　　生境：生于水田边、溪边或湿润草地上，海拔 2000 米以下。

　　药用价值：治疗各种炎症、咯血、尿血、胃痛、疮痈肿毒、跌打损伤、蚊虫咬伤。

　　园林应用：宜用于花坛、花境或盆栽观赏。

4 三花莸 *Caryopteris terniflora* Maxim.

　　科属：唇形科莸属

　　形态特征：直立亚灌木。常自基部即分枝，高 15~60 厘米。茎方形，密生灰白色向下弯曲柔毛。叶片纸质，卵圆形至长卵形。聚伞花序腋生，花序梗长 1~3 厘米，通常 3 花；花萼钟状，5 裂，裂片披针形；花冠紫红色或淡红色，二唇形，裂片全缘，下唇中裂片较大，圆形；雄蕊 4，与花柱均伸出花冠管外。蒴果成熟后四瓣裂，果瓣倒卵状舟形。花果期 6~9 月。

　　生境：生于海拔 550~2600 米的山坡、平地或水沟河边。

　　药用价值：全草药用，有解表散寒，宣肺之效。治外感头痛、咳嗽、外障目翳、烫伤等症。

　　园林应用：可作绿篱栽培。

5 臭牡丹 *Clerodendrum bungei* Steud.

　　科属：唇形科大青属

　　形态特征：灌木。植株有臭味。花序轴、叶柄密被褐色、黄褐色或紫色脱落性的柔毛。小枝近圆形，皮孔显著。叶片纸质，宽卵形或卵形。伞房状聚伞花序顶生，密集；苞片叶状，披针形或卵状披针形；花萼钟状，萼齿三角形或狭三角形；花冠淡红色、红色或紫红色，花冠管长 2~3 厘米，裂片倒卵形柱头 2 裂，子房 4 室。核果近球形，成熟时蓝黑色。花果期 5~11 月。

　　生境：生于海拔 2500 米以下的山坡、林缘、沟谷、路旁、灌丛润湿处。

　　药用价值：根、茎、叶入药，有祛风解毒、消肿止痛之效。

　　园林应用：适合在庭院种植，可作地被及绿篱材料，花枝可用来插花。

6 紫珠 *Callicarpa bodinieri* Levl.

　　科属：唇形科紫珠属

　　形态特征：灌木，高约 2 米。小枝、叶柄和花序均被粗糠状星状毛。叶片卵状长椭圆形至椭圆形。聚伞花序宽 3~4.5 厘米，4~5 次分歧；花萼，外被星状毛和暗红色腺点，萼齿钝三角形；花冠紫色被星状柔毛和暗红色腺点；花药椭圆形。果实球形，熟时紫色。花期 6~7 月，果期 8~11 月。

生境：生于海拔 200~2300 米的林中、林缘及灌丛中。

药用价值：根、茎叶可活血通经，祛风除湿，收敛止血。

园林应用：观花观果，常用于园林绿化，也可盆栽观赏。

7 红紫珠 *Callicarpa rubella* Lindl.

科属：唇形科紫珠属

形态特征：灌木，高约 2 米。小枝被黄褐色星状毛并杂有多细胞的腺毛。叶片倒卵形或倒卵状椭圆形。聚伞花序宽 2~4 厘米；花萼被星状毛或腺毛，具黄色腺点，萼齿钝三角形或不明显；花冠紫红色、黄绿色或白色，外被细毛和黄色腺点。果实紫红色。花期 5~7 月，果期 7~11 月。

生境：生于海拔 300~1900 米的山坡、河谷的林中或灌丛中。

药用价值：清热，止血，消肿，止痛。

园林应用：观花观果植物或作切花材料。

8 大叶紫珠 *Callicarpa macrophylla* Vahl

科属：唇形科紫珠属

形态特征：灌木，稀小乔木，高 3~5 米。小枝近四方形，密生灰白色粗糠状分枝茸毛，稍有臭味。叶片长椭圆形、卵状椭圆形或长椭圆状披针形。聚伞花序宽 4~8 厘米，5~7 次分歧，花序梗粗壮，被灰白色星状毛和黄色腺点，萼齿不明显或钝三角形；花冠紫色，长约 2.5 毫米，疏生星状毛，花药卵形，药隔有黄色腺点；子房被微柔毛，花柱长约 6 毫米。果实球形。花期 4~7 月，果期 7~12 月。

生境：生于海拔 100~2000 米的疏林下和灌丛中。

药用价值：散瘀止血，消肿止痛。

园林应用：可作为庭院绿化植物。

9 拟缺香茶菜 *Isodon excisoides* (Sun ex C. H. Hu) H. Hara

科属：唇形科香茶菜属

形态特征：多年生草本。茎叶对生，宽椭圆形或卵形或圆卵形。总状圆锥花序顶生或于上部茎叶腋生，长 6~15 厘米，由 3（5）花的聚伞花序组成，聚伞花序具梗；苞叶叶状。花萼花时钟形，萼齿 5，上唇 3 齿，下唇 2 齿；花冠白、淡红、淡紫至紫蓝色，外疏被短柔毛及腺点，冠檐二唇形，上唇外反，下唇近圆形；雄蕊 4，下倾，内藏，花丝扁平，中部以下具髯毛；花盘环状。成熟小坚果近球形，褐色。花期 7~9 月，果期 8~10 月。

生境：生于草坡、路边、沟边、荒地、疏林下，海拔 700~3000 米。

药用价值：清热利湿，活血散瘀，解毒消肿。

园林应用：用于园林地被。

10 筋骨草 *Ajuga ciliata* Bunge

科属：唇形科筋骨草属

形态特征：多年生草本。根部膨大，直立，无匍匐茎。茎高 25~40 厘米，四棱形，基部略木质化，紫红色或绿紫色。叶片纸质，卵状椭圆形至狭椭圆形。穗状聚伞花序顶生，由多数轮伞花序密聚排列组成；紫红色，卵形，花萼漏斗状钟形，萼齿 5，长三角形或狭三角形；花冠紫色，具蓝色条纹，近基部具毛环，冠簷二唇形，上唇短，先端圆形，下唇增大；雄蕊 4，二强，稍超出花冠，着生于冠筒喉部，花丝粗壮；花柱细弱，超出雄蕊；花盘环状，前面呈指状膨大；子房无毛。小坚果长圆状或卵状三棱形。花期 4~8 月，果期 7~9 月。

生境：生于山谷溪旁，荫湿的草地上，林下湿润处及路旁草丛中，海拔 340~1800 米。

药用价值：全草入药，治肺热咯血、跌打损伤、扁桃腺炎、咽喉炎等症。

园林应用：可用于花坛、花径，也可成片栽于林下、湿地。

11 白苞筋骨草 *Ajuga lupulina* Maxim.

科属：唇形科筋骨草属

形态特征：多年生草本。具地下走茎；茎粗壮，直立，高 18~25 厘米，四棱形，具槽，沿棱及节上被白色具节长柔毛。叶柄具狭翅，基部抱茎，边缘具缘毛；叶片纸质，披针状长圆形。穗状聚伞花序由多数轮伞花序组成；苞叶大，向上渐小，白黄、白或绿紫色，卵形或阔卵形，花萼钟状或略呈漏斗状；花冠白、白绿或白黄色，具紫色斑纹，狭漏斗状，上唇小，直立，2 裂，裂片近圆形，下唇延伸，3 裂；子房 4 裂，被长柔毛。小坚果倒卵状或倒卵长圆状三棱形。花期 7~9 月，果期 8~10 月。

生境：生于河滩沙地、高山草地或陡坡石缝中，通常海拔 1900~3200 米。

药用价值：以全草入药。功能主治为解热消炎，活血消肿。

园林应用：作为地被覆盖植物。

12 白花黄芩 *Scutellaria spectabilis* Pax et Limp. et Hoffm.

科属：唇形科黄芩属

形态特征：主茎伏地，四棱形，无毛。枝直立，叶枝长 20~30 厘米，花枝长 4~8 厘米。叶具柄，在花枝上者远较小且几无柄，狭卵圆形，顶端略长渐尖，叶基具 3~5 脉。花美丽，长 2.5 厘米，白至淡黄色，极密集组成偏向一侧的总状花序，每节成对地在苞片腋中；花冠外面被腺毛，冠筒基部明显囊大。

生境：生于海拔 800 米的地方。

药用价值：功效清热燥湿，泻火解毒，止血，安胎。

园林应用：花期长，抗性强，适于园林地被。

13　缙云黄芩 Scutellaria tsinyunensis C. Y. Wu et S. Chow

科属：唇形科黄芩属

形态特征：多年生草本。根茎匍匐，在节上生纤维状根；茎直立，高 30~60 厘米，四棱形，在棱上微具翅。叶自茎基部向上增大，茎下部者细小，圆形至卵圆形。花对生，总状花序；苞片狭披针形；花萼外密被短柔毛及具腺有节的微柔毛，盾片平展；花冠白色，但檐部淡红至紫色；冠檐 2 唇形，上唇盔状，先端微凹，下唇中裂片三角状卵圆形；雄蕊 4，二强；花丝扁平。花盘肥厚，前方膨大；花柱细长；子房光滑，4 裂，后对裂片较大。花期 4~5 月。

生境：生于海拔 670~820 米的林荫下。

药用价值：根茎可入药。其提取物和单体化合物具有抗肿瘤、保肝、抗氧化、抗炎、抗惊厥、抗菌、抗病毒等作用。

园林应用：作园林地被材料。

14　连翘叶黄芩 Scutellaria hypericifolia Lévl.

科属：唇形科黄芩属

形态特征：多年生草本。茎多数近直立或弧曲上升，高 10~30 厘米，四棱形。叶片草质，大多数卵圆形。花序总状，长 6~15 厘米；苞片下部者似叶，卵形，常呈紫色；花萼，绿紫色；花冠白、绿白至紫、紫蓝色，长 2.5~2.8 厘米；冠檐 2 唇形，上唇盔状，内凹，先端微缺，下唇中裂片三角状卵圆形；雄蕊 4，花丝扁平；花盘环状。小坚果卵球形，黑色。花期 6~8 月，果期 8~9 月。

生境：生于海拔 900~4000 米的山地草坡上，有时见于高山栎林林缘。

药用价值：根（川黄芩）：苦，寒。清热止咳，利湿解毒。

园林应用：在园林绿化中作地被植物。

15　紫苏 Perilla frutescens (L.) Britt.

科属：唇形科紫苏属

形态特征：一年生、直立草本。茎高 0.3~2 米，绿色或紫色，钝四棱形，具四槽，密被长柔毛。叶阔卵形或圆形，膜质或草质，两面绿色或紫色。轮伞花序 2 花，组成长 1.5~15 厘米、密被长柔毛、偏向一侧的顶生及腋生总状花序；苞片宽卵圆形或近圆形，外被红褐色腺点；花萼钟形，夹有黄色腺点，萼檐二唇形，上唇宽大，下唇比上唇稍长，齿披针形；花冠白色至紫红色，冠筒短，冠檐近二唇形；雄蕊 4，花盘前方呈指状膨大。小坚果近球形，灰褐色。花期 8~11 月，果期 8~12 月。

生境：适应性强，对土壤要求不严，在排水较好的土壤上均能良好生长。

药用价值：入药部分以茎叶及子实为主。叶有镇痛、镇静、解毒作用。梗有平气安胎之功。子能镇咳、祛痰、平喘。

园林应用：多用于花坛布景，作为大色块的选材。

16　薄荷 *Mentha canadensis*

科属：唇形科薄荷属

形态特征：多年生草本。茎直立，高 30~60 厘米，下部数节具纤细的须根及水平匍匐根状茎，锐四棱形，具四槽。叶片长圆状披针形，披针形，椭圆形或卵状披针形。轮伞花序腋生，轮廓球形，花时径约 18 毫米，具梗或无梗；花萼管状钟形，萼齿 5，狭三角状钻形；花冠淡紫，外面略被微柔毛，冠檐 4 裂；雄蕊 4，花丝丝状，无毛，花药卵圆形，2 室，室平行；花盘平顶。小坚果卵珠形，黄褐色，具小腺窝。花期 7~9 月，果期 10 月。

生境：生于水旁潮湿地，海拔可高达 3500 米。

药用价值：全草入药，治感冒发热喉痛，头痛，目赤痛，肌肉疼痛，皮肤风疹，麻疹等症。

园林应用：庭院露天种植或盆栽观赏。

17　糙苏 *Phlomis umbrosa* Turcz.

科属：唇形科橙花糙苏属

形态特征：多年生草本。根粗厚，须根肉质。茎高 50~150 厘米，多分枝，四棱形，具浅槽，疏被向下短硬毛，有时上部被星状短柔毛，常带紫红色。叶近圆形、圆卵形至卵状长圆形。轮伞花序通常 4~8 花；苞片线状钻形，常呈紫红色，被星状微柔毛、近无毛或边缘被具节缘毛；花萼管状；花冠通常粉红色，下唇较深色，常具红色斑点，冠筒长约 1 厘米，冠檐二唇形，裂片卵形或近圆形。小坚果无毛。花期 6~9 月，果期 9 月。

生境：生于疏林下或草坡上，海拔 200~3200 米。

药用价值：民间用根入药，性苦辛、微温，有消肿、生肌、续筋、接骨之功。

园林应用：可种植在岩石园、花境或坡地上。

18　臭黄荆 *Premna ligustroides* Hemsl.

科属：唇形科豆腐柴属

形态特征：灌木，高 1~3 米。多分枝，枝条细弱，幼枝有短柔毛。叶片卵状披针形至披针形，背面有紫红色腺点。聚伞花序组成顶生圆锥花序，被柔毛；花萼杯状；花冠黄色，两面有茸毛和黄色腺点，顶端 4 裂略成二唇形；雄蕊 4，2 枚稍长核果倒卵球形，顶端有黄色腺点。花果期 5~7 月。

　生境：生于海拔 500~1000 米的山坡林中或林缘。

　药用价值：根、叶、种子入药，能除风湿，清邪热，治痢疾、痔疮、脱肛、牙痛。

　园林应用：花型虽小，但紧凑如宝塔般排列，可引种栽培。

19　寸金草 *Clinopodium megalanthum* (Diels) C. Y. Wu et Hsuan ex H. W. Li

　科属：唇形科风轮菜属

　形态特征：多年生草本。茎多数，自根茎生出，高可达 60 厘米，基部匍匐生根，简单或分枝，四棱形。叶三角状卵圆形。轮伞花序多花密集，半球形，花时连花冠径达 3.5 厘米，生于茎、枝顶部，向上聚集；苞叶叶状，先端染紫红色；花萼圆筒状，开花时长约 9 毫米，13 脉，上唇 3 齿，齿长三角形，下唇 2 齿，齿与上唇近等长，二角形，先端长芒尖；花冠粉红色，较大，长 1.5~2 厘米，外面被微柔毛，内面在下唇下方具二列柔毛，冠筒十分伸出，冠檐二唇形，上唇直伸，先端微缺，下唇 3 裂，中裂片较大；雄蕊 4，花药卵圆形，2 室，室略叉开；花盘平顶。小坚果倒卵形。花期 7~9 月，果期 8~11 月。

　生境：生于山坡、草地、路旁、灌丛中及林下，海拔 1300~3200 米。

　药用价值：功效为燥湿祛风，杀虫止痒，温肾壮阳。

　园林应用：可作为地被植物。

20　动蕊花 *Kinostemon ornatum* (Hemsl.) Kudo

　科属：唇形科动蕊花属

　形态特征：多年生草本。茎直立。叶片卵圆状披针形至长圆状线形。轮伞花序 2 花，多数组成顶生及腋生无毛的疏松总状花序；萼齿 5，呈二唇式开张，上唇 3 齿，中齿特大，圆形，下唇 2 齿，披针形；花冠紫红色，外面极疏被微柔毛及淡黄色腺点，冠二唇形，上唇 2 裂，裂片斜三角状卵形，下唇 3 裂；雄蕊 4，细丝状，花药 2 室，肾形；子房球形。小坚果长 1 毫米。花期 6~8 月，果期 8~11 月。

　生境：生于山地林下，海拔 740~2550 米。

　药用价值：具有清热解毒、止血散瘀之功效。

　园林应用：花叶俱佳，是优良的花境材料。

21　甘青青兰 *Dracocephalum tanguticum* Maxim.

　科属：唇形科青兰属

　形态特征：多年生草本。有臭味。茎直立，高 35~55 厘米，钝四棱形。叶片轮廓椭圆状卵形或椭圆形，基部宽楔形。轮伞花序生于茎顶部 5~9 节上，通常具 4~6 花，形成间断的穗状花序；

花萼外面中部以下密被伸展的短毛及金黄色腺点，常带紫色；花冠紫蓝色至暗紫色。花期 6~9 月。

　　生境：生于干燥河谷的谷岸、山野路旁、草滩或高山草地及松林林缘。

　　药用价值：止咳化痰，和胃疏肝，清热利水。

　　园林应用：可用于园林绿化地被植物。

22　甘西鼠尾草 *Salvia przewalskii* Maxim.

　　科属：唇形科鼠尾草属

　　形态特征：多年生草本。根木质，直伸，圆柱锥状，外皮红褐色。茎高达 60 厘米。叶片三角状或椭圆状戟形，稀心状卵圆形，草质。轮伞花序 2~4 花，疏离，总状花序，有时具腋生的总状花序而形成圆锥花序；苞片卵圆形或椭圆形；花萼钟形，二唇形，上唇三角状半圆形，下唇齿三角形，先端锐尖；花冠紫红色，冠檐二唇形，上唇长圆形，下唇中裂片倒卵圆形；花柱略伸出花冠，先端 2 浅裂，后裂片极短；花盘前方稍膨大。小坚果倒卵圆形。花期 5~8 月。

　　生境：生于林缘、路旁、沟边、灌丛下，海拔 2100~4050 米。

　　药用价值：活血祛瘀，安神宁心，排脓，止痛。

　　园林应用：可用于园林绿化地被。

23　墨西哥鼠尾草 *Salvia leucantha* Cav.

　　科属：唇形科鼠尾草属

　　形态特征：多年生草本植物，株高 80~160 厘米。全株被柔毛。茎直立，四棱。叶对生有柄，披针形，叶缘有细钝锯齿，略有香气。花序总状，长 20~40 厘米，全体被蓝紫色茸毛；小花 2~6 轮生，花冠唇形，蓝紫色，花萼钟状并与花瓣同色。花期 8~10 月，果实冬季成熟。

　　生境：喜温暖、湿润气候，阳光充足的环境，不耐寒，生长适温 18~26℃，适生于疏松、肥沃的砂质土壤。

　　药用价值：活血祛瘀，安神宁心，排脓，止痛。

　　园林应用：花叶俱美，花期长，适于公园、庭园等路边、花坛栽培观赏，也可作干花和切花材料。

24　黄花鼠尾草 *Salvia flava* Forrest ex Diels

　　科属：唇形科鼠尾草属

　　形态特征：多年生草本。茎直立，高 20~50 厘米，钝四棱形。叶片卵圆形或三角状卵圆形，纸质。轮伞花序通常 4 花，4~8 个稍疏离组成顶生总状花序，或总状圆锥花序；花萼钟形，散布明显紫褐色腺点，二唇形，上唇三角状卵圆形；花冠黄色，长 2.3~3 厘米，冠檐二唇形，上唇盔状；能育雄蕊 2，伸至上唇；退化雄蕊短小；花盘前方稍膨大。花期 7 月。

生境：生于林下及山坡草地，海拔 2500~4000 米。

药用价值：根入药。具有活血调经、化瘀止痛之功效。

园林应用：可作盆栽，用于花坛、花境。同时，可点缀或群植于岩石旁、林缘空隙地。

25　康定鼠尾草 *Salvia prattii* Hemsl.

科属：唇形科鼠尾草属

形态特征：多年生直立草本。根部肥大。茎高达 45 厘米。叶有基生叶和茎生叶，叶片长圆状戟形或卵状心形。轮伞花序 2~6 花，于茎顶排列成总状花序；苞片椭圆形或倒卵形；花萼钟形，二唇形，上唇半圆形；花冠红色或青紫色，冠筒长约为花萼长的 2.5~3 倍，冠檐二唇形，上唇长圆形，下唇长于上唇，倒心形；退化雄蕊短小，花丝长约 4 毫米，不育；花盘环状；子房裂片椭圆形。小坚果倒卵圆形，顶端圆，黄褐色。花期 7~9 月。

生境：生于山坡草地上，海拔 3750~4800 米。

药用价值：活血调经，化瘀止痛。

园林应用：可作盆栽，用于花坛、花境和园林景点的布置。

26　韩信草 *Scutellaria indica* L.

科属：唇形科黄芩属

形态特征：多年生草本。根茎短。叶草质至近坚纸质，心状卵圆形或圆状卵圆形至椭圆形。花对生，在茎或分枝顶上排列成长 4~12 厘米的总状花序；花冠蓝紫色，长 1.4~1.8 厘米，外疏被微柔毛，内面仅唇片被短柔毛；冠筒前方基部膝曲；冠檐 2 唇形，上唇盔状，下唇中裂片圆状卵圆形，具深紫色斑点，两侧裂片卵圆形；雄蕊 4，二强；花盘肥厚；子房柄短；花柱细长；子房光滑，4 裂。成熟小坚果栗色或暗褐色，卵形。花果期 2~6 月。

生境：生于海拔 1500 米以下的山地或丘陵地、疏林下，路旁空地及草地上。

药用价值：清热解毒，活血止痛，止血消肿。

园林应用：多用于盆花及花坛栽培。

27　华西龙头草 *Meehania fargesii* (Lévl) C. Y. Wu

科属：唇形科龙头草属

形态特征：多年生草本，直立，高 10~20 厘米。具匍匐茎。叶纸质，心形至卵状心形或三角状心形。花通常成对着生于茎上部 2~3 节叶腋，有时形成轮伞花序，小苞片钻形；花萼在花时筒状，二唇形；花冠淡红色至紫红色，管状；檐部二唇形，上唇直立，2 裂或 2 浅裂，下唇增大；雄蕊 4，不伸出花冠；花丝微扁；柱头 2 裂；花盘杯状，裂片不明显，腹面具 1 与子房裂片等大的蜜腺。花期 4~6 月。

　　生境：海拔 1900~3500 米的针叶阔叶混交林或针叶林下荫处。

　　药用价值：有解表散寒、宣肺止嗽的功效。

　　园林应用：可作城乡绿化地被植物。

28　藿香 *Agastache rugosa* (Fisch. et Mey.) O. Ktze.

　　科属：唇形科藿香属

　　形态特征：多年生草本。茎直立，高 0.5~1.5 米，四棱形。叶心状卵形至长圆状披针形。轮伞花序多花，在主茎或侧枝上组成顶生密集的圆筒形穗状花序，穗状花序长 2.5~12 厘米；轮伞花序具短梗；花萼管状倒圆锥形，被腺微柔毛及黄色小腺体，萼齿三角状披针形；花冠淡紫蓝色，冠檐二唇形，上唇直伸，先端微缺，下唇 3 裂；雄蕊伸出花冠，花丝细，扁平；花盘厚环状。成熟小坚果卵状长圆形，褐色。花期 6~9 月，果期 9~11 月。

　　生境：全国各地均有栽培。

　　药用价值：全草入药，有止呕吐、治霍乱腹痛、驱逐肠胃充气、清暑等效。

　　园林应用：花盘厚环状，有香气，适用于花境，池畔和庭院成片栽植，也可盆栽观赏。

29　金疮小草 *Ajuga decumbens* Thunb.

　　科属：唇形科筋骨草属

　　形态特征：一或二年生草本。具匍匐茎。叶片薄纸质，匙形或倒卵状披针形。轮伞花序多花，排列成间断长 7~12 厘米的穗状花序；下部苞叶与茎叶同形，匙形；花萼漏斗状，萼齿 5，狭三角形或短三角形；花冠淡蓝色或淡红紫色，稀白色，筒状，冠檐二唇形，上唇短，直立，圆形，顶端微缺，下唇宽大；雄蕊 4，二强；花盘环状；子房 4 裂，无毛。小坚果倒卵状三棱形。花期 3~7 月，果期 5~11 月。

　　生境：生于溪边、路旁及湿润的草坡上，海拔 360~1400 米。

　　药用价值：全草入药，治痈疽疔疮、火眼、乳痈、鼻衄、咽喉炎、肠胃炎、急性结膜炎、烫伤、狗咬伤、毒蛇咬伤以及外伤出血等症。

　　园林应用：开花繁密，常用于公园、绿地等处的林下、路边及水岸边栽培观赏。

30　荆芥 *Nepeta cataria* L.

　　科属：唇形科荆芥属

　　形态特征：多年生植物。茎高 40~150 厘米，基部近四棱形。叶卵状至三角状心脏形。花序为聚伞状，较疏松或极密集的顶生分枝圆锥花序，聚伞花序呈二歧状分枝；花萼，花时管状；花冠白色，下唇有紫点，外被白色柔毛，内面在喉部被短柔毛，冠筒极细，冠檐二唇形；雄蕊内藏，花丝扁平，无毛；花盘杯状，裂片明显。小坚果卵形。花期 7~9 月，果期 9~10 月。

　　生境：多生于宅旁或灌丛中，海拔一般不超过 2500 米。

　　药用价值：辛香、微温，茎叶有解暑、发汗发热、防治中暑、口臭、胸闷及小便不利等作用。

　　园林应用：即可作为花境前景，又能点缀岩石花园。

31 康藏荆芥 Nepeta prattii *Lévl.*

　　科属：唇形科荆芥属

　　形态特征：多年生草本。茎高 70~90 厘米，四棱形。叶卵状披针形、宽披针形至披针形。轮伞花序生于茎、枝上部 3~9 节上，顶部的 3~6 密集成穗状，多花而紧密；花萼长 11~13 毫米，疏被短柔毛及白色小腺点，下唇 2 齿狭披针形；花冠紫色或蓝色，长 2.8~3.5 厘米，冠檐二唇形，上唇裂至中部成 2 钝裂片，下唇中裂片肾形。小坚果倒卵状长圆形，褐色。花期 7~10 月，果期 8~11 月。

　　生境：生于山坡草地，湿润处，海拔 1920~4350 米。

　　药用价值：可用于急性肠胃炎。

　　园林应用：可作为花境的材料。

十三、豆科

1 白车轴草 *Trifolium repens* L.

科属：豆科车轴草属

形态特征：短期多年生草本。主根短，侧根和须根发达。花序球形，顶生；总花梗甚长，比叶柄长近1倍，具花20~80，密集；无总苞；苞片披针形，膜质，锥尖；花长7~12毫米；花梗比花萼稍长或等长，开花立即下垂；萼钟形，具脉纹10条，萼齿5，披针形；花冠白色、乳黄色或淡红色，具香气。荚果长圆形；种子通常3颗，阔卵形。花果期5~10月。

生境：常见于种植，并在湿润草地、河岸、路边呈半自生状态。

药用价值：本种为优良牧草，含丰富的蛋白质和矿物质。

园林应用：可作为绿肥、堤岸防护草种、草坪装饰，以及蜜源等用。

2 山槐 *Albizia kalkora* (Roxb.) Prain

科属：豆科合欢属

形态特征：落叶小乔木或灌木。枝条暗褐色，被短柔毛，有显著皮孔。二回羽状复叶，长圆形或长圆状卵形。头状花序2~7枚生于叶腋，或于枝顶排成圆锥花序；花初白色，后变黄，具明显的小花梗；花萼管状，5齿裂；花冠中部以下连合呈管状，裂片披针形，花萼、花冠均密被长柔毛；雄蕊长2.5~3.5厘米，基部连合呈管状。荚果带状，深棕色，嫩荚密被短柔毛，老时无毛；种子4~12颗，倒卵形。花期5~6月；果期8~10月。

生境：生于山坡灌丛、疏林中。

药用价值：根及茎皮药用，能补气活血，消肿止痛。花有催眠作用。

园林应用：可作为庭荫树，或丛植成风景林。

3 广布野豌豆 *Vicia cracca* L.

科属：豆科野豌豆属

形态特征：多年生草本。根细长，多分支。茎攀援或蔓生，有棱，被柔毛。偶数羽状复叶，叶轴顶端卷须有2~3分支。总状花序与叶轴近等长，花多数；花萼钟状，萼齿5，近三角状披针形；花冠紫色、蓝紫色或紫红色。荚果长圆形或长圆菱形，先端有喙，

果梗长约 0.3 厘米；种子 3~6 颗，扁圆球形，种皮黑褐色，种脐长相当于种子周长 1/3。花果期 5~9 月。

生境：广布于我国各省区的草甸、林缘、山坡、河滩草地及灌丛。

药用价值：活血平胃，明耳目，治疗疮。

园林应用：该种为早春蜜源植物之一，也是水土保持绿肥作物。

4　云实 *Caesalpinia decapetala* (Roth) Alston

科属：豆科云实属

形态特征：藤本。树皮暗红色。枝、叶轴和花序均被柔毛和钩刺。总状花序顶生，直立，具多花；总花梗多刺；花梗被毛，在花萼下具关节，故花易脱落；萼片 5，长圆形，被短柔毛；花瓣黄色，膜质，圆形或倒卵形，盛开时反卷，基部具短柄。荚果长圆状舌形，脆

革质，栗褐色，无毛，有光泽，沿腹缝线膨胀成狭翅，成熟时沿腹缝线开裂，先端具尖喙；种子 6~9 颗，椭圆状，种皮棕色。花果期 4~10 月。

生境：生于山坡灌丛中及平原、丘陵、河旁等地。

药用价值：根、茎及果药用，具有解毒除湿、止咳化痰、杀虫之功效。

园林应用：常栽培作为绿篱。

5　胡枝子 *Lespedeza bicolor* Turcz.

科属：豆科胡枝子属

形态特征：直立灌木。具数枚黄褐色鳞片。羽状复叶具 3 枚小叶；托叶 2 枚，线状披针形。总状花序腋生，比叶长，常构成大型、较疏松的圆锥花序；总花梗长 4~10 厘米；花梗短，长约 2 毫米，密被毛；花萼长约 5 毫米，5 浅裂，裂片卵形或三角状卵形，先端尖，外面被白毛；花冠红紫色，极稀白色，长约 10 毫米，旗瓣倒卵形，先端微凹，翼瓣较短，近长圆形，基部具耳和瓣柄，龙骨瓣与旗瓣近等长，先端钝，基部具较长的瓣柄；子房被毛。荚果斜倒卵形，稍扁。花期 7~9 月，果期 9~10 月。

生境：生于海拔 150~1000 米的山坡、林缘、路旁、灌丛及杂木林间。

药用价值：全草入药，有益肝明目、清热利尿、通经活血的功能，是家畜良好医治药物。

园林应用：是防风、固沙及水土保持植物，为营造防护林及混交林的伴生树种。

6　多花胡枝子 *Lespedeza floribunda* Bunge

科属：豆科胡枝子属

形态特征：小灌木。根细长。茎常近基部分枝。枝有条棱，被灰白色绒毛。总状花序腋生；总花梗细长，显著超出叶；花多数；小苞片卵形，先端急尖；花萼长 4~5 毫米，被柔毛，5 裂，上方 2 裂片下部合生，上部分离，裂片披针形或卵状披针形，

先端渐尖；花冠紫色、紫红色或蓝紫色，旗瓣椭圆形，先端圆形，基部有柄，翼瓣稍短，龙骨瓣长于旗瓣，钝头。荚果宽卵形，超出宿存萼，密被柔毛，有网状脉。花期 6~9 月，果期 9~10 月。

生境：生于海拔 1300 米以下的石质山坡。

药用价值：根或全草入药。具有消积散瘀、截疟之功效。常用于小儿疳积、疟疾。

园林应用：花期较长，花色艳丽，可以栽种在花坛绿地和园篱边缘。侧根着生大量根瘤，可以固氮，有改良土壤的作用。主根发达，是一种理想的防风固沙和水土保持植物。

7 美丽胡枝子 *Lespedeza thunbergii* subsp. *formosa* (Vogel) H. Ohashi

科属：豆科胡枝子属

形态特征：直立灌木。多分枝，枝伸展，被疏柔毛。总状花序单一，腋生，比叶长，或构成顶生的圆锥花序；总花梗长可达 10 厘米，被短柔毛；苞片卵状渐尖，密被绒毛；花梗短，被毛；花萼钟状，5 深裂，裂片长圆状披针形；花冠红紫色，旗瓣近圆形或稍长，先端圆，基部具明显的耳和瓣柄，翼瓣倒卵状长圆形，短于旗瓣和龙骨瓣，基部有耳和细长瓣柄，龙骨瓣比旗瓣稍长。荚果倒卵形或倒卵状长圆形，表面具网纹且被疏柔毛。花期 7~9 月，果期 9~10 月。

生境：生于海拔 2800 米以下的山坡、路旁及林缘灌丛中。

药用价值：清肺热，祛风湿，散瘀血。治肺痈、风湿疼痛、跌打损伤。

园林应用：可作为护坡地被的景观元素。同时是很好的固土、持水及改良土壤树种，也是荒山裸地造林的先锋灌木，对矿渣废弃地植被的快速恢复也能起到良好的作用。

8 木蓝 *Indigofera tinctoria* Linn.

科属：豆科木兰属

形态特征：直立亚灌木。分枝少；幼枝有棱，扭曲，被白色丁字毛。总状花序长 2.5~9 厘米，花疏生，近无总花梗；苞片钻形；花梗长 4~5 毫米；花萼钟状，萼齿三角形，与萼筒近等长，外面有丁字毛；花冠伸出萼外，红色，旗瓣阔倒卵形，外面被毛，瓣柄短，翼瓣长约 4 毫米，龙骨瓣与旗瓣等长；花药心形；子房无毛。荚果线形，种子间有缢缩，外形似串珠状，内果皮具紫色斑点；果梗下弯；种子近方形。花期几乎全年，果期 10 月。

生境：野生于山坡草丛中，南部各省时有栽培。

药用价值：具有清热解毒，凉血止血之功效。

园林应用：观花灌木，可庭植。

9 河北木蓝 *Indigofera bungeana* Walp.

科属：豆科木兰属

形态特征：直立灌木，高 40~100 厘米。茎褐色，圆柱形，有皮孔。枝银灰色，被灰白色丁字毛。总状花序腋生，长 4~8 厘米；总花梗较叶柄短；苞片线形；花梗长约 1 毫米；花萼长约 2 毫米，外面被白色丁字毛，萼齿近相等，三角状披针形，与萼筒近等长；花冠紫色或紫红色，旗瓣阔倒卵形；花药圆球形，先端具小凸尖；子房线形，被疏毛。荚果褐色，线状圆柱形，长不超过 2.5 厘米，被白色丁字毛，种子间有横隔，内果皮有紫红色斑点；种子椭圆形。花期 5~6 月，果期 8~10 月。

生境：生于山坡、草地或河滩地，海拔 600~1000 米。

药用价值：全草药用，清热止血、消肿生肌。外敷治创伤。

园林应用：可作为城市公园、道路边坡、沙漠、荒地、房前屋后等闲散地的良好绿化材料。

10 四川木蓝 *Indigofera szechuensis* Craib

科属：豆科木蓝属

形态特征：灌木。茎黑褐色，圆柱形，疏牛淡黄色皮孔。幼枝有棱，被白色并间生棕褐色平贴丁字毛，后变无毛。总状花序长达 10 厘米；总花梗长 8~27 毫米，有毛；花萼杯状；花冠红色或紫红色，旗瓣倒卵状椭圆形。荚果栗褐色，圆柱形，内果皮有紫色斑点，有种子 8~9 颗；果梗长约 3 毫米，直立或平展。花期 5~6 月，果期 7~10 月。

生境：生于山坡、路旁、沟边及灌丛中，海拔 2500~3500 米。

药用价值：常用于胃脘痛、脘腹冷痛、胸膈胀满、肺痨发热、疮疡肿毒。

园林应用：可作绿化观花材料。

11 苦参 *Sophora flavescens* Alt.

科属：豆科苦参属

形态特征：草本或亚灌木，稀呈灌木状。茎具纹棱，幼时疏被柔毛，后无毛。总状花序顶生，长 15~25 厘米；花多数，疏或稍密；花梗纤细；苞片线形；花萼钟状，明显歪斜，具不明显波状齿，完全发育后近截平，疏被短柔毛；花冠比花萼长 1 倍，白色或淡黄白色，旗瓣倒卵状匙形，翼瓣单侧生，强烈皱褶几达瓣片的顶部，柄与瓣片近等长，长约 13 毫米，龙骨瓣与翼瓣相似，稍宽，宽约 4 毫米，雄蕊 10，分离或近基部稍连合；子房近无柄，被淡黄白色柔毛，花柱稍弯曲，胚珠多数。荚果长 5~10 厘米，种子间稍缢缩，

成熟后开裂成 4 瓣；种子长卵形，稍压扁，深红褐色或紫褐色。花期 6~8 月，果期 7~10 月。

生境：生于山坡、沙地草坡灌木林中或田野附近，海拔 1500 米以下。

药用价值：根含苦参碱和金雀花碱等，常用作治疗皮肤瘙痒、神经衰弱、消化不良及便秘等。

园林应用：根茎植物，可作为一种具有观赏价值的盆景。

12　**多花木蓝** *Indigofera amblyantha* Craib

科属：豆科木蓝属

形态特征：直立灌木。总状花序腋生，近无总花梗；苞片线形，早落；花梗长约 1.5 毫米；花萼被白色平贴丁字毛；花冠淡红色，旗瓣倒阔卵形，先端螺壳状，瓣柄短，外面被毛；花药球形，顶端具小突尖；子房线形，被毛，有胚珠 17~18 粒。荚棕褐色，线状圆柱形，种子间有横隔，内果皮无斑点；种子褐色，长圆形，长约 2.5 毫米。花期 5~7 月，果期 9~11 月。

生境：生于山坡草地、沟边、路旁灌丛中及林缘，海拔 600~1600 米。

药用价值：有清热解毒、消肿止痛之效。

园林应用：适合作为公路、铁路、护坡、路旁的绿化树种，且还能作为花坛、花境材料。

13　**尖叶长柄山蚂蝗** *Hylodesmum podocarpum* subsp. *oxyphyllum* (Candolle) H. Ohashi & R. R. Mill

科属：豆科长柄山蚂蝗属

形态特征：与原变种不同之处在于顶生小叶菱形，长 4~8 厘米，宽 2~3 厘米，先端渐尖，尖头钝，基部楔形。

生境：生于山坡路旁、沟旁、林缘或阔叶林中，海拔 400~2190 米。

药用价值：全株供药用，能解表散寒，祛风解毒，治风湿骨痛、咳嗽吐血。

园林应用：可作为垂直绿化材料。

14　**常春油麻藤** *Mucuna sempervirens* Hemsl.

科属：豆科油麻藤属

形态特征：常绿木质藤本。老茎直径超过 30 厘米，树皮有皱纹，幼茎有纵棱和皮孔。总状花序生于老茎上，每节上有 3 花，无香气或有臭味；苞片和小苞片不久脱落，苞片狭倒卵形；小苞片卵形或倒卵形；花萼密被暗褐色伏贴短毛，外面被稀疏的金黄色或红褐色脱落的长硬毛，萼筒宽杯形；花冠深紫色，干后黑色。果木质，带形，种子 4~12 颗，内部隔膜木质；带红色、褐色或黑色，扁长圆形，种脐黑色，包围着种子的 3/4。花期 4~5 月，果期 8~10 月。

生境：生于海拔 300~3000 米的亚热带森林，灌木丛，溪谷，河边。

药用价值：有活血化瘀、舒经活络之效。主治关节风湿痛跌打损伤、血虚、月经不调及经闭。

园林应用：是园林价值较高的垂直绿化藤本植物。可作护坡、阳台、栅栏、花架、绿篱、凉棚、屋顶绿化等。同时还可以利用它进行环境治理，净化空气，美化环境，稳固土壤，提高环境质量，起到良好的生态防护功能。

15 西南宿苞豆 *Shuteria vestita* Wight et Arn.

科属：豆科宿苞豆属

形态特征：草质绕藤本。茎纤细。羽状复叶具 3 枚小叶；托叶披针形。总状花序腋生，从基部密生多花；总花梗长 2.5~10 厘米；苞片披针形；花梗长 2 毫米；小苞片披针形；花萼裂齿比萼管短；花冠紫色至淡紫红色，长约 8 毫米，旗瓣倒卵状椭圆形，基部下延成瓣柄，翼瓣和龙骨瓣长椭圆形，弯曲，均具耳和瓣柄；子房被毛。荚果线形，压扁稍弯，具种子 5~8 颗。花期 11 月至翌年 1 月，果期 1~3 月。

生境：常生于海拔 500~2000 米的山坡疏林、草地或路旁。

药用价值：根微苦，凉，清热解毒，用于治感冒咳嗽、咽炎、乳痈、肺结核。

园林应用：可作为冬季观花植物应用在园林绿化中。

16 杭子梢 *Campylotropis macrocarpa* (Bge.) Rehd.

科属：豆科杭子梢属

形态特征：灌木。小枝贴生或近贴生短或长柔毛，嫩枝毛密，老枝常无毛。总状花序单一（稀二）腋生并顶生，花序连总花梗长 4~10 厘米或有时更长，总花梗长 1~5 厘米，花序轴密生开展的短柔毛或微柔毛总花梗常斜生或贴生短柔毛，稀为具绒毛；苞片卵状披针形；花梗具开展的微柔毛或短柔毛，极稀贴生毛；花萼钟形，稍浅裂或近中裂，稀稍深裂或深裂；花冠紫红色或近粉红色。荚果长圆形、近长圆形或椭圆形，先端具短喙尖，果颈无毛，具网脉，边缘生纤毛。

生境：生于山坡、灌丛、林缘、山谷沟边及林中，海拔 150~1900 米，稀达 2000 米以上。

药用价值：根可入药，主治舒筋活血、肢体麻木、半身不遂。

园林应用：作为营造防护林与混交林的树种，可起到固氮、改良土壤的作用。叶及嫩枝可作绿肥饲料。又为蜜源植物。

17 鞍叶羊蹄甲 *Bauhinia brachycarpa* Wall. ex Benth.

科属：豆科羊蹄甲属

形态特征：直立或攀援小灌木。小枝纤细，具棱，被微柔毛，很快变秃净。伞房式总状花序侧生，连总花梗长 1.5~3 厘米，有密集的花十余朵；总花梗短，与花梗同被短柔毛；苞片线形，锥尖，早落；花蕾椭圆形，多少被柔毛；花托陀螺形；萼佛焰状，裂片 2；花瓣白色，倒披针形，连瓣柄长 7~8 毫米，具羽状脉；

能育雄蕊通常 10，其中 5 枚较长，花丝长 5~6 毫米，无毛；子房被茸毛，具短的子房柄，柱头盾状。荚果长圆形，扁平，长 5~7.5 厘米，宽 9~12 毫米，两端渐狭，中部两荚缝近平行，先端具短喙，成熟时开裂，果瓣革质，初时被短柔毛，渐变无毛，平滑，开裂后扭曲；种子 2~4 颗，卵形，略扁平，褐色，有光泽。花期 5~7 月，果期 8~10 月。

　　生境：生于海拔 800~2200 米的山地草坡和河溪旁灌丛中。

　　药用价值：主治心悸失眠、盗汗遗精、瘰疬、湿疹、疥癣、百日咳等。

　　园林应用：花量大，花期长，淡雅清新，具有特殊的观赏价值。

18 扁豆 *Lablab purpureus* (Linn.) Sweet

　　科属：豆科扁豆属

　　形态特征：多年生缠绕藤本。全株几无毛。茎长可达 6 米，常呈淡紫色。总状花序直立，花序轴粗壮，总花梗长 8~14 厘米；小苞片 2 枚，近圆形，脱落；花 2 至多朵簇生于每一节上；花萼钟状；花冠白色或紫色，旗瓣圆形。荚果长圆状镰形，近顶端最阔，扁平，直或稍向背弯曲，顶端有弯曲的尖喙，基部渐狭；种子 3~5 颗，扁平，长椭圆形，在白花品种中为白色，在紫花品种中为紫黑色，种脐线形。花期 4~12 月。

　　生境：生长于路边、房前屋后、沟边等。

　　药用价值：花可入药，具有健脾和胃、消暑化湿的功效。叶有小毒，可治吐泻转筋、疮毒、跌打创伤。扁豆衣健脾、化湿。根可治便血、痔漏、淋病。还有避孕作用。

　　园林应用：居室园艺、庭院绿化、都市农业休闲观光。

19 草木樨 *Melilotus officinalis* (L.) Pall.

　　科属：豆科草木樨

　　形态特征：二年生草本。茎直立，粗壮，多分枝，具纵棱，微被柔毛。总状花序长 6~20 厘米，腋生，具花 30~70，初时稠密，花开后渐疏松，花序轴在花期中显著伸展；苞片刺毛状，长约 1 毫米；花长 3.5~7 毫米；花梗与苞片等长或稍长；萼钟形，脉纹 5 条，甚清晰，萼齿三角状披针形，稍不等长，比萼筒短；花冠黄色，旗瓣倒卵形，与翼瓣近等长，龙骨瓣稍短或三者均近等长；雄蕊筒在花后常宿存包于果外；子房卵状披针形，花柱长于子房。荚果卵形，棕黑色，有种子 1~2 颗；种子卵形，黄褐色，平滑。花期 5~9 月，果期 6~10 月。

　　生境：生长在山坡、河岸、路旁、砂质草地及林缘。

　　药用价值：有止咳平喘、散结止痛之功效。

　　园林应用：可在荒坡、路边、废矿土壤中自播生长。开花时能吸引蜜蜂、奇蝇和大黄蜂。

20 赤小豆 *Vigna umbellata* (Thunb.) Ohwi et Ohashi

科属：豆科豇豆属

形态特征：一年生草本。茎纤细，长达1米或过之，幼时被黄色长柔毛，老时无毛。羽状复叶具3枚小叶；托叶盾状着生，披针形或卵状披针形，两端渐尖；小托叶钻形，小叶纸质，卵形或披针形，先端急尖，基部宽楔形或钝，全缘或微3裂，沿两面脉上薄被疏毛，有基出脉3条。总状花序腋生，短，有花2~3；苞片披针形；花梗短，着生处有腺体；花黄色；龙骨瓣右侧具长角状附属体。荚果线状圆柱形，下垂，种子6~10颗，长椭圆形，通常暗红色，有时为褐色、黑色或草黄色，种脐凹陷。花期5~8月。

生境：要求土壤疏松、通气良好，利于根瘤活动。

药用价值：利水消肿，解毒排脓。用于水肿胀满、脚气浮肿、黄疸尿赤、风湿热痹、痈肿疮毒、肠痈腹痛。

园林应用：可作为园林地被植物。

21 刺槐 *Robinia pseudoacacia* L.

科属：豆科刺槐属

形态特征：落叶乔木。小托叶针芒状。总状花序花序腋生，花多数，芳香；苞片早落；花梗长7~8毫米；花萼斜钟状，长7~9毫米；花冠白色，各瓣均具瓣柄，旗瓣近圆形，基部一侧具圆耳，龙骨瓣镰状，三角形，与翼瓣等长或稍短，前缘合生，先端钝尖；雄蕊二体，对旗瓣的1枚分离；子房线形，上弯，顶端具毛，柱头顶生。荚果褐色，或具红褐色斑纹，线状长圆形，果颈短，沿腹缝线具狭翅；花萼宿存，有种子2~15粒；种子褐色至黑褐色，微具光泽，有时具斑纹，近肾形，种脐圆形，偏于一端。花期4~6月，果期8~9月。

生境：垂直分布在海拔400~1200米。

药用价值：主治咯血、大肠下血、吐血、崩漏。

园林应用：为优良固沙保土树种，可作为行道树、庭荫树、景观树。对二氧化硫、氯气、化学烟雾等具有一定的抗性，可用于工厂、矿区等污染较重的地区绿化。

22 大金刚藤 *Dalbergia dyeriana* Prain ex Harms

科属：豆科黄檀属

形态特征：大藤本。小枝纤细，无毛。羽状复叶长7~13厘米；小叶3~7对，薄革质，倒卵状长圆形或长圆形。圆锥花序腋生；总花梗、分枝与花梗均略被短柔毛，花梗长1.5~3毫米；

基生小苞片与副萼状小苞片长圆形或披针形，脱落；花萼钟状，略被短柔毛，渐变无毛，萼齿三角形，先端近急尖；花冠黄白色，各瓣均具稍长的瓣柄；雄蕊9，单体，花丝上部1/4离生；子房具短柄，花柱短，无毛，柱头小，尖状。荚果长圆形或带状，扁平，具果颈，有种子1（~2）粒；种子长圆状肾形。花期5月。

　　生境： 生于山坡灌丛或山谷密林中，海拔700~1500米。

　　药用价值： 活血通经，解毒，祛湿气，缓解风湿疼痛。

　　园林应用： 匍匐性好，耐寒性强，树形优美，叶形奇特，可用其攀附岩石、假山。不择土壤、耐贫瘠、抗性好，可用于边坡绿化，桥梁立体绿化等。

23　黄檀 *Dalbergia hupeana* Hance

　　科属： 豆科黄檀属

　　形态特征： 乔木。幼枝淡绿色，无毛。圆锥花序顶生或生于最上部的叶腋间，疏被锈色短柔毛；花密集；花梗长约5毫米，与花萼同疏被锈色柔毛；基生和副萼状小苞片卵形，被柔毛，脱落；花萼钟状，萼齿5；花冠白色或淡紫色，长倍于花萼；雄蕊10，成5+5的二体；子房具短柄，除基部与子房柄外，无毛，胚珠2~3粒。荚果长圆形或阔舌状，顶端急尖，基部渐狭成果颈，果瓣薄革质。花期5~7月。

　　生境： 生于山地林中或灌丛中，山沟溪旁及有小树林的坡地常见，海拔600~1400米。

　　药用价值： 根皮入药，具有清热解毒、止血消肿之功效。

　　园林应用： 荒山荒地绿化的先锋树种。可作庭荫树、风景树、行道树应用，可作为石灰质土壤绿化树种。

24　锦鸡儿 *Caragana sinica* (Buc' hoz) Rehd.

　　科属： 豆科锦鸡儿属

　　形态特征： 灌木。树皮深褐色。小枝有棱，无毛。托叶三角形，硬化成针刺；叶轴脱落或硬化成针刺；小叶2对，羽状，有时假掌状，上部1对常较下部的为大，厚革质或硬纸质，倒卵形或长圆状倒卵形，先端圆形或微缺，具刺尖或无刺尖，基部楔形或宽楔形，上面深绿色，下面淡绿色。花单生，花梗长约1厘米，中部有关节；花萼钟状，基部偏斜；花冠黄色，常带红色，长2.8~3厘米；子房无毛。荚果圆筒状。花期4~5月，果期7月。

　　生境： 生于山坡和灌丛。

　　药用价值： 根皮供药用，能祛风活血、舒筋、除湿利尿、止咳化痰。

　　园林应用： 可作绿篱用。

25　鬼箭锦鸡儿 *Caragana jubata* (Pall.) Poir.

　　科属： 豆科锦鸡儿属

　　形态特征： 灌木。树皮深褐色、绿灰色或灰褐色。小叶长圆形，基部圆形，绿色，被长柔毛。花梗单生，基部具关节，苞片线形；花萼钟状管形；花冠玫瑰色、淡紫色、粉红色或近白色，长 27~32 毫米，旗瓣宽卵形，基部渐狭成长瓣柄，翼瓣近长圆形；子房被长柔毛。荚果密被丝状长柔毛。花期 6~7 月，果期 8~9 月。

生境：生于海拔 2400~3000 米的山坡、林缘。

药用价值：清热解毒，降压。主治乳痈、疮疖肿痛、高血压病。

园林应用：可作为观花灌木。

26 红车轴草 *Trifolium pratense* L.

科属：豆科车轴草属

形态特征：短期多年生草本。主根深入土层达 1 米。茎粗壮，具纵棱，直立或平卧上升，疏生柔毛或秃净。掌状三出复叶；托叶近卵形，膜质。花序球状或卵状，顶生；无总花梗或具甚短总花梗，包于顶生叶的托叶内，托叶扩展成焰苞状，具花 30~70，密集；几无花梗；萼钟形，被长柔毛，具脉纹 10 条，萼齿丝状，锥尖，比萼筒长，最下方 1 齿比其余萼齿长 1 倍，萼喉开张，具一多毛的加厚环；花冠紫红色至淡红色，旗瓣匙形，先端圆形，微凹缺，基部狭楔形；子房椭圆形，花柱丝状细长，胚珠 1~2 粒。荚果卵形，通常有 1 颗扁圆形种子。花果期 5~9 月。

生境：逸生于林缘、路边、草地等湿润处。

药用价值：祛痰、治感冒和肺结核、利尿消炎。外敷治脓肿、烧伤和眼疾等。

园林应用：草坪建植的优良材料。

27　紫苜蓿 *Medicago sativa* L.

科属： 豆科苜蓿科

形态特征： 多年生草本。根粗壮，深入土层，根茎发达；茎直立、丛生以至平卧，枝叶茂盛。花序总状或头状，具花5~30；总花梗挺直，比叶长；苞片线状锥形，比花梗长或等长；花梗短；萼钟形，萼齿线状锥形；花冠各色：淡黄、深蓝至暗紫色，花瓣均具长瓣柄，旗瓣长圆形，先端微凹，明显较翼瓣和龙骨瓣长；子房线形，具柔毛，花柱短阔，上端细尖，柱头点状，胚珠多数。荚果螺旋状紧卷2~6圈，脉纹细，不清晰，熟时棕色，有种子10~20粒；种子卵形，平滑，黄色或棕色。花期5~7月，果期6~8月。

生境： 生于田边、路旁、旷野、草原、河岸及沟谷等地。

药用价值： 降低胆固醇和血脂含量，消退动脉粥样硬化斑块，调节免疫，抗氧化，防衰老。

园林应用： 为山区优良的水土保持植物。

28　黄花木 *Piptanthus nepalensis* D. Don

科属： 豆科黄花木属

形态特征： 灌木。枝圆柱形，具沟棱，幼时被白色短柔毛，后秃净。总状花序顶生，疏被柔毛，具花3~7轮；序轴在花期伸长；苞片倒卵形或卵形，先端锐尖，密被长柔毛，早落；花梗被毛；萼长1~1.4厘米，密被贴伏长柔毛，萼齿5，上方2齿合生，三角形，下方3齿披针形，与萼筒近等长；花冠黄色，旗瓣中央具暗棕色斑纹，瓣片圆形；子房柄短，密被柔毛。荚果线形，疏被短柔毛，先端渐尖，果颈无毛；种子肾形，暗褐色，略扁。花期4~7月，果期7~9月。

生境： 生于山坡林缘和灌丛中，海拔1600~4000米。

药用价值： 清肝明目，利水，润肠。治风热头痛、急性结膜炎、高血压、慢性便秘。

园林应用： 花型美观，花期长，在市区作为绿化植物能够提升景观效果。

十四、萝藦科

1 **丽子藤** *Dregea yunnanensis* (Tsiang) Tsiang et P. T. Li

科属：萝藦科南山藤属

形态特征：攀援灌木。全株具乳汁。除花冠和合蕊柱外，全株均被小茸毛，老茎被毛渐脱落。伞形状聚伞花序腋生，着花达 15；花萼裂片卵圆形，花萼内面基部具 5 个小腺体；花冠白色，辐状，裂片卵圆形，顶端钝而微凹，具脉纹，边缘被缘毛；副花冠裂片肉质，背面圆球状凸起，顶端内角延伸成尖角；花粉块长圆状，直立；子房被疏柔毛，花柱短圆柱状，柱头圆锥状，基部五角形，顶端短 2 裂。蓇葖披针形，外果皮被微毛，老渐脱落，平滑无皱褶；种子卵圆形，顶端具白色绢质种毛，种毛长 2 厘米。花期 4~8 月，果期 10 月。

生境：生长于海拔 3500 米以下山地林中。

药用价值：具有安神、健脾、接骨之功效。常用于神经衰弱、食欲不振、骨折。

园林应用：可作攀援类藤本植物。

2 **青蛇藤** *Periploca calophylla* (Wight) Falc.

科属：萝藦科杠柳属

形态特征：藤状灌木。具乳汁。幼枝灰白色，干时具纵条纹，老枝黄褐色，密被皮孔。除花外，全株无毛。叶近革质，椭圆状披针形。聚伞花序腋生，长 2 厘米，着花达 10；苞片卵圆形，具缘毛，长 1 毫米；花蕾卵圆形，顶端钝；花萼裂片卵圆形，具缘毛，花萼内面基部有 5 个小腺体；花冠深紫色，辐状，直径约 8 毫米，外面无毛，内面被白色柔毛，花冠筒短；副花冠环状，被长柔毛；雄蕊着生在花冠的基部，花丝离生，花药彼此相连并贴生在柱头上；花粉器匙形，四合花粉藏在载粉器内，基部粘盘卵圆形，粘生柱头上；子房无毛，心皮离生，胚珠多个，花柱短。种子长圆形，种毛长 3~4 厘米。花期 4~5 月，果期 8~9 月。

生境：生于海拔 1000 米以下的山谷杂树林中。

药用价值：茎可药用，治腰痛、风湿麻木、跌打损伤及蛇咬伤等。

园林应用：可作垂直绿化材料。

3 牛皮消 *Cynanchum auriculatum* Royle ex Wight

科属：萝藦科鹅绒藤属

形态特征：蔓性半灌木。宿根肥厚，呈块状。茎圆形，被微柔毛。叶对生，膜质。聚伞花序伞房状，着花30；花萼裂片卵状长圆形；花冠白色，辐状，裂片反折，内面具疏柔毛；副花冠浅杯状，裂片椭圆形，肉质，钝头，在每裂片内面的中部有1枚三角形的舌状鳞片；花粉块每室1个，下垂；柱头圆锥状，顶端2裂。蓇葖双生，披针形；种子卵状椭圆形，种毛白色绢质。花期6~9月，果期7~11月。

生境：生长于从低海拔的沿海地区直到3500米高的山坡林缘及路旁灌木丛中或河流、水沟边潮湿地。

药用价值：药用块根，可治神经衰弱、胃及十二指肠溃疡、肾炎、水肿等。

园林应用：根有毒，可毒杀老鼠和麻雀，应慎重应用。

十五、山茱萸科

1 四照花 *Cornus kousa* subsp. *chinensis* (Osborn) Q. Y. Xiang

科属： 山茱萸科山茱萸属

形态特征： 落叶小乔木。单叶对生，厚纸质，卵形或卵状椭圆形，长6~12厘米，宽3~6.5厘米，叶端渐尖，叶基圆形或广楔形，弧形侧脉3~5对，脉腋具黄褐色毛或白色毛。刺楸均可采用种子繁殖和根蘖繁殖。头状花序近球形，生于小枝顶端，具花20~30；花序总苞片4枚，花瓣状，卵形或卵状

披针形，乳白色；花萼筒状；花盘垫状；雄蕊4，子房2室。果球形，紫红色；总果柄纤细，果实直径1.5~2.5厘米。花期5~6月，果期8~10月。

生境： 生长于海拔600~2200米的森林中。

药用价值： 花、叶入药，治疗胃部寒冷、腹部疼痛，还可起到活血消肿的功效。

园林应用： 通常被用来美化道路或是庭院。

2 灯台树 *Cornus controversa*

科属： 山茱萸科山茱萸属

形态特征： 落叶乔木。树皮光滑，暗灰色或带黄灰色。叶互生，纸质，阔卵形、阔椭圆状卵形或披针状椭圆形，先端突尖，基部圆形或急尖，全缘，密被淡白色平贴短柔毛，中脉在上面微凹陷，下面凸出，微带紫红色，无毛。花盘垫状，无毛；花柱圆柱形，无毛，柱头小，头状，淡黄绿色；子房下位，花托椭圆形，淡绿色，密被灰白色贴生短柔毛；花梗淡绿色，疏被贴生短柔毛。核果球形，成熟时紫红色至蓝黑色；果梗长约2.5~4.5毫米，无毛。花期5~6月，果期7~8月。

生境： 生于海拔250~2600米的常绿阔叶林或针阔叶混交林中。

药用价值： 根、叶、树皮均含有吲哚类生物碱，有毒，入药具有镇静、消炎止痛、化痰等功效。树皮可用来治头痛、伤风、百日咳、支气管炎、妊娠呕吐、溃疡出血等。

园林应用： 是优良的园林绿化彩叶树种及我国南方著名的

秋色树种。具有很高的观赏价值，是园林、公园、庭院、风景区等绿化、置景的佳选，也是优良的集观树、观花、观叶为一体的彩叶树种，被称为园林绿化中彩叶树种的珍品。

3　小棶木 *Cornus quinquenervis*

科属：山茱萸科山茱萸属

形态特征：落叶灌木。树皮灰黑色，光滑。幼枝对生，绿色或带紫红色，略具4棱，被灰色短柔毛，老枝褐色，无毛。叶对生，纸质，椭圆状披针形、披针形，稀长圆卵形，先端钝尖或渐尖，基部楔形，全缘；叶柄长5~15毫米，黄绿色，被贴生灰色短柔毛，上面有浅沟，下面圆形。伞房状聚伞花序顶生，被灰白色贴生短柔毛；花盘垫状，略有浅裂，厚约0.2毫米；子房下位，花托倒卵形。核果圆球形，成熟时黑色；核近于球形，骨质，有6条不明显的肋纹。花期6~7月，果期10~11月。

生境：耐瘠薄，生于50~2500米的河岸或溪边灌木丛中。

药用价值：叶作药用，治烫伤及火烧伤。

园林应用：枝繁叶疏，叶片翠绿，白色小花呈伞房状聚生枝顾，有独特的观赏韵味。其根系发达，枝条具超强的生根能力，可片植于溪边、河岸带固土。可丛植于草坪、建筑物前和常绿树间作花灌木，亦可自然栽植作绿篱用。

4　红椋子 *Cornus hemsleyi* C. K. Schneider & Wangerin

科属：山茱萸科山茱萸属

形态特征：灌木或小乔木。叶柄细长，淡红色，上面有浅沟，下面圆形。伞房状聚伞花序顶生，微扁平，宽5~8厘米，被浅褐色短柔毛；总花梗被淡红褐色贴生短柔毛。花小，白色；花萼裂片4，卵状至长圆状舌形；雄蕊4，与花瓣互生，花药2室，卵状长圆形，浅蓝色至灰白色，丁字形着生；花盘垫状，边缘波状；花柱圆柱形，稀被贴生短柔毛，柱头盘状扁头形，子房下位，花托倒卵形；花梗细圆柱形，有浅褐色短柔毛。核果近于球形，黑色，疏被贴生短柔毛；核骨质，扁球形，有不明显的肋纹8条。花期6月，果期9月。

生境：生于海拔1350~3700米的溪边或杂木林中。

药用价值：祛风止痛，舒筋活络。主治风湿痹痛、劳伤腰腿痛、肢体瘫痪。

园林应用：可作为行道树种。

十六、虎耳草科

1 溲疏 *Deutzia scabra* Thunb

科属：虎耳草科溲疏属

形态特征：落叶灌木，稀半常绿，高达 3 米。树皮成薄片状剥落。小枝中空，红褐色，幼时有星状毛，老枝光滑。直立圆锥花序，花白色或带粉红色斑点；萼筒钟状，与子房壁合生，木质化，裂片 5，直立，果时宿存；花瓣 5 片，花瓣长圆形，外面有星状毛；花丝顶端有 2 长齿；花柱 3~5，离生，柱头常下延。蒴果近球形，顶端扁平具短喙和网纹。花期 5~6 月，果期 10~11 月。

生境：多见于山谷、路边、岩缝及丘陵低山灌丛中。

药用价值：根、叶、果均可药用。民间用作退热药，有毒，慎用。主治感冒头痛、风湿关节痛。外用治烫火伤。

园林应用：可作花篱及岩石园种植材料。花枝可供瓶插观赏。

2 大花溲疏 *Deutzia grandiflora* Bunge

科属：虎耳草科溲疏属

形态特征：灌木。老枝紫褐色或灰褐色，无毛，表皮片状脱落；花枝开始极短，以后延长达 4 厘米，具 2~4 枚叶，黄褐色，被具中央长辐线星状毛。聚伞花序长和直径均 1~3 厘米，具花 (1~)2~3；花蕾长圆形；花冠直径 2~2.5 厘米；花梗长 1~2 毫米，被星状毛；萼筒浅杯状；花瓣白色，长圆形或倒卵状长圆形；外轮雄蕊长 6~7 毫米，花丝先端 2 齿，齿平展或下弯成钩状，花药卵状长圆形，具短柄。蒴果半球形，直径 4~5 毫米，被星状毛，具宿存萼裂片外弯。花期 4~6 月，果期 9~11 月。

生境：生于海拔 800~1600 米的山坡、山谷和路旁灌丛中。

药用价值：果可入药。

园林应用：水土保持树种兼园林观赏树种，可植于草坪、路边、山坡及林缘，也可作花篱用。

3 山梅花 *Philadelphus incanus* Koehne

科属：虎耳草科山梅花属

形态特征：灌木。二年生小枝灰褐色，表皮呈片状脱落，当年生小枝浅褐色或紫红色，被微柔毛或有时无毛。叶脉离基出 3~5 条；叶柄长 5~10 毫米。总状花序有花 5~11 朵，下部的分枝有时具叶；花序轴长 5~7 厘米，疏被长柔毛或无毛；花梗长 5~10 毫米，上部密被白色长柔毛；花萼外面密被紧贴糙伏毛；萼筒钟形，裂片卵形，先端骤渐尖；花冠盘状，花瓣白色，卵形或近圆形；雄蕊30~35；花盘无毛；花柱长约 5 毫米，柱头棒形，较花药小。蒴果倒卵形；种子长 1.5~2.5 毫米，具短尾。花期 5~6 月，果期7~8 月。

生境：生于海拔 1200~1700 米的林缘灌丛中。

药用价值：根皮用于挫伤、腰胁痛、胃痛、头痛。

园林应用：花多，花期较长，常作庭园观赏植物。

4 七叶鬼灯檠 *Rodgersia aesculifolia* Batalin

科属：虎耳草科鬼灯檠属

形态特征：多年生草本。根状茎圆柱形，横生内部微紫红色；茎具棱，近无毛。多歧聚伞花序圆锥状，花序轴和花梗均被白色膜片状毛，并混有少量腺毛；萼片开展，近三角形，先端短渐尖，背面和边缘具柔毛和短腺毛，具羽状脉和弧曲脉；雄蕊长 1.2~2.6 毫米；子房近上位，长约 1 毫米，花柱 2。蒴果卵形，具喙；种子多数，褐色，纺锤形，微扁。花果期 5~10 月。

生境：生于海拔 1100~3400 米的林下、灌丛、草甸和石隙。

药用价值：根茎治疗痢疾、肠炎、感冒头痛、风湿骨痛、外伤出血。

园林应用：可作为园林地被植物。

5 蜡莲绣球 *Hydrangea strigosa* Rehd.

科属：虎耳草科绣球属

形态特征：灌木。树皮常呈薄片状剥落。伞房状聚伞花序大，分枝扩展，密被灰白色糙伏毛；不育花萼片 4~5 片，阔卵形、阔椭圆形或近圆形，基部具爪，边全缘或具数齿，白色或淡紫红色；孕性花淡紫红色，萼筒钟状，萼齿三角形；花瓣长卵形，初时顶端稍连合，后分离，早落；雄蕊不等长，花药长圆形；子房下位，花柱 2，近棒状，直立或外弯。蒴果坛状，顶端截平，基部圆；种子褐色，阔椭圆形，具纵脉纹，先端的翅宽而扁平。花期 7~8 月，果期 11~12 月。

生境：生于山谷密林或山坡路旁疏林或灌丛中，海拔 500~1800 米。

药用价值：治食积不化、胸腹胀满、疟疾和风湿麻木、月经不调。

园林应用：花量多，花色艳丽，可应用于公园、花坛、花园和庭院等配置。

6 挂苦绣球 *Hydrangea xanthoneura* Diels

科属：虎耳草科绣球属

形态特征：灌木至小乔木。树皮稍厚，不易脱落或呈小块状剥落。叶柄长 1.5~5 厘米，新鲜时紫红色，干后黑褐色，被疏毛。伞房状聚伞花序顶生，顶端常弯拱；分枝 3，不等粗，亦不等长，被短糙伏毛；不育花萼片 4，偶有 5，淡黄绿色，广椭圆形至近圆形；孕性花萼筒浅杯状，萼齿三角形；花瓣白色或淡绿色，长卵形，先端风帽状；雄蕊 10~13，不等长；子房大半下位，花柱 3~4，上部略尖，基部连合，直立或稍扩展，柱头稍增大，狭椭圆状。蒴果卵球形，顶端突出部分圆锥形；种子褐色或淡褐色，椭圆形或纺锤形。花期 7 月，果期 9~10 月。

生境：生于山腰密林或疏林中或山顶灌丛中，海拔 1600~2900 米。

药用价值：根入药，治跌打损伤、瘀血肿痛、筋骨疼痛、骨折等。

园林应用：可在路缘、林缘应用，可丛植、片植，也可花镜应用。

7　长叶溲疏 *Deutzia longifolia* Franch

科属：虎耳草科溲疏属

形态特征：灌木，高 2~2.5 米。叶近革质或厚纸质，披针形或椭圆状披针形，先端渐尖或短渐尖，基部楔形或宽楔形，具细锯齿，上面疏被 4~7 辐线星状毛，下面灰白色，密被 8~12 辐线星状毛；叶柄长 3~8 毫米。聚伞花序展开，具 9~20 花。蒴果近球形，径约 5 毫米。

生境：生于海拔 1800~3200 米的山坡林下灌丛中。

药用价值：根、叶、果均可药用。民间用作退热药，有毒，慎用。

园林应用：可作园林垂直绿化材料。

8　落新妇 *Astilbe chinensis* (Maxim.) Franch. et Savat.

科属：虎耳草科落新妇属

形态特征：多年生草本。根状茎暗褐色，粗壮，须根多数；茎无毛。顶生小叶片菱状椭圆形，侧生小叶片卵形至椭圆形；叶轴仅于叶腋部具褐色柔毛；茎生叶 2~3 枚，较小。圆锥花序；花序轴密被褐色卷曲长柔毛；苞片卵形，几无花梗；花密集；萼片 5 片，卵形，两面无毛，边缘中部以上生微腺毛；花瓣 5 片，淡紫色至紫红色，线形，单脉；雄蕊 10；心皮 2 个，仅基部合生。蒴果长约 3 毫米；种子褐色。花果期 6~9 月。

生境：生于海拔 390~3600 米的山谷、溪边、林下、林缘和草甸等处。

药用价值：根状茎入药。性辛，苦，温。散瘀止痛，祛风除湿，清热止咳。

园林应用：适宜种植在疏林下及林缘墙垣半阴处，也可植于溪边和湖畔。或用作花坛和花境。矮生类型可布置岩石园。亦可作盆栽和切花观赏。

9　马桑绣球 *Hydrangea aspera* D. Don

科属：虎耳草科绣球属

形态特征：灌木或小乔木，高 2~3 米，有时达 10 米。叶纸质，卵状披针形、长卵形或椭圆形，长 5~25 厘米，先端渐尖，基部宽楔形或圆，具不规则细齿，上面被糙伏毛，下面密被灰白色绒毛状柔毛，中脉毛较粗长，侧脉 6~10 对；叶柄长 1~4.5 厘米。伞房状聚伞花序径 10~25 厘米。蒴果坛状，不连花柱长宽 3~3.5 毫米，顶端平截；种子褐色，椭圆形或近圆形，两端具短翅。

生境：生于山谷密林或山坡灌丛中，海拔 1400~4000 米。

药用价值：根可消食积，清热解毒。外用于癣疥。

园林应用：既能地栽于家庭院落、天井一角，也宜于庭院、阳台和窗口盆植。或于建筑物入口处对植两株、沿建筑物列植一排。更适于植为花篱、花境。

10　虎耳草 *Saxifraga stolonifera* Curt.

科属：虎耳草科虎耳草属

形态特征：多年生草本。茎高 8~45 厘米，被长腺毛。基生叶近心形、肾形或扁圆形，长 1.5~7.5 厘米，先端急尖或钝，基部近截、圆形或心形，并具不规则牙齿和腺睫毛，两面被腺毛和斑点，叶柄长 1.5~21 厘米，被长腺毛；茎生叶 1~4 枚，叶片披针形，长约 6 毫米。聚伞花序圆锥状，长 7.3~26 厘米，具 7~61 花。

生境：生于海拔 400~4500 米的林下、灌丛、草甸和阴湿岩隙。

药用价值：全草均可入药，味酸性凉，有清热凉血、消肿解毒的功效，对急性中耳炎、肺热咳嗽、痈肿、白喉、咽喉炎、扁桃腺炎等疾病有疗效。

园林应用：株型矮小，枝叶疏密有致，叶片鲜艳美丽，是观赏价值较高的室内观叶植物之一。

11　红毛虎耳草 *Saxifraga rufescens* Balf. f.

科属：虎耳草科虎耳草属

形态特征：多年生草本。根状茎较长。叶均基生，叶片肾形、圆肾形至心形，裂片阔卵形，具齿牙，两面和边缘均被腺毛。花序分枝纤细，具 2~4 花，被腺毛；花梗长 0.6~3.5 厘米，被腺毛；苞片线形，边缘具长腺毛；萼片在花期开展至反曲，卵形至狭卵形，3 脉于先端汇合；花瓣白色至粉红色，5 片，披针形至狭披针形，先端稍渐尖，边缘多少具腺睫毛；雄蕊长 4.5~5.5 毫米，花丝棒状；子房上位，卵球形，花柱。蒴果弯垂，长 4~4.5 毫米。

生境：生于海拔 1000~4000 米的林下、林缘、灌丛、高山草甸及岩壁石隙。

药用价值：清热解毒。用于疮肿、烫伤、虫蛇咬伤。

园林应用：常以小型釉陶盆或紫砂陶盆种植，也可作吊盆种植，适于布置室内较明亮的居室、书房、客厅、会议室等，可较长期在室内栽培欣赏。

12 黄水枝 *Tiarella polyphylla* D. Don

科属：虎耳草科黄水枝属

形态特征：多年生草本，高 20~45 厘米。根状茎横走，深褐色，直径 3~6 毫米；茎不分枝，密被腺毛。总状花序长 8~25 厘米，密被腺毛；花梗长达 1 厘米，被腺毛；萼片在花期直立，卵形；无花瓣；雄蕊长约 2.5 毫米，花丝钻形；心皮 2 个，不等大，下部合生，子房近上位，化柱 2。蒴果长 7~12 毫米；种子黑褐色，椭圆球形，长约 1 毫米。花果期 4~11 月。

生境：生于海拔 980~3800 米的林下、灌丛和阴湿地。

药用价值：全草入药，主治痈疖肿毒、跌打损伤及咳嗽气喘等。

园林应用：适于在林下或高架下作为地被植物栽植。

13 峨眉鼠刺 *Itea omeiensis* C. K. Schneider

科属：虎耳草科鼠刺属

形态特征：灌木或小乔木。幼枝黄绿色，无毛；老枝棕褐色，有纵棱。腋生总状花序，通常长于叶，单生或 2~3 簇生，直立，上部略下弯；花梗长 2~3 毫米，被微毛，基部有叶状苞片；苞片三角状披针形或倒披针形；萼筒浅杯状，被疏柔毛，萼片三角状披针形；花瓣白色，披针形；雄蕊与花瓣等长或长于花瓣；花丝被细毛；花药长圆状球形；子房上位，密被长柔毛。蒴果长 6~9 毫米，被柔毛。花期 3~5 月，果期 6~12 月。

生境：生于海拔 350~1650 米的山谷、疏林或灌丛中，或山坡、路旁。

药用价值：主治肺燥咳嗽、身体虚弱、劳伤乏力、咳嗽、咽痛、白带、腰痛、骨折。

园林应用：可用作园林垂直绿化植物。

14 东陵绣球 *Hydrangea bretschneideri* Dippel

科属：虎耳草科绣球属

形态特征：灌木。树皮较薄，常呈薄片状剥落。伞房状聚伞花序较短小，直径 8~15 厘米，顶端截平或微拱；分枝 3，近等粗，稍不等长，中间 1 枝常较短，密被短柔毛；不育花萼片 4，广椭圆形、卵形、倒卵形或近圆形，近等大，钝头，全缘；孕性花萼筒杯状；花瓣白色，卵状披针形或长圆形；雄蕊 10，不等长，花药近圆形；子房略超过一半下位，花柱 3，结果时长 1~1.5 毫米，柱头近头状。蒴果卵球形，顶端突出部分圆锥形；种子淡褐色，狭椭圆形或长圆形。花期 6~7 月，果期 9~10 月。

生境：生于山谷溪边或山坡密林或疏林中，海拔 1200~
2800 米。

药用价值：治疗疟疾、心热以及预防心脏病。

园林应用：可作庭院树供观赏，也适于植为花篱、花境。

15 峨眉岩白菜 *Bergenia emeiensis* C. Y. Wu

科属：虎耳草科岩白菜属

形态特征：多年生草本，高约 37 厘米。根状茎粗壮，
具鳞片和残存托叶鞘。叶均基生；叶片革质，狭倒卵形，
长 9.5~16.5 厘米，宽 4~8.3 厘米，先端钝圆，全缘。花葶
不分枝，近无毛；聚伞花序圆锥状；萼片在花期开展，革质，
近卵形，长约 6 毫米，宽约 5 毫米，先端钝圆，腹面和边
缘无毛，背面被近无柄之腺毛，多脉；花瓣白色，狭倒卵形；
雄蕊长约 1.65 厘米；子房卵球形。花期 6 月。

生境：生于海拔 1590 米左右的石隙。

药用价值：主治急、慢性支气管炎、肺嗽、咳血。

园林应用：叶片革质鲜绿，可用于园林地被种植，也
应用于盆栽装饰家居环境。

16 冠盖藤 *Pileostegia viburnoides* Hook. f. et Thoms.

科属：虎耳草科冠盖藤属

形态特征：常绿攀援状灌木。小枝圆柱形，灰色或灰
褐色，无毛。伞房状圆锥花序顶生无毛或稍被褐锈色微柔
毛；苞片和小苞片线状披针形，无毛，褐色；花白色；花
梗长 3~5 毫米；萼筒圆锥状，裂片三角形，无毛；花瓣卵形，
雄蕊 8~10；花丝纤细；花柱长约 1 毫米，无毛，柱头圆
锥形，4~6 裂。蒴果圆锥形，5~10 条肋纹或棱，具宿存花
柱和柱头；种子连翅长约 2 毫米。花期 7~8 月，果期 9~
12 月。

生境：生于海拔 600~1000 米山谷林中。

药用价值：根入药。主治腰腿酸痛、风湿麻木、跌打
损伤、骨折、外伤出血、痈肿疮毒。

园林应用：适用于高大建筑物的墙面绿化，也适合作
花格砖墙所砌的绿廊、围墙等处的攀缘绿化材料。

17 毛柱山梅花 *Philadelphus subcanus* Koehne

科属：虎耳草科山梅花属

形态特征：总状花序有花 9~25，其基部常具叶；花序轴长 2.5~15 厘米，疏被长柔毛或无毛；花萼外

面被金黄色或灰黄色微柔毛；花冠盘状；花瓣白色，倒卵形或椭圆形，稀卵状椭圆形；雄蕊 25~33；花药长圆形；花盘和花柱下部密被金黄色微柔毛。蒴果倒卵形，宿存萼裂片着生于近顶部。花期 6~7 月，果期 8~10 月。

生境：生于海拔 1800~2300 米的林缘或灌丛中。

药用价值：根皮用于挫伤、腰胁痛、胃痛、头痛。

园林应用：花期较长，常作庭院观赏植物。

十七、蓼科

1　苦荞麦 *Fagopyrum tataricum* (L.) Gaertn.

科属：蓼科荞麦属

形态特征：一年生草本。茎直立，高30~70厘米，分枝，绿色或微逞紫色，有细纵棱，一侧具乳头状突起。叶宽三角形，长2~7厘米，两面沿叶脉具乳头状突起，下部叶具长叶柄，上部叶较小具短柄；托叶鞘偏斜，膜质，黄褐色，长约5毫米。花序总状，顶生或腋生，花排列稀疏；苞片卵形，长2~3毫米，每苞内具2~4花，花梗中部具关节；花被5深裂，白色或淡红色，花被片椭圆形，长约2毫米；雄蕊8，比花被短；花柱3，短，柱头头状。瘦果长卵形，长5~6毫米，具3棱及3条纵沟，上部棱角锐利，下部圆钝有时具波状齿，黑褐色，无光泽，比宿存花被长。花期6~9月，果期8~10月。

生境：生于田边、路旁、山坡、河谷，海拔500~3900米。

药用价值：有治疗胃痛、消化不良、腰腿疼痛、跌打损伤的作用。

园林应用：可作观花植物。

2　金荞麦 *Fagopyrum dibotrys* (D. Don) Hara

科属：蓼科荞麦属

形态特征：多年生草本。根状茎木质化，黑褐色；茎直立，分枝，具纵棱，无毛。叶三角形，长4~12厘米，宽3~11厘米，顶端渐尖，基部近戟形，边缘全缘，两面具乳头状突起或被柔毛；叶柄长可达10厘米；托叶鞘筒状，膜质，褐色，长5~10毫米，偏斜，顶端截形，无缘毛。花序伞房状，顶生或腋生；苞片卵状披针形，顶端尖，边缘膜质，每苞内具2~4花；花梗中部具关节，与苞片近等长；花被5深裂，白色，花被片长椭圆形；雄蕊8，比花被短；花柱3，柱头头状。瘦果宽卵形，具3锐棱，黑褐色，无光泽。花期7~9月，果期8~10月。

生境：生于山谷湿地、山坡灌丛，海拔250~3200米。

药用价值：块根供药用，清热解毒、排脓去瘀。

园林应用：可作为观花观果园林植物。

3　金线草 *Antenoron filiforme* (Thunb.) Rob. et Vaut.

科属：蓼科金线草属

形态特征：多年生草本。根状茎粗壮；茎直立，高50~80厘米，具糙伏毛，有纵沟，节部膨大。叶椭圆形或长椭圆形；托叶鞘筒状，膜质，褐色，长5~10毫米，具短缘毛。总状花序呈穗状，通常数个，顶

生或腋生，花序轴延伸，花排列稀疏；花梗长3~4毫米；苞片漏斗状，绿色，边缘膜质，具缘毛；花被4深裂，红色，花被片卵形，果时稍增大；雄蕊5。瘦果卵形，双凸镜状，褐色，有光泽，长约3毫米，包于宿存花被内。花期7~8月，果期9~10月。

　　生境：生于山坡林缘、山谷路旁，海拔100~2500米。

　　药用价值：止痛，止血，清热去火。含有氨基酸及微量元素，可调节机体免疫。

　　园林应用：可作为园林地被植物。

4　拳参 *Polygonum bistorta* L.

　　科属：蓼科蓼属

　　形态特征：多年生草本。根状茎肥厚，弯曲，黑褐色；茎直立，通常2~3条自根状茎发出。基生叶宽披针形或狭卵形，纸质；顶端渐尖或急尖，基部截形或近心形，沿叶柄下延成翅，两面无毛或下面被短柔毛，边缘外卷，微呈波状。总状花序呈穗状，顶生，紧密；苞片卵形，顶端渐尖，膜质，淡褐色，中脉明显，每苞片内含花3~4；花梗细弱，开展。瘦果椭圆形，两端尖，褐色。花期6~7月，果期8~9月。

　　生境：生于山坡草地、山顶草甸，海拔800~3000米。

　　药用价值：根状茎入药，清热解毒，散结消肿。

　　园林应用：可栽植于水边。

5　钟花蓼 *Polygonum campanulatum* Hook. f.

　　科属：蓼科蓼属

　　形态特征：多年生草本。茎近直立，分枝，具纵棱，疏生柔毛，上部生绒毛。叶长卵形或宽披针形，顶。花序圆锥状，小型，花序轴密生绒毛；苞片长卵形，薄膜质，每苞片内含2~3花；花被5深裂，淡红色或白色，花被片倒卵形，不等大；雄蕊8，比花被短，花药紫色；花柱3，丝形。瘦果宽椭圆形，黄褐。花期7~8月，果期9~10月。

　　生境：生于山坡、沟谷湿地，海拔2100~4000米。

　　药用价值：润肺止咳，清热解毒，活血。

　　园林应用：可作为园林地被。

6　苞叶大黄 *Rheum alexandrae* Batal.

　　科属：蓼科大黄属

　　形态特征：中型草本，高40~80厘米。根状茎及根直而粗壮，内部黄褐色。叶柄与叶片近等长或稍长，半圆柱状；上部叶及叶状苞片较窄小叶片长卵形，一般为浅绿色，干后近膜质；叶柄亦较短或无柄。花序分枝腋出，常2~3枝成丛或稍多，直立总状，很少再具小分枝；花小绿色，数朵簇生；花被4~6枚，基部合生成杯状；雄蕊 7~9，花药矩圆状椭圆形；花盘薄。果实菱状椭圆形，深棕褐色。花期 6~7 月，果期 9 月。

　　生境：生于海拔 3000~4500 米山坡草地，常长在较潮湿处。

　　药用价值：功能主治清热解毒、泻下、化瘀、止血。

　　园林应用：可作为花坛、花镜植物材料。

7 杠板归 *Polygonum perfoliatum* L.

　　科属：蓼科萹蓄属

　　形态特征：一年生草本。茎攀援，多分枝，具纵棱，沿棱具稀疏的倒生皮刺。叶三角形，基部截形或微心形，薄纸质；叶柄与叶片近等长，具倒生皮刺，盾状着生于叶片的近基部；托叶鞘叶状，草质。总状花序呈短穗状，不分枝顶生或腋生；苞片卵圆形，每苞片内具花 2~4 朵；花被 5 深裂，白色或淡红色，花被片椭圆形，果时增大，呈肉质，深蓝色；雄蕊 8，略短于花被；花柱 3，中上部合生；柱头头状。瘦果球形，黑色，有光泽，包于宿存花被内。花期 6~8 月，果期 7~10 月。

　　生境：生于田边、路旁、山谷湿地，海拔 80~2300 米。

　　药用价值：具有清热解毒、利水消肿、止咳之功效。

　　园林应用：作为园林绿篱植物种植在庭院四周。

8 毛蓼 *Polygonum barbatum* L.

　　科属：蓼科蓼属

　　形态特征：多年生草本。根状茎横走；茎直立，粗壮。叶披针形或椭圆状披针形，顶端渐尖，基部楔形，边缘具缘毛，两面疏被短柔毛。总状花序呈穗状，紧密，直立，长 4~8 厘米，顶生或腋生，通常数个组成圆锥状，稀单生；苞片漏斗状，每苞内具 3~5 花，花梗短；花被 5 深裂，白色或淡绿色，花被片椭圆形，长 1.5~2 毫米；雄蕊 5~8；花柱 3，柱头头状。瘦果卵形，具 3 棱，黑色，有光泽，包于宿存花被内。花期 8~9 月，果期 9~10 月。

　　生境：生于沟边湿地、水边，海拔 20~1300 米。

　　药用价值：全草有抗菌作用，根有收敛作用，可治肠炎。

　　园林应用：绿化、美化庭园的优良草本植物。

9 叉分蓼 *Polygonum divaricatum* L.

　　科属：蓼科萹蓄属

　　形态特征：多年生草本。茎直立，高 70~120 厘米，植株外型呈球形。叶披针形或长圆形；叶柄长约 0.5 厘米；托叶鞘膜质，偏斜，长 1~2 厘米，疏生柔毛或无毛，开裂，脱落。花序圆锥状，分枝开展；苞片卵形，边缘膜质，背部具脉，每苞片内具 2~3 花；

花梗长 2~2.5 毫米，与苞片近等长，顶部具关节；花被 5 深裂，白色，花被片椭圆形，大小不相等；雄蕊 7~8，比花被短；花柱 3，极短，柱头头状。瘦果宽椭圆形，具 3 锐棱，黄褐色，有光泽。花期 7~8 月，果期 8~9 月。

　　生境：生于山坡草地、山谷灌丛，海拔 260~2100 米。

　　药用价值：功能主治祛寒、温肾。

　　园林应用：在园林绿地中应用。

10 齿果酸模 *Rumex dentatus* L.

　　科属：蓼科酸模属

　　形态特征：一年生草本。茎直立，枝斜上，具浅沟槽。茎下部叶长圆形或长椭圆形，长 4~12 厘米，宽 1.5~3 厘米，顶端圆钝或急尖，基部圆形或近心形，边缘浅波状，茎生叶较小；叶柄长 1.5~5 厘米。花序总状，顶生和腋生，具叶由数个再组成圆锥状花序，多花，轮状排列，花轮间断；花梗中下部具关节；外花被片椭圆形，长约 2 毫米；瘦果卵形，具 3 锐棱。花期 5~6 月，果期 6~7 月。

　　生境：生于沟边湿地、山坡路旁，海拔 30~2500 米。

　　药用价值：根叶可入药，有去毒、清热、杀虫、治藓的功效。

　　园林应用：可作园林地被植物。

十八、水龙骨科

1 金鸡脚假瘤蕨 *Selliguea hastata* (Thunberg) Fraser-Jenkins

科属：水龙骨科假瘤蕨属

形态特征：根状茎长而横走，粗约 3 毫米，密被鳞片；鳞片披针形，长约 5 毫米，棕色，顶端长渐尖，边缘全缘或偶有疏齿。叶片为单叶，形态变化极大，单叶不分裂，或戟状二至三分裂；单叶不分裂叶的形态变化亦极大，从卵圆形至长条形，顶端短渐尖或钝圆，基部楔形至圆形；分裂的叶片其形态也极其多样；叶片 (或裂片) 的边缘具缺刻和加厚的软骨质边，通直或呈波状；中脉和侧脉两面明显，侧脉不达叶边；小脉不明显。叶纸质或草质，背面通常灰白色，两面光滑无毛。孢子囊群大，圆形，孢子表面具刺状突起。

生境：生林缘土坎上。

药用价值：全草入药，清热解毒，消炎止痛。

园林应用：典型的酸性土指示植物，可点缀山石盆景或盆栽观赏。

2 江南星蕨 *Neolepisorus fortunei* (T. Moore) Li Wang

科属：水龙骨科星蕨属

形态特征：附生，植株高 30~100 厘米。根状茎长而横走，顶部被鳞片。叶柄禾秆色，上面有浅沟，基部疏被鳞片，向上近光滑；叶片线状披针形至披针形，全缘，有软骨质的边；叶厚纸质，下面淡绿色或灰绿色，两面无毛，幼时下面沿中脉两侧偶有极少数鳞片。孢子囊群大，圆形，沿中脉两侧排列成较整齐的一行或有时为不规则的两行，靠近中脉；孢子豆形，周壁具不规则褶皱。

生境：多生于林下溪边岩石上或树干上，海拔 300~1800 米。

药用价值：全草可药用，能清热解毒，利尿，祛风除湿，凉血止血，消肿止痛。

园林应用：叶片四季常绿，生长势好，橘黄色孢子囊群鲜艳别致，条形叶很有特色，是室内较好的盆栽植物，亦可作切叶用。

3 抱石莲 *Lemmaphyllum drymoglossoides* (Baker) Ching

科属：水龙骨科伏石蕨属

形态特征：根状茎细长横走，被钻状有齿棕色披针形鳞片。叶远生，相距 1.5~5 厘米，二型；不育叶长圆形至卵形，圆头或钝圆头，基部楔形，几无柄，全缘；能育叶舌状或倒披针形，基部狭缩，几无柄或具短柄，有时与不育叶同形，肉质，干后革质，上面光滑，下面疏被鳞片。孢子囊群圆形，沿主脉两侧各成一行，位于主脉与叶边之间。

生境：附生在阴湿树干和岩石上，海拔 200~1400 米。

药用价值：以全草入药，具有清热解毒、利湿消瘀之功效。

园林应用：可作园林山石或树桩盆景配置栽植观赏。

4 盾蕨 *Neolepisorus ovatus* (Bedd.) Ching

科属：水龙骨科盾蕨属

形态特征：植株高 20~40 厘米。根状茎横走，密生鳞片；卵状披针形，长渐尖头，边缘有疏锯齿。叶远生；叶柄长 10~20 厘米，密被鳞片；叶片卵状，基部圆形；主脉隆起，侧脉明显，开展直达叶边，小脉网状，有分叉的内藏小脉。孢子囊群圆形，沿主脉两侧排成不整齐的多行，或在侧脉间排成不整齐的一行，幼时被盾状隔丝覆盖。

生境：一般生于海拔 1500 米阴湿的石灰岩缝中。

药用价值：清热利湿，止血，解毒。

园林应用：广泛应用于现代园林中，特别是在植物园、现代庭院、花园小区等的景观设计中，通过地栽、盆栽、吊篮、石生等方式构成别具一格的园林景观。公园林荫下，建筑背阴区，特别是池塘边林下，用作地被配置；假山、石墙、竹篱上装饰；园林建筑天井、回廊、窗景中的植物配置。在热带风情园林中，用蕨附生栽培于棕榈科植物树干的叶腋间，形成独特的景观。

十九、商陆科

1 商陆 *Phytolacca acinosa* Roxb

科属：商陆科商陆属

形态特征：多年生草本，高 0.5~1.5 米。全株无毛。根肥大，肉质，倒圆锥形，外皮淡黄色或灰褐色，内面黄白色。总状花序顶生或与叶对生，圆柱状，直立，通常比叶短，密生多花；花梗基部的苞片线形，上部 2 枚小苞片线状披针形，均膜质；花梗细，基部变粗；花两性；花被片 5 枚，白色、黄绿色，椭圆形、卵形或长圆形；雄蕊 8~10，与花被片近等长，花丝白色，钻形，花药椭圆形，粉红色。果序直立；浆果扁球形，熟时黑色；种子肾形，黑色，具 3 棱。花期 5~8 月，果期 6~10 月。

生境：普遍野生于海拔 500~3400 米的沟谷、山坡林下、林缘路旁。

药用价值：根入药，通二便，逐水、散结，治水肿、胀满、脚气、喉痹，外敷治痈肿疮毒。

园林应用：宜于宅旁、坡地和阴湿隙地种植。

2 多雄蕊商陆 *Phytolacca polyandra* Batalin

科属：商陆科商陆属

形态特征：叶片椭圆状披针形或椭圆形，顶端急尖或渐尖，具腺体状的短尖头，基部楔形，渐狭，两面无毛；叶柄长 1~2 厘米。总状花序顶生或与叶对生，圆柱状，直立；花两性；花被片 5 枚，开花时白色，以后变红，长圆形；雄蕊 12~16，两轮着生，花丝基部变宽，花药白色；子房通常由 8 个心皮合生，有时 6 或 9 个，花柱直立或顶端微弯，比子房长 1 倍半，柱头不明显。浆果扁球形，干后果皮膜质，贴附种子；种子肾形，黑色，光亮。花期 5~8 月，果期 6~9 月。

生境：生于海拔 1100~3000 米的山坡林下、山沟、河边、路旁。

药用价值：治水肿胀满、二便不通、痈肿疮毒、瘰疬喉痹等症。外治痈肿疮毒。

园林应用：可作林下地被植物。

二十、壳斗科

1 栗 *Castanea mollissima* Blume

科属：壳斗科栗属

形态特征：高达20米的乔木，胸径80厘米。被疏长毛及鳞腺。叶椭圆至长圆形，顶部短至渐尖，基部近截平或圆，或两侧稍向内弯而呈耳垂状，常一侧偏斜而不对称，新生叶的基部常狭楔尖且两侧对称。雄花序长10~20厘米，花序轴被毛；花3~5聚生成簇，雌花1~3 (~5)发育结实，花柱下部被毛。坚果高1.5~3厘米，宽1.8~3.5厘米。花期4~6月，果期8~10月。

生境：见于平地至海拔2800米的山地。

药用价值：栗子除富含淀粉外，也含单糖与双糖、胡萝卜素、硫胺素、核黄素、尼克酸、抗坏血酸、蛋白质、脂肪、无机盐类等营养物质。

园林应用：可作行道树种。

2 钩锥 *Castanopsis tibetana* Hance

科属：壳斗科锥属

形态特征：乔木。树皮灰褐色，粗糙。小枝干后黑或黑褐色，枝、叶均无毛。新生嫩叶暗紫褐色，成长叶革质，卵状椭圆形，卵形，长椭圆形或倒卵状椭圆形，顶部渐尖，短突尖或尾状，基部近于圆或短楔尖；叶柄长1.5~3厘米。雄穗状花序或圆锥花序，花序轴无毛，雄蕊通常10，花被裂片内面被疏短毛；雌花序长5~25厘米，花柱3枚，长约1毫米。果序轴横切面径4~6毫米；壳斗有坚果1个，圆球形；坚果扁圆锥形。花期4~5月，果翌年8~10月成熟。

生境：生于海拔1500米以下的山地杂木林中较湿润地方或平地路旁或寺庙周围。

药用价值：敛肠，止痢。

园林应用：长江以南较常见的主要用材树种。

二十一、猕猴桃科

1 中华猕猴桃 *Actinidia chinensis* Planch.

科属：猕猴桃科猕猴桃属

形态特征：花枝短的 4~5 厘米，长的 15~20 厘米，直径 4~6 毫米；隔年枝完全秃净无毛，直径 5~8 毫米，皮孔长圆形，比较显著或不甚显著；髓白色至淡褐色，片层状。叶纸质，倒阔卵形至倒卵形或阔卵形至近圆形。花瓣 5 片，有时少至 3~4 片或多至 6~7 片，阔倒卵形，有短距，长 10~20 毫米，宽 6~17 毫米；雄蕊极多，花丝狭条形，长 5~10 毫米，花药黄色，长圆形，长 1.5~2 毫米，基部叉开或不叉开。果黄褐色，近球形、圆柱形、倒卵形或椭圆形，成熟时秃净或不秃净，具小而多的淡褐色斑点；宿存萼片反折；种子纵径 2.5 毫米。

生境：生于海拔 1300~2600 米的阿里山上。

药用价值：具有清热解毒、活血消肿、祛风化湿等功效。

园林应用：藤本树体，容易造型。

2 海棠猕猴桃 *Actinidia maloides* Li

科属：猕猴桃科猕猴桃属

形态特征：中型落叶藤本。着花小枝洁净无毛或较长枝条顶部靠近芽体处有一些微弱绒毛，皮孔较显著，髓淡褐色，片层状。花序 1~3 花，花序柄近无毛；花桃红色；萼片 4~5 片，卵形至长方卵形；花瓣 5~6 片，倒阔卵形，长约 8 毫米；花丝纤细，花药黄色，长方箭头状，长约 2.5 毫米；子房球形，无毛。果卵珠状，洁净无毛，无斑点，具反折的宿存萼片；种子长约 2 毫米。花期 5 月中旬至 6 月下旬，果期 9~10 月。

生境：生于海拔 1300~2200 米山地丛林中荫蔽处。

药用价值：可以作为一种饮料治疗坏血病；有助于降低血液中的胆固醇水平，起到扩张血管和降低血压的作用。

园林应用：可作垂直绿化植被。

3 紫果猕猴桃 *Actinidia arguta* (Sieb. & Zucc) Planch. ex Miq. var. purpurea (Rehd.) C.F.Liang

科属：猕猴桃科猕猴桃属

形态特征：叶纸质，卵形或长方椭圆形，长 8~12 厘米，宽 4.5~8 厘米，顶端急尖，基部圆形，或为阔楔形、截平形至微心形，两侧常不对称；边缘锯齿浅且圆，齿尖常内弯；除背面脉腋上有少量髯毛外，余处洁净无毛。花淡绿色，花药黑色。果熟时紫红色，柱状卵珠形，长 2~3.5 厘米，顶端有喙，萼片早落。

生境：生于海拔 700~3600 米的山林中、溪旁或湿润处。

药用价值：狝猴桃含有丰富的矿物质，包括丰富的钙、磷、铁，还含有胡萝卜素和多种维生素，对保持人体健康具有重要的作用。

园林应用：藤蔓缠绕盘曲，枝叶浓密，花美且芳香，适用于花架、庭廊、护栏、墙垣等的垂直绿化。

二十二、菊科

1 秋英 *Cosmos bipinnatus* Cavanilles

科属：菊科秋英属

形态特征：根纺锤状，多须根，或近茎基部有不定根。头状花序单生；花序梗长 6~18 厘米；总苞片外层披针形或线状披针形，近革质，淡绿色，具深紫色条纹，上端长狭尖，较内层与内层等长，内层椭圆状卵形，膜质；托片平展，上端成丝状，与瘦果近等长；舌状花紫红色，粉红色或白色；舌片椭圆状倒卵形，3~5 钝齿；管状花黄色，管部短，上部圆柱形，有披针状裂片；花柱具短突尖的附器。瘦果黑紫色，上端具长喙，有 2~3 尖刺。花期 6~8 月，果期 9~10 月。

生境：生长于海拔 2700 米以下的路旁、田埂、溪岸等地。

药用价值：全草可入药，具有清热解毒、明目化湿的功效。

园林应用：可用于公园、花园、草地边缘、道路旁、小区旁的绿化栽植。

2 黄秋英 *Cosmos sulphureus* Cav.

科属：菊科秋英属

形态特征：一年生草本，高 1.5~2 米。具柔毛。叶 2~3 枚次羽状深裂，裂片披针形至椭圆形。头状花序 2.5~5 厘米，花序梗长 6~25 厘米；外层苞片较内层苞片为短，狭椭圆形；内层苞片长椭圆状披针形；舌状花橘黄色或金黄色，先端具 3 齿；管状花黄色。瘦果具粗毛。花期 6~7 月。

生境：适生于肥沃、疏松和排水良好的微酸性砂质壤土，适宜 pH 值为 6~7。

药用价值：全草入药，清热解毒，治痢疾。

园林应用：适宜多株丛植或片植、花境栽植，或在草坪及林缘自然式配植。植株低矮紧凑、花头转密的矮生品种，可用于花坛布置，也可用作切花材料。

3 马兰 *Aster indicus* L.

科属：菊科马兰属

形态特征：多年生草本。根状茎有匍枝，有时具直根；茎直立，上部或从下部起有分枝。头状花序单生于枝端并排列成疏伞房状；总苞半球形，总苞片 2~3 层，覆瓦状排列；外层倒披针形，长 2 毫米，内层倒披针状矩圆形，边缘膜质，有缘毛；花托圆锥形；舌状花 1 层，15~20 个；舌片浅紫色；管状花长 3.5 毫米，管部长 1.5 毫米，被短密毛；冠毛长 0.1~0.8 毫米，弱而易脱落，不等长。瘦果倒卵状矩圆形，极扁，褐色，边缘浅色而有厚肋，上部被腺及短柔毛。花期 5~9 月，果期 8~10 月。

生境：生长在林缘、草丛、溪岸、路旁。

药用价值：全草药用，有清热解毒，消食积，利小便，散瘀止血之效。

园林应用：花坛、花境、花群、花丛专类园地被等。

4　大丽花 *Dahlia pinnata* Cav.

科属：菊科大丽花属

形态特征：多年生草本。有巨大棒状块根。叶 1~3 回羽状全裂，上部叶有时不分裂，裂片卵形或长圆状卵形。头状花序大，有长花序梗，常下垂；总苞片外层约 5 枚，卵状椭圆形，叶质，内层膜质，椭圆状披针形；舌状花 1 层，白色，红色，或紫色，常卵形，顶端有不明显的 3 齿，或全缘；管状花黄色，有时在栽培种全部为舌状花。瘦果长圆形，黑色，扁平，有 2 个不明显的齿。花期 6~12 月，果期 9~10 月。

生境：各地庭园中普遍栽培。

药用价值：常用于腮腺炎，龋齿疼痛，无名肿毒，跌打损伤。

园林应用：适宜花坛、花径或庭前丛植，矮生品种可作盆栽。

5　野茼蒿 *Crassocephalum crepidioides* (Benth.) S. Moore

科属：菊科野茼蒿属

形态特征：直立草本，高 20~120 厘米。茎有纵条棱。无毛叶膜质，椭圆形或长圆状椭圆形；叶柄长

2~2.5 厘米。头状花序数个在茎端排成伞房状，总苞钟状，基部截形，有数枚不等长的线形小苞片；总苞片 1 层，线状披针形，等长，具狭膜质边缘，顶端有簇状毛；小花全部管状，两性，花冠红褐色或橙红色，檐部 5 齿裂；花柱基部呈小球状，分枝，顶端尖，被乳头状毛；冠毛极多数，白色，绢毛状，易脱落。瘦果狭圆柱形。花期 7~12 月。

生境：山坡路旁、水边、灌丛中常见，海拔 300~1800 米。

药用价值：全草入药。治感冒发热、痢疾、肠炎、尿路感染、乳腺炎、支气管炎、营养不良性水肿等症。

园林应用：可用作园林地被植物建植观赏。

6　小苦荬 *Ixeridium dentatum* (Thunb.) Tzvel.

科属：菊科小苦荬属

形态特征：多年生草本，高 10~50 厘米。根壮茎短缩，生多数等粗的细根。茎叶少数，披针形或长椭圆状披针形或倒披针形，全部叶两面无毛。头状花序多数，在茎枝顶端排成伞房

状花序，花序梗细；总苞圆柱状，长 7~8 毫米；舌状小花 5~7 枚，黄色，少白色冠毛麦秆黄色或黄褐色，长 4 毫米，微糙毛状；瘦果纺锤形，稍压扁，褐色，有 10 条细肋或细脉，顶端渐狭成长 1 毫米的细喙，喙细丝状，上部沿脉有微刺毛。花果期 4~8 月。

生境：生于山坡、山坡林下、潮湿处或田边。海拔 380~1050 米。

药用价值：小苦荬具有清凉解毒，消痈散结。具治毒蛇咬伤、肺痈、疖肿、跌打损伤之功效。

园林应用：可作为地被植物。

7　斑鸠菊 *Vernonia esculenta* Hemsl.

科属：菊科铁鸠菊属

形态特征：灌木或小乔木，高 2~6 米。叶柄长 5~20 毫米，密被灰色短绒毛。头状花序多数，具花 5~6，在枝端或上部叶腋排列成密或较密的宽圆锥花序；花序梗细，长 2~5 毫米，或近无柄，被密绒毛；总苞倒锥状，基部尖，总苞片少数，革质，约 4 层，卵状或卵状长圆形或长圆形，全部或上部暗绿色；

花托小，具窝孔；花淡红紫色，花冠管状，具腺，向上部稍扩大，裂片线状披针形，顶端外面具腺；冠毛白色或污白色，2 层，外层短，内层糙毛状。瘦果淡黄褐色，近圆柱状，稍具棱，被疏短毛和腺点。花期 7~12 月。

生境：生于山坡阳处，草坡灌丛，山谷疏林或林缘，海拔 1000~2700 米。

药用价值：消炎，解毒。主治阑尾炎、疮疖。

园林应用：抗逆性强，花期长，花果小而繁多。可作为庭园观赏树种，丛植或片植均较适宜。

8　茄叶斑鸠菊 *Vernonia solanifolia* Benth.

科属：菊科斑鸠菊属

形态特征：直立灌木或小乔木。枝开展或有时援攀，圆柱形，被黄褐色或淡黄色密绒毛。头状花序小；

总苞半球形，宽 4~5 毫米，总苞片 4~5 层，卵形，椭圆形或长圆形，顶端极钝，背面被淡黄色短绒毛；花托平，具小窝孔；花约 10，有香气，花冠管状，粉红色或淡紫色，长约 6 毫米，管部细，檐部狭钟状，具 5 数线状披针形裂片，外面有腺，顶端常有白色短微毛；冠毛淡黄色。瘦果 4~5 棱，稍扁压，无毛。花期 11 月至翌年 4 月。

生境：常生于山谷疏林中，或攀援于乔木上，海拔 500~1000 米。

药用价值：全草入药，治腹痛、肠炎、痧气等症。

园林应用：可作为庭园观赏树种，丛植或片植均较适宜。

9　蒲儿根 *Sinosenecio oldhamianus* (Maxim.) B. Nord.

科属：菊科千里光属

形态特征：多年生或二年生茎叶草本。根状茎木质，粗，具多数纤维状根。总苞宽钟状，长 3~4 毫米，宽 2.5~4 毫米，无外层苞片；总苞片约 13 枚，1 层，长圆状披针形，宽约 1 毫米，顶端渐尖，紫色，草质，具膜质边缘，外面被白色蛛丝状毛或短柔毛至无毛；舌状花约 13，管部无毛，舌片黄色，长圆形，顶端钝，具 3 细齿，4 条脉；管状花多数，花冠黄色；裂片卵状长圆形，长约 1 毫米，顶端尖；花药长圆形，基部钝，附片卵状长圆形；花柱分枝外弯，顶端截形，被乳头状毛；冠毛在舌状花缺，管状花冠毛白色。瘦果圆柱形，舌状花瘦果无毛，在管状花被短柔毛。花期 1~12 月。

生境：生于林缘、溪边、潮湿岩石边及草坡、田边，海拔 360~2100 米。

药用价值：全株入药。

园林应用：可置于花坛栽培。

10　尼泊尔香青 *Anaphalis nepalensis* (Spreng.) Hand.–Mazz.

科属：菊科香青属

形态特征：多年生草本。根状茎细或稍粗壮。匍枝有倒卵形或匙形、长 1~2 厘米的叶和顶生的莲座状叶丛。头状花序 1 或少数，稀较多而疏散伞房状排列；花序梗长 0.5~2.5 厘米；总苞多少球状，较花盘长；总苞片 8~9 层，在花期放射状开展，外层卵圆状披针形，除顶端外深褐色；内层披针形，白色，顶端尖，基部深褐色；最内层线状披针形，有长约全长三分之一的爪部；花托蜂窝状；雌株头状花序外围有多层雌花，中央有 3~6 雄花；雄株头状花序全部有雄花；雄花花冠长 3 毫米，雌花花冠长约 4 毫米；冠毛长约 4 毫米，在雄花上部稍粗厚，有锯齿。花期 6~9 月，果期 8~10 月。

生境：生于高山阴湿坡地、岩石缝隙、沟旁溪岸的苔藓中，海拔 4100~4500 米。

药用价值：主治感冒咳嗽、急慢性气管炎、支气和哮喘、高血压。

园林应用：可用作园林地被观赏。

11　黄鹌菜 *Youngia japonica* (L.) DC.

科属：菊科黄鹌菜属

形态特征：一年生草本，高 10~100 厘米。根垂直直伸，生多数须根。头花序含 10~20 舌状小花，少数或多数在茎枝顶端排成伞房花序，花序梗细；总苞圆柱状；总苞片 4 层，顶端急尖，披针形，顶端急尖，边缘白色宽膜质，内面有贴伏的短糙毛；全部总苞片外面无毛；舌状小花黄色，花冠管外面有短柔毛；冠毛糙毛状。瘦果纺锤形，压扁，褐色或红褐色，向顶端有收缢，顶端无喙，有 11~13 条粗细不等的纵肋，肋上有小刺毛。花果期 4~10 月。

生境：生于山坡、山谷及山沟林缘、林下、林间草地及潮湿地、河边沼泽地、田间与荒地上。

药用价值：消肿，止痛，治感冒。

园林应用：可作为园林的花坛花卉、观花类、地被植物、树林草地等，起美化作用。

12 牡蒿 *Artemisia japonica* Thunb.

科属：菊科蒿属

形态特征：多年生草本。植株有香气。头状花序多数，卵球形或近球形，无梗或有短梗，基部具线形的小苞叶，在分枝上通常排成穗状花序或穗状花序状的总状花序，并在茎上组成狭窄或中等开展的圆锥花序；雌花 3~8，花冠狭圆锥状，檐部具 2~3 裂齿，花柱伸出花冠外，先端 2 叉，叉端尖；两性花 5~10，不孕育，花冠管状，花药线形，先端附属物尖，长三角形，基部钝，花柱短，先端稍膨大，2 裂，不叉开，退化子房不明显。瘦果小，倒卵形。花果期 7~10 月。

生境：常见于林缘、林中空地、疏林下、旷野、灌丛、丘陵、山坡、路旁等。

药用价值：全草入药，有清热、解毒、消暑、去湿、止血、消炎、散瘀之效。

园林应用：可作为园林地被植物。

13 牛膝菊 *Galinsoga parviflora* Cav.

科属：菊科牛膝菊属

形态特征：一年生草本，高 10~80 厘米。头状花序半球形，有长花梗，多数在茎枝顶端排成疏松的伞房花序，花序径约 3 厘米；总苞半球形或宽钟状；总苞片 1~2 层，内层卵形或卵圆形，顶端圆钝，白色，膜质；舌状花 4~5 个，舌片白色，顶端 3 齿裂，筒部细管状，外面被稠密白色短柔毛；管状花花冠长约 1 毫米，黄色，下部被稠密的白色短柔毛；舌状花冠毛毛状，脱落；管状花冠毛膜片状，白色，披针形，边缘流苏状，固结于冠毛环上，正体脱落。瘦果，三棱或中央的瘦果 4~5 棱，黑色或黑褐色，常压扁，被白色微毛。花果期 7~10 月。

生境：生于林下、河谷地、荒野、河边、田间、溪边或市郊路旁。

药用价值：全草药用，主外伤出血、扁桃体炎、咽喉炎、急性黄胆型肝炎。

园林应用：有特殊香味。是花坛、花镜中不可缺少的主材料，并起到分割空间或引导路线的作用，是广场、公园、街道和庭院绿化中不可缺少的内容。

14 金鸡菊 *Coreopsis basalis* (A. Dietr.) S. F. Blake

科属：菊科金鸡菊属

形态特征：一年生或二年生草本，高 30~60 厘米。疏生柔毛，多分枝。叶具柄，叶片羽状分裂，裂片圆卵形至长圆形，或在上部有时线性。头状花序单生枝端，或少数成伞房状，直径 2.5~5 厘米，具长梗；外层总苞片与内层近等长，舌状花 8，黄色，基部紫褐色，先端具齿或裂片；管状黑紫色。瘦果倒卵形，内弯，具 1 条骨质边缘。花期 7~9 月。

生境：可在草地边缘、向阳坡地、林场成片栽植。

药用价值：有降血糖、抗氧化、降血压、降血脂等药理活性，有潜在的药用价值。

园林应用：可观叶，也可观花，可作花境材料，是优良的疏林地被植物。枝、叶、花可供艺术切花用，用于制作花篮或插花。

15 兔儿伞 *Syneilesis aconitifolia* (Bge.) Maxim.

科属：菊科兔儿伞科

形态特征：多年生草本。根状茎短，具多数须根，茎直立，紫褐色，无毛，具纵肋，不分枝。头状花序多数，在茎端密集成复伞房状；花序梗长 5~16 毫米，具数枚线形小苞片；总苞筒状，长 9~12 毫米，宽 5~7 毫米，基部有 3~4 枚小苞片；总苞片 1 层，5 枚，长圆形，顶端钝，边缘膜质，外面无毛；小花 8~10，花冠淡粉白色，长 10 毫米，管部窄，檐部窄钟状，5 裂；花药变紫色，基部短箭形；花柱分枝伸长，扁，顶端钝，被笔状微毛；冠毛污白色或变红色，糙毛状。瘦果圆柱形，长 5~6 毫米，无毛，具肋。花期 6~7 月，果期 8~10 月。

生境：生长于海拔 500~1800 米的山坡荒地林缘或路旁。

药用价值：根及全草入药，具祛风湿、舒筋活血、止痛之功效。

园林观赏：宜于花坛、花园、花境栽培，也可盆栽，置于阳台上莳养，开花时置于室内观赏。

16 狗娃花 *Aster hispidus* Thunb.

科属：菊科狗娃花属

形态特征：一或二年生草本。有垂直的纺锤状根。茎单生，下部常脱毛，有分枝。头状花序径 3~5 厘米，单生于枝端而排列成伞房状；总苞半球形；总苞片 2 层，近等长，条状披针形，宽 1 毫米，草质，或内层菱状披针形而下部及边缘膜质，背面及边缘有多少上曲的粗毛，常有腺点；舌状花约 30 余个，管部长 2 毫米；舌片浅红色或白色，条状矩圆形；管状花花冠；冠毛在舌状花极短，白色，膜片状，或部分带红色，长，糙毛状；在管状花糙毛状，初白色，后带红色，与花冠近等长。瘦果倒卵形，扁，有细边肋，被密毛。花期 7~9 月，果期 8~9 月。

生境：生长于海拔 2400 米的荒地、路旁、林缘及草地。

药用价值：清热降火，消肿。主治疮肿、蛇咬伤。

园林应用：可丛植、片植于花境、花坛及庭院绿地。

17 泥胡菜 *Hemisteptia lyrata* (Bunge) Fischer & C. A. Meyer

科属：菊科尼胡菜属

形态特征：二年生草本，高 30~80 厘米。根圆锥形，肉质。
茎直立，具纵沟纹，无毛或具白色蛛丝状毛。基生叶莲座状，具柄，
倒披针形或倒披针状椭圆形，长 7~21 厘米，提琴状羽状分裂，
顶裂片三角形，较大，有时 3 裂，侧裂片 7~8 对，长椭圆状披
针形，下面被白色蛛丝状毛；中部叶椭圆形，无柄，羽状分裂；
上部叶条状披针形至条形。头状花序多数，有长梗；总苞球形；
总苞片 5~8 层，外层较短，卵形，中层椭圆形，内层条状披针形，
各层总苞片背面先端下具 1 紫红色鸡冠状附片；花紫色。冠毛白色，2 列，羽毛状；瘦果椭圆形。花期 5~6 月。

生境：林缘、林下、草地、荒地、田间、河边、路旁等处普遍生长，海拔 50~3280 米。

药用价值：消肿散结，清热解毒，尤其是对乳腺炎、颈淋巴结炎、痈肿疔疮、风疹瘙痒等疾病具有很
好的治疗效果。

园林应用：花朵造型美观，用于公园、园林栽植。

18 金盏花 *Calendula officinalis* L.

科属：菊科金盏花属

形态特征：两年生草本，全株被毛。叶互生，长圆形；基
生叶长圆状倒卵形或匙形。头状花序单生，有黄、橙、橙红、
白等色，也有重瓣、卷瓣和绿心、深紫色花心等栽培品种；头
状花序单生茎枝端，总苞片 1~2 层，披针形或长圆状披针形，
外层稍长于内层，顶端渐尖，小花黄或橙黄色，长于总苞的 2 倍，
舌片宽达 4~5 毫米；管状花檐部具三角状披针形裂片。瘦果全
部弯曲，淡黄色或淡褐色，外层的瘦果大半内弯，外面常具小
针刺，顶端具喙，两侧具翅脊部具规则的横折皱。花期 4~9 月，
果期 6~10 月。

生境：喜生长于温和、凉爽的气候，怕热、耐寒。

药用价值：花有抗菌、消炎作用，降血脂作用金盏菊中的
多糖成分有较强的免疫刺激作用，能促进胆汁分泌，加速创伤
愈合。

园林应用：花美丽鲜艳，是庭院、公园装饰花圃花坛的理
想花卉。

19 矮垂头菊 *Cremanthodium humile* Maxim.

科属：菊科垂头菊属

形态特征：多年生草本。根肉质，生于地下茎的节上，每
节 2~3。无丛生叶丛；茎下部叶具柄，叶柄长 2~14 厘米，光滑，
基部略呈鞘状，叶片卵形或卵状长圆形，有时近圆形，有明显

的羽状叶脉。头状花序单生，下垂，辐射状，总苞半球形，被密的黑色和白色有节柔毛，总苞片 8~12 枚，1 层，基部合生成浅杯状，分离部分线状披针形，宽 2~3 毫米，先端急尖或渐尖；舌状花黄色，舌状椭圆形，伸出总苞之外；管状花黄色，多数，檐部狭楔形，冠毛白色，与花冠等长。瘦果长圆形，长 3~4 毫米，光滑。花果期 7~11 月。

生境：生于海拔 3500~5300 米的高山流石滩。

药用价值：常用于疔毒、疫病肿胀、时疫感冒与狂犬病。

园林应用：我国的特有植物，可栽植于岩石园。

20 白苞蒿 *Artemisia lactiflora* Wall. ex DC.

科属：菊科蒿属

形态特征：多年生草本。主根明显，侧根细而长。根状茎短，直径 4~8(~15) 毫米。叶薄纸质或纸质，二回或一至二回羽状全裂，具长叶柄，花期叶多凋谢；中部叶卵圆形或长卵形；上部叶与苞片叶略小，羽状深裂或全裂，边缘有小裂齿或锯齿。头状花序长圆形，无梗，基部无小苞叶，两性花 4~10，花冠管状，花药椭圆形，先端附属物尖，长三角形，基部圆钝，花柱近与花冠等长，先端 2 叉，叉端截形，有睫毛。瘦果倒卵形或倒卵状长圆形。花果期 8~11 月。

生境：多生于林下、林缘、灌丛边缘、山谷等湿润或略为干燥地区。

药用价值：全株可入药，具有理气、活血、调经、利湿和消肿等功效，适用于妇女月经不调、白带多和小儿疳积、水肿、痢疾等病症。

园林应用：因其观赏点可用于岩石与药用园。

21 白花鬼针草 *Bidens pilosa* L.

科属：菊科鬼针草属

形态特征：一年生直立草本，高 30~100 厘米。茎钝四棱形，无毛或上部被极稀的柔毛。头状花序有长 1~6（果时长 3~10）厘米的花序梗；总苞苞片 7~8 枚，条状匙形，外层托片披针形，内层条状披针形；舌状花 5~7 枚，舌片椭圆状倒卵形，白色，先端钝或有缺刻；盘花筒状，冠檐 5 齿裂。瘦果黑色，条形，具倒刺毛。

生境：生于村旁、路边及荒地中。

药用价值：主治主感冒发热、风湿痹痛、湿热黄疸、痈肿疮疖。

园林应用：可作为园林地被植物。

22 白头婆 *Eupatorium japonicum* Thunb.

科属：菊科泽兰属

形态特征：多年生草本，高 50~200 厘米。根茎短，有多数细长侧根。头状花序在茎顶或枝端排成紧密的伞房花序，花序径通常 3~6 厘米，少有大型复伞房花序而花序径达 20 厘米的；总苞钟状，含 5 个小花；总苞片覆瓦状排列，3 层；外层极短，披针形；中层及内层苞片渐长，长椭圆形或长椭圆状披针形；全部苞片绿色或带紫红色，顶端钝或圆形；花白色或带红紫色或粉红色，花冠长 5 毫米，外面有较稠密的黄色腺点；冠毛白色。瘦果淡黑褐色，椭圆状，5 棱，被多数黄色腺点，无毛。花果期 6~11 月。

生境：生于山坡草地、密疏林下、灌丛中、水湿地及河岸水旁，海拔 120~3000 米。

药用价值：全草药用，性凉，消热消炎。

园林应用：可用作园林地被植物。

23　波斯菊 *Cosmos bipinnata* Cav.

科属：菊科秋英属

形态特征：一年生或多年生草本，高 1~2 米。根纺锤状，多须根，或近茎基部有不定根。茎无毛或稍被柔毛。叶二次羽状深裂，裂片线形或丝状线形。头状花序单生，径 3~6 厘米；花序梗长 6~18 厘米；总苞片外层披针形或线状披针形，近革质，淡绿色，具深紫色条纹；舌状花紫红色，粉红色或白色；舌片椭圆状倒卵形，有 3~5 钝齿；管状花黄色，管部短，上部圆柱形，有披针状裂片；花柱具短突尖的附器。瘦果黑紫色，长 8~12 毫米，无毛，上端具长喙，有 2~3 尖刺。花期 6~8 月，果期 9~10 月。

生境：生长于海拔可达 2700 米以下的路旁、田埂、溪岸等地。

药用价值：全草可入药，具有清热解毒、明目化湿的功效，对急性、慢性、细菌性痢疾和目赤肿痛等症有辅助治疗的作用。

园林应用：可用于公园、花园、草地边缘、道路旁、小区旁的绿化栽植，也可用于布置花境。

24　川西小黄菊 *Tanacetum tatsienense* (Bureau & Franchet) K. Bremer & Humphries

科属：菊科菊蒿属

形态特征：多年生草本，高 7~25 厘米。茎单生或少数茎成簇生，不分枝，有弯曲的长单毛，上部及接头状花序处的毛稠密。基生叶椭圆形或长椭圆形，长 1.5~7 厘米，宽 1~2.5 厘米，二回羽状分裂；茎叶少数，直立贴茎，与基生叶同形并等样分裂，无柄。头状花序单生茎顶；总苞直径 1~2 厘米；总苞片约 4 层；全部苞片边缘黑褐色或褐色膜质；舌状花桔黄色或微带桔红色；冠状冠毛长 0.1 毫米，分裂至基部。瘦果长约 3 毫米，5~8 条椭圆形突起的纵肋。果期 7~9 月。

生境：生于高山草甸、灌丛或杜鹃灌丛或山坡砾石地，海拔 3500~5200 米。

药用价值：以花入药、活血、祛湿、消炎止痛。主治跌打损伤、湿热。

园林应用：可作为花坛、花镜材料开发应用。

25 大翅蓟 *Onopordum acanthium* L.

科属：菊科大翅蓟属

形态特征：二年生草本。通常分枝。主根直伸。茎粗壮，无毛或被蛛丝毛。头状花序多数或少数在茎枝顶端排成不明显或不规则的伞房花序；总苞卵形或球形，总苞片多层，外层与中层质地坚硬，革质，卵状钻形或披针状钻形；内层披针状钻形或线钻形，上部钻状长渐尖；小花紫红色或粉红色；冠毛土红色，多层，基部连合成环，整体脱落，冠毛刚毛睫毛状，不等长，内层长。瘦果倒卵形、长椭圆或倒卵形，3棱状，灰色或灰黑色，有多数横皱褶，有黑色或棕色色斑。花果期6~9月。

生境：生于山坡、荒地或水沟边。

药用价值：功效凉血止血。

园林应用：植株高大，远望如大型蜡烛台，十分别致，亦作地被材料。

26 大花千里光 *Senecio megalanthus* Y. L. Chen

科属：菊科千里光属

形态特征：多年生草本。根状茎较短，有少数须根；茎纤细，直立或基部稍弯。头状花序在茎端单生，直立或下弯，近无梗或具短花序梗，总苞钟状，或钟状半圆形，基部有10~13枚线状披针形小苞片；小苞片紫色渐尖，边缘褐色干膜质，繸状；总苞片21~23枚，线状披针形，草质，边缘窄干膜质，顶端和边缘紫色，有微毛，背面被微毛或无毛；舌状花10~13，舌片黄色，长圆形，顶端具3细齿，具4条脉；管状花黄色，管部长3毫米，檐部窄漏斗形；裂片三角状卵形，顶端尖，有微毛；花药线形，基部钝；花柱分枝顶端钝，被乳头状微毛。冠毛白色，长10~11毫米；瘦果圆柱形。

生境：生于高山石砾山坡，海拔4100~4800米。

药用价值：为中等饲用植物。

园林应用：可作为园林地被材料。

27 多舌飞蓬 *Erigeron multiradiatus* (Lindl.) Benth.

科属：菊科飞蓬属

形态特征：多年生草本。根状茎木质，较粗壮，斜升或横卧，有或无分枝，具纤维状根，颈部被纤维状残叶的基部。头状花序径3~4厘米，或更大，通常2至数伞房状排列，或单生于茎枝的顶端；总苞半球形，总苞片3层，显明超出花盘，线状披针形，宽约1毫米，顶端渐尖，绿色，上端或全部紫色；外围的雌花舌状，3 层，长约为总苞的二倍，舌片开展，紫色，顶端全缘；中央的两性花管状，黄色；花药伸出花冠；冠毛 2 层，污白色或淡褐色，刚毛状，外层极短。瘦果长圆形，扁压，背面具 1 条肋，被疏短毛。花期 7~9 月。

生境：常生长于亚高山和高山草地、山坡和林缘，海拔 2500~4600 米。

药用价值：解表散寒，助消化。

园林应用：可布置于花境、花坛或丛植篱旁、山石前，也可作切花用。

28 二色金光菊 *Rudbeckia bicolor* Nutt.

科属：菊科金光菊属

形态特征：二或多年生，稀一年生草本植物。叶互生，稀对生，全缘或羽状分裂。头状花序大或较大，有多数异形小花，周围有一层不结实的舌状花，中央有多数结实的两性花；总苞碟形或半球形；总苞片 2 层，叶质，覆瓦状排列，花托凸起，圆柱形或圆锥形，结果实时更增长；托片干膜质，对折或呈龙骨片状；舌状花黄色，橙色或红色；舌片开展，全缘或顶端具 2~3 短齿；管状花黄棕色或紫褐色，管部短，上部圆柱形，顶端有 5 裂片；花药基部截形，全缘或具 2 小尖头；花柱分枝顶端具钻形附器，被锈毛；冠毛短冠状或无冠毛。瘦果具 4 棱或近圆柱形，稍压扁，上端钝或截形。

生境：原产北美及墨西哥。

药用价值：根、叶和花均可入药，主用于清热解毒。

园林应用：花瓣双色，常见黄色、橙色或红色，片植常给人以金光闪闪的感觉，是近年来园林绿化中常用到的新优宿根花卉。

29 风毛菊 *Saussurea japonica* (Thunb.) DC.

科属：菊科风毛菊属

形态特征：二年生草本，高 50~200 厘米。根倒圆锥状或纺锤形，黑褐色，生多数须根。头状花序多数，在茎枝顶端排成伞房状或伞房圆锥花序，有小花梗；总苞圆柱状，被白色稀疏的蛛丝状毛；总苞片 6 层，外层长卵形，顶端微扩大，紫红色，中层与内层倒披针形或线形，顶端有扁圆形的紫红色的膜质附片，附片边缘有锯齿；小花紫色，细管部长 6 毫米，檐部长 4~6 毫米。冠毛白色，2 层，外层短，糙毛状；瘦果深褐色，圆柱形。花果期 6~11 月。

生境：生于山坡灌丛、荒坡、水旁、田中，海拔 200~2800 米。

药用价值：用于治牙龈炎，祛风活血，散瘀止痛，风湿痹痛，跌打损伤，麻风，感冒头痛，腰腿痛。

园林应用：可于园林中作花丛、花镜、林缘地被植物。

30　蜂斗菜 *Petasites japonicus* (Sieb. et Zucc.) Maxim.

科属：菊科蜂斗菜属

形态特征：多年生草本。根状茎平卧，有地下匍枝，具膜质、卵形的鳞片，颈部有多数纤维状根。雌雄异株；头状花序多数，在上端密集成密伞房状，有同形小花；总苞筒状，基部有披针形苞片；总苞片 2 层近等长，狭长圆形，顶端圆钝，无毛；全部小花管状，两性，不结实；花冠白色，花药基部钝，有宽长圆形的附片；花柱棒状增粗近上端具小环，顶端锥状二浅裂；雌性花莛高 15~20 厘米，有密苞片；密伞房状花序，花后排成总状，稀下部有分枝；头状花序具异形小花；雌花多数，花冠丝状，顶端斜截形；花柱明显伸出花冠，顶端头状，二浅裂，被乳头状毛。冠毛白色，细糙毛状；瘦果圆柱形，无毛。花期 4~5 月，果期 6 月。

生境：生于海拔 1000 米左右的向阳山坡林下，溪谷旁潮湿草丛中。

药用价值：根状茎供药用，能解毒祛瘀，外敷治跌打损伤、骨折及蛇伤。

园林应用：适用于阴生花境配植，林下、路边地被片植，以及溪流水岸灌丛处点缀丛植。在别墅花园水景设计中可配合其他元素使用。

31　福王草 *Prenanthes tatarinowii* Maxim.

科属：菊科福王草

形态特征：多年生草本。茎直立，单生，上部圆锥状花序分枝，极少不分枝，全部茎枝无毛或几无毛，中下部茎叶心形或卵状心形。头状花序含 5 枚舌状小花，多数，沿茎枝排成疏松的圆锥状花序或少数沿茎排列成总状花序，舌状小花紫色、粉红色，极少白色或黄色。瘦果线形或长椭圆状。花期 7~8 月，果期 9~10 月。

生境：生长于海拔 510~2980 米的山谷、山坡林缘、林下、草地或水旁潮湿地。

药用价值：嫩茎叶，适口性好，可作家畜的饲料。

园林应用：花期长，蜜粉丰富，是秋初一种优良的蜜源植物。

32　褐毛垂头菊 *Cremanthodium brunneopilosum* S. W. Liu

科属：菊科垂头菊属

形态特征：多年生草本，全株灰绿色或蓝绿色。根肉质，粗壮，多数。头状花序辐射状，下垂，1~13，通常排列成总状花序，偶有单生，花序梗长 1~9 厘米，被褐色有节长柔毛；总苞半球形，基部具披针形至线形、草质的小苞片，总苞片 10~16 枚，2 层，披针形或长圆形；舌状花黄色，舌片线状披针形，先端长渐尖或尾状，膜质近透明，管部长 5~7 毫米；管状花多数，褐黄色，冠毛白色，与花冠等长。瘦果圆柱形，光滑。花果期 6~9 月。

生境：主要生长于海拔 3000~4300 米的高山沼泽草甸、河滩草甸、水边。

药用价值：具有清热解毒、杀虫等功效。

园林应用：可作为花坛、花园植物造景材料。

33 褐毛橐吾 *Ligularia purdomii* (Turrill) Chittenden

科属：菊科橐吾属

形态特征：多年生高大草本。根肉质，条形，多数，簇生。具多数分枝，分枝密被褐色有节短毛。大型复伞房状聚伞花序长达 50 厘米，具 3~7 个头状花序；苞片及小苞片线形，被密的褐色有节短毛；花序梗长达 3 厘米，被与分枝上一样的毛；头状花序多数，盘状，下垂，总苞钟状陀螺形，总苞片 6~12 枚，内层具褐色膜质边缘；小花多数，黄色，全部管状，管部长约 3 毫米，檐部宽约 2 毫米，幼时黄白色，老时褐色。瘦果圆柱形，有细肋，光滑。花果期 7~9 月。

生境：生于海拔 3650~4100 米的河边、沼泽浅水处。

药用价值：用于龙热病、脾热病、白喉、疫疠、疮疖、皮肤病。

园林应用：可作为地被植物。

34 黄帚橐吾 *Ligularia virgaurea* (Maxim.) Mattf.

科属：菊科橐吾属

形态特征：多年生灰绿色草本。根肉质，多数，簇生。茎直立，光滑，基部被厚密的褐色枯叶柄纤维包围。总状花序，密集或上部密集，下部疏离；苞片线状披针形至线形，长达 6 厘米，向上渐短；花序梗被白色蛛丝状柔毛；头状花序辐射状，常多数，稀单生；小苞片丝状；总苞陀螺形或杯状；舌状花 5~14，黄色，舌片线、形，先端急尖，管部长约 4 毫米；管状花多数，管部长约 3 毫米，檐部楔形，窄狭，冠毛白色与花冠等长。瘦果长圆形，光滑。花果期 7~9 月。

生境：生于海拔 2600~4700 米的河滩、沼泽草甸、阴坡湿地及灌丛中。

药用价值：用于消化不良、陈旧疫疠、黄水病、疮疡、中毒症。

园林应用：可作为地被植物应用于园林。

二十三、旋花科

1 打碗花 *Calystegia hederacea* Wall.

科属：旋花科打碗花属

形态特征：一年生草本；植株通常矮小。全体不被毛。常自基部分枝，具细长白色的根。茎细，平卧，有细棱。基部叶片长圆形，顶端圆，基部戟形。花1腋生，花梗长于叶柄，有细棱；苞片宽卵形，顶端钝或锐尖至渐尖；萼片长圆形，顶端钝，具小短尖头，内萼片稍短；花冠淡紫色或淡红色，钟状，冠檐近截形或微裂；雄蕊近等长，花丝基部扩大，贴生花冠管基部，被小鳞毛；子房无毛，柱头2裂，裂片长圆形，扁平。蒴果卵球形；种子黑褐色，表面有小疣。

生境：常见于田间、路旁、荒山、林缘、河边、沙地草原。

药用价值：根药用，治月经不调，红、白带下。根茎有小毒，含生物碱。

园林应用：立体绿化的优良素材，也是优良的护坡材料及地被植物。

2 马蹄金 *Dichondra micrantha* Urban

科属：旋花科马蹄金属

形态特征：多年生匍匐小草本。茎细长，被灰色短柔毛，节上生根。叶肾形至圆形，先端宽圆形或微缺，基部阔心形；具长的叶柄。花单生叶腋，花柄短于叶柄，丝状；萼片倒卵状长圆形至匙形，钝；花冠钟状，较短至稍长于萼，黄色，深5裂，裂片长圆状披针形；雄蕊5，着生于花冠2裂片间弯缺处，花丝短，等长；子房被疏柔毛，2室，具4颗胚珠，花柱2，柱头头状。蒴果近球形，小，短于花萼，膜质；种子1~2颗，黄色至褐色，无毛。

生境：生于海拔1300~1980米，山坡草地，路旁或沟边。

药用价值：全草供药用，有清热利尿、祛风止痛、止血生肌、消炎解毒、杀虫之功。

园林应用：植株低矮，根、茎发达，四季常青，抗性强，覆盖率高，适用于公园、机关、庭院绿地等栽培观赏，也可用于沟坡、堤坡、路边等固土材料。

3 金灯藤 *Cuscuta japonica* Choisy

科属：旋花科菟丝子属

形态特征：一年生寄生缠绕草本。茎较粗壮，肉质，黄色，常带紫红色瘤状斑点。花无柄或几无柄，形成穗状花序，基部常多分枝；花萼碗状，肉质；花冠钟状，淡红色或绿白色，顶端5浅裂，裂片卵状三角形，钝，直立或稍反折；雄蕊5，着生于花冠喉部裂片之间，花药卵圆形，黄色，花丝无或几无；子房球状，平滑，无毛，2室，花柱细长，合生为1。蒴果卵圆形，近基部周裂；种子1~2个，光滑，褐色。花期8月，果期9月。

生境：寄生于草本或灌木上。

药用价值：全草或种子药用。具有滋补肝肾、固精缩尿、安胎、明目、止泻之功效。

园林应用：可作垂直绿化植物应用于园林。

4　三裂叶薯 *Ipomoea triloba* L.

科属：旋花科番薯属

形态特征：草本。茎缠绕或有时平卧，无毛或散生毛，且主要在节上。花序腋生，花序梗短于或长于叶柄，较叶柄粗壮，无毛，明显有棱角，顶端具小疣，1花或少花至多数朵花成伞形状聚伞花序；苞片小，披针状长圆形；萼片近相等或稍不等，外萼片稍短或近等长，长圆形，钝或锐尖，具小短尖头；花冠漏斗状，无毛，淡红色或淡紫红色，冠檐裂片短而钝，有小短尖头；雄蕊内藏，花丝基部有毛；子房有毛。蒴果近球形，具花柱基形成的细尖，被细刚毛，2室，4瓣裂；种子4或较少，无毛。

生境：生长于丘陵路旁、荒草地或田野。

药用价值：叶含单宁、皂苷、强心苷和蒽醌类物质。

园林应用：可作为园林地被植物。

二十四、茄科

1 阳芋 *Solanum tuberosum* L.

科属：茄科茄属

形态特征：草本，高30~80厘米。无毛或被疏柔毛。叶为奇数不相等的羽状复叶，小叶常大小相间。伞房花序顶生，后侧生，花白色或蓝紫色；萼钟形，直径约1厘米，外面被疏柔毛，5裂，裂片披针形，先端长渐尖；花冠辐状，直径约2.5~3厘米，花冠筒隐于萼内，长约2毫米，冠檐长约1.5厘米，裂片5，三角形，长约5毫米；雄蕊，花药长为花丝长度的5倍；子房卵圆形，无毛，花柱柱头头状。浆果圆球状，光滑，直径约1.5厘米。花期夏季。

生境：原产热带美洲的山地，我国各地均有栽培。

药用价值：和胃健中，解毒消肿。主治胃痛、痄腮、痈肿、湿疹、烫伤。

园林应用：由于其花朵色彩丰富且清香而拥有较高的观赏价值。

2 珊瑚樱 *Solanum pseudocapsicum* var. pseudo-capsicum

科属：茄科茄属

形态特征：直立分枝小灌木，高达2米。全株光滑无毛。叶互生，狭长圆形至披针形，先端尖或钝，基部狭楔形下延成叶柄，边全缘或波状。花多单生，很少成蝎尾状花序，无总花梗或近于无总花梗，腋外生或近对叶生；花小，白色，直径约0.8~1厘米；萼绿色，5裂，裂片长约1.5毫米；花冠筒隐于萼内，长不及1毫米，冠檐长约5毫米，裂片5，卵形；花药黄色，矩圆形；子房近圆形，直径约1毫米，花柱短，柱头截形。浆果橙红色，果柄长约1厘米，顶端膨大；种子盘状，扁平。花期初夏，果期秋末。

生境：有逸生于路边、沟边和旷地。

药用价值：根可入药，具有活血止痛的功效。主治腰肌劳损，闪挫扭伤。

园林应用：是盆栽观果花卉中观果期最长的品种之一，也是元旦、春节花卉淡季难得的观果花卉佳品。

3 白英 *Solanum lyratum* Thunberg

科属：茄科茄属

形态特征：草质藤本，长0.5~1米。茎及小枝均密被具节长柔毛。聚伞花序顶生或腋外生，疏花，总花梗长 2~2.5 厘米，被具节的长柔毛；萼环状，直径约 3 毫米，无毛，萼齿 5 枚，圆形，顶端具短尖头；花冠蓝紫色或白色，花冠筒隐于萼内；花药长圆形，顶孔略向上；子房卵形，直径不及 1 毫米，花柱丝状，长约 6 毫米，柱头小，头状。浆果球状，成熟时红黑色；种子近盘状，扁平，直径约 1.5 毫米。花期夏秋，果熟期秋末。

生境：喜生于山谷草地或路旁、田边，海拔 600~2800 米。

药用价值：具有清热利湿、解毒消肿、抗癌等功能。

园林应用：可作观花观果植物选择与造景。

4　喀西茄 *Solanum aculeatissimum* Jacquin

科属：茄科茄属

形态特征：直立草本至亚灌木。叶柄粗壮，长约为，叶片之半。蝎恳状花序腋外生，短而少花，单生或 2~4，花梗长约 1 厘米；萼钟状，绿色，5 裂，裂片长圆状披针形；花冠筒淡黄色，隐于萼内；冠檐白色，裂片披针形，具脉纹，开放时先端反折；花丝长约 1.5 毫米，花药在顶端延长，顶孔向上；子房球形，被微绒毛，花柱纤细，光滑，柱头截形。浆果球状，初时绿白色，具绿色花纹，成熟时淡黄色，宿萼上具纤毛及细直刺，后逐渐脱落；种子淡黄色，近倒卵形，扁平。花期春夏，果熟期冬季。

生境：喜生于沟边、路边灌丛、荒地、草坡或疏林中，海拔 1300~2300 米。

药用价值：治疗风湿痹痛、头痛、牙痛、乳痈、疖腮、跌打疼痛。

园林应用：可用作园林垂直绿化植物。

5　龙葵 *Solanum nigrum* L.

科属：茄科茄属

形态特征：一年生直立草本，高 0.25~1 米。茎无棱或棱不明显，绿色或紫色，近无毛或被微柔毛。蝎尾状花序腋外生，由 3~10 花组成，总花梗长 1~2.5 厘米，花梗长约 5 毫米，近无毛或具短柔毛；萼小，浅杯状；花冠白色，筒部隐于萼内，长不及 1 毫米，冠檐长约 2.5 毫米，5 深裂，裂片卵圆形；花丝短，花药黄色，顶孔向内；子房卵形，花柱长约 1.5 毫米，中部以下被白色绒毛，柱头小，头状。浆果球形，直径约 8 毫米，熟时黑色；种子多数，近卵形，直径 1.5~2 毫米，两侧压扁。

生境：喜生于田边、荒地及村庄附近。

药用价值：全株入药，可散瘀消肿，清热解毒。

园林应用：用作园林地被植物。

6 曼陀罗 *Datura stramonium* L.

科属：茄科曼陀罗属

形态特征：草本或半灌木状，高 0.5~1.5 米。全体近于平滑或在幼嫩部分被短柔毛。茎粗壮，圆柱状，淡绿色或带紫色，下部木质化。花单生于枝叉间或叶腋，直立，有短梗；花萼筒状，筒部有 5 棱角，两棱间稍向内陷，基部稍膨大，顶端紧围花冠筒；花冠漏斗状，下半部带绿色，上部白色或淡紫色，檐部 5 浅裂，裂片有短尖头；雄蕊不伸出花冠，子房密生柔针毛，花柱长约 6 厘米。蒴果直立生，卵状，表面生有坚硬针刺或有时无刺而近平滑，成熟后淡黄色，规则 4 瓣裂；种子卵圆形，稍扁，长约 4 毫米，黑色。花期 6~10 月，果期 7~11 月。

生境：常生于住宅旁、路边或草地上，也有作药用或观赏而栽培。

药用价值：全株有毒！含莨菪碱，药用，有镇痉、镇静、镇痛、麻醉的功能。

园林应用：曼陀罗因花朵大而美丽，具有观赏价值，可种植于花园、庭院中，美化环境。

二十五、铁青树科

青皮木 *Schoepfia jasminodora* Sieb. et Zucc.

科属：铁青树科青皮木属

形态特征：落叶小乔木或灌木，高 3~14 米。树皮灰褐色。具短枝，新枝自去年生短枝上抽出，嫩时红色，老枝灰褐色，小枝干后栗褐色。花无梗，2~9 朵排成穗状花序状的螺旋状聚伞花序，花序红色，果时可增长到 4~5 厘米；花萼筒杯状，上端有 4~5 枚小萼齿；无副萼，花冠钟形或宽钟形，白色或浅黄色；子房半埋在花盘中，柱头通常伸出花冠管外。果椭圆状或长圆形，增大的花萼筒外部紫红色，花叶同放。花期 3~5 月，果期 4~6 月。

生境：生于海拔 1700 米以下的林区山谷、溪边的密林或疏林中。

药用价值：根入药。常用于黄疸、热淋、风湿痹痛、跌打损伤、骨折。

园林应用：叶片优美，果实殷红，是重要的观赏与园林绿化树种。

二十六、白花丹科

1 小蓝雪花 *Ceratostigma minus* Stapf ex Prain

科属：白花单科蓝雪花属

形态特征：落叶灌木，高 0.3~1.5 米。老枝红褐色至暗褐色，有毛至无毛，较坚硬，髓小。花序顶生和侧生，小；顶生花序含 5~16 花，侧生花序基部常无叶，多为单花或含 2~9 花；苞片长圆状卵形，先端通常急尖，小苞长卵形至长圆状卵形，先端通常短渐尖；花冠筒部紫色，花冠裂片蓝色，近心状倒三角形，先端缺凹处伸出一丝状短尖；雄蕊略伸于花冠喉部之外，花药蓝色至紫色；子房卵形，绿色，柱头伸至花药之上。蒴果卵形，带绿黄色；种子暗红褐色，粗糙。花期 7~10 月，果期 7~11 月。

生境：生于干热河谷的岩壁和砾石或砂质基地上，多见于山麓、路边、河边向阳处。

药用价值：民间用本植物的地下部分治疗风湿跌打、腰腿疼痛、月经不调等症。

园林应用：可作为盆栽供人观赏，亦或作为庭院绿化苗木广泛使用。

2 岷江蓝雪花 *Ceratostigma willmottianum* Stapf

科属：白花丹科蓝雪花属

形态特征：落叶半灌木，高达 2 米。具开散分枝。地下茎暗褐色，常在距地面 3~4 厘米以下的各节上萌生地上茎；地上茎红褐色，有宽阔的髓（常较周围木质部的总和为大或近相等），脆弱，节间沟棱显明，节上可有叶柄。

花序顶生和腋生，通常含 3~7 花；苞片卵状长圆形至长圆形，先端渐尖，小苞卵形或长圆状卵形，先端渐尖成细尖；萼沿脉两侧疏被硬毛和少量星状毛，花冠长 2~2.6 厘米，筒部红紫色，裂片蓝色，心状倒三角形，先端中央内凹而有小短尖；雄蕊仅花药外露，花药紫红色，长约 2 毫米；子房小，卵形，具 5 棱，柱头伸至花药之上。蒴果淡黄褐色，长约 6 毫米，长卵形；种子黑褐色，有 5 棱，上部 1/3 骤细成喙。花期 6~10 月，果期 7~11 月。

生境：生于干热河谷的林边或灌丛间。

药用价值：枝叶治崩漏、月经过多、老年慢性气管炎等。根治风湿跌打、胃腹疼痛。

园林应用：可作观花灌木。

二十七、马鞭草科

老鸦糊 *Callicarpa giraldii* Hesse ex Rehd.

科属：马鞭草科紫珠属

形态特征：灌木，高1~5米。小枝圆柱形，灰黄色，被星状毛。叶片纸质，宽椭圆形至披针状长圆形，顶端渐尖；叶柄长1~2厘米。聚伞花序宽2~3厘米，4~5次分歧，被毛与小枝同；花萼钟状，疏被星状毛，老后常脱落，具黄色腺点，长约1.5毫米，萼齿钝三角形；花冠紫色，稍有毛，具黄色腺点，长约3毫米；雄蕊花药卵圆形，药室纵裂，药隔具黄色腺点；子房被毛。果实球形，初时疏被星状毛，熟时无毛，紫色。花期5~6月，果期7~11月。

生境：生于海拔200~3400米的疏林和灌丛中。

药用价值：全株入药能清热、和血、解毒。治小米丹（裤带疮）、血崩。

园林应用：可孤植或小片种植于林缘，与常绿植物搭配种植更好。

二十八、忍冬科

1　菰腺忍冬 *Lonicera hypoglauca* Miq. subsp. hypoglauca

科属：忍冬科忍冬属

形态特征：落叶藤本。叶纸质，卵形至卵状矩圆形，顶端渐尖或尖，基部近圆形或带心形，下面有时粉绿色，有无柄或具极短柄的黄色至桔红色蘑菇形腺。双花单生至多朵集生于侧生短枝上，或于小枝顶集合成总状，总花梗比叶柄短或有时较长；苞片条状披针形，与萼筒几等长，外面有短糙毛和缘毛；花冠白色，有时有淡红晕，后变黄色，唇形；雄蕊与花柱均稍伸出，无毛。果实熟时黑色，近圆形，有时具白粉；种子淡黑褐色，椭圆形。花期 4~6 月，果期 10~11 月。

生境：生于灌丛或疏林中，海拔 200~1500 米。

药用价值：花蕾供药用。主温病发热，热毒血痢，痈肿疔疮，喉痹及多种感染性疾病。

园林应用：缠绕性强，是优良的花墙绿化材料，在庭院有铁栅栏的地方成行栽植。

2　细毡毛忍冬 *Lonicera similis* Hemsl. var. similis

科属：忍冬科忍冬属

形态特征：落叶藤本。幼枝、叶柄和总花梗均被淡黄褐色、开展的长糙毛和短柔毛，并疏生腺毛，或全然无毛；老枝棕色。双花单生于叶腋或少数集生枝端成总花序；花冠先白色后变淡黄色，外被开展的长、短糙毛和腺毛或全然无毛，唇形，筒细，超过唇瓣，内有柔毛，上唇裂片矩圆形或卵状矩圆形，内面有柔毛；雄蕊与花冠几等高，花丝无毛；花柱稍超出花冠，无毛。果实蓝黑色，卵圆形；种子褐色，稍扁，卵圆形或矩圆形。花期 5~7，果期 9~10 月。

生境：生于山谷溪旁或向阳山坡灌丛或林中，海拔 550~2200 米。

药用价值：清热解毒。主温病发热，热毒血痢，痈肿疔疮，喉痹及多种感染性疾病。

园林应用：可在坡耕地或退耕还林地种植。选择庭院空地进行种植起到美化作用。

3　二翅六道木 *Abelia macrotera* (Graebn. et Buchw.) Rehd.

科属：忍冬科糯米条属

形态特征：落叶灌木，高 1~2 米。幼枝红褐色，光滑。叶卵形至椭圆状卵形，顶端渐尖或长渐尖，基部钝圆或阔楔形至楔形，边缘具疏锯齿及睫毛，上面绿色，叶脉下陷，疏生短柔毛，下面灰绿色，中脉及侧脉基部密生白色柔毛。聚伞花序常由未伸展的带叶花枝所构成，含数朵花，生于小枝顶端或上部叶腋；花大；苞片红色，披针形；小苞片3枚，卵形，疏被长柔毛；花冠浅紫红色，漏斗状；花柱与花冠筒等长，柱头头状。花期5~6月，果期8~10月。

生境：生于海拔950~1000米的路边灌丛。

药用价值：根、枝、叶，祛风湿，消肿毒。用于风湿关节痛，跌打损伤。

园林应用：制作观叶观花盆景的好材料。叶密集鲜绿，花冠幽雅整洁，耐修剪，为优良的行道和绿篱树种。

4 忍冬 *Lonicera japonica* Thunb. var. *japonica*

科属：忍冬科忍冬属

形态特征：半常绿藤本植物。幼枝洁红褐色，密被黄褐色、开展的硬直糙毛、腺毛和短柔毛，下部常无毛。总花梗通常单生于小枝上部叶腋，与叶柄等长或稍较短；萼筒无毛，萼齿卵状三角形或长三角形，顶端尖而有长毛，外面和边缘都有密毛；花冠白色，有时基部向阳面呈微红，后变黄色，唇形，筒稍长于唇瓣；雄蕊和花柱均高出花冠。果实圆形，熟时蓝黑色，有光泽；种子卵圆形或椭圆形，褐色，中部有1凸起的脊，两侧有浅的横沟纹。花期4~6月（秋季亦常开花），果期10~11月。

生境：生于山坡灌丛或疏林中、乱石堆、山足路旁及村庄篱笆边，海拔最高达1500米。

药用价值：主温病发热，热毒血痢，痈肿疔疮，喉痹及多种感染性疾病。

园林应用：可利用其缠绕性制作花廊、花架、花栏、花柱以及缠绕假山石等。

5 淡红忍冬 *Lonicera acuminata* Wall.

科属：忍冬科忍冬属

形态特征：落叶或半常绿藤本。双花在小枝顶集合成近伞房状花序或单生于小枝上部叶腋，总花梗长4~23毫米；苞片钻形，比萼筒短或略较长，有少数短糙毛或无毛；小苞片宽卵形或倒卵形；萼筒椭圆形或倒壶形，无毛或有短糙毛，萼齿卵形、卵状披针形至狭披针形或有时狭三角形；花冠黄白色而有红晕，漏斗状；雄蕊略高出花冠，花丝基部有短糙毛；花柱除顶端外均有糙毛。果实蓝黑色，卵圆形；种子椭圆形至矩圆形，稍扁，有细凹点，两面中部各有1凸起的脊。花期6月，果期10~11月。

生境：生于山坡和山谷的林中、林间空旷地或灌丛中，海拔500~3200米。

药用价值：花有清热解毒之功效。主治温病发热，热毒血痢，痈肿疔疮，喉痹及多种感染性疾病。

园林应用：适合作园林中的花篱、栅栏、萝架栽培，老桩可制作盆景。

6 刚毛忍冬 *Lonicera hispida* Pall. ex Roem. et Schult.

科属：忍冬科忍冬属

形态特征：落叶灌木，高达 2~3 米。幼枝常带紫红色，连同叶柄和总花梗均具刚毛或兼具微糙毛和腺毛，很少无毛，老枝灰色或灰褐色。总花梗长 0.5~2 厘米；苞片宽卵形，长 1.2~3 厘米，有时带紫红色，毛被与叶片同；相邻两萼筒分离，常具刚毛和腺毛，稀无毛；萼檐波状；花冠白色或淡黄色，漏斗状，近整齐，长 1.5~3 厘米，外面有短糙毛或刚毛或几无毛，有时夹有腺毛，筒基部具囊，裂片直立，短于筒；雄蕊与花冠等长；花柱伸出，至少下半部有糙毛。果实先黄色后变红色，卵圆形至长圆筒形，长 1~1.5 厘米；种子淡褐色，矩圆形，稍扁，长 4~4.5 毫米。花期 5~6 月，果期 7~9 月。

生境：生长在海拔 1700~4800 米的山坡林中、林缘灌丛中或高山草地上。

药用价值：刚毛忍冬的嫩枝、叶可清热解毒，舒筋通络，用于湿痹痛。花蕾用于疔疮肿。果实可清肝明目。

园林应用：可作盆景观赏。

7 华西忍冬 *Lonicera webbiana* Wall. ex DC.

科属：忍冬科忍冬属

形态特征：落叶灌木，高达 3~4 米。幼枝常秃净或散生红色腺，老枝具深色圆形小凸起。冬芽外鳞片约 5 对，顶突尖，内鳞片反曲。相邻两萼筒分离，无毛或有腺毛，萼齿微小，顶钝、波状或尖；花冠紫红色或绛红色，很少白色或由白变黄色，长 1 厘米左右，唇形，外面有疏短柔毛和腺毛或无毛，筒甚短，基部较细，具浅囊，向上突然扩张，上唇直立，具圆裂，下唇比上唇长 1/3，反曲；雄蕊长约等于花冠，花丝和花柱下半部有柔毛。果实先红色后转黑色，圆形，直径约 1 厘米；种子椭圆形，长 5~6 毫米，有细凹点。花期 5~6 月，果期 8 月中旬至 9 月。

生境：生于针、阔叶混交林、山坡灌丛中或草坡上，海拔 1800~4000 米。

药用价值：活血调经。

园林应用：可作为园林垂直绿化材料开发应用。

8 亮叶忍冬 *Lonicera ligustrina* var. *yunnanensis*

科属：忍冬科忍冬属

形态特征：叶革质，近圆形至宽卵形，有时卵形、矩圆状卵形或矩圆形，顶端圆或钝。花较小，花冠长 4~7 毫米，筒外面密生红褐色短腺毛。种子长约 2 毫米。花期 4~6 月，果期 9~10 月。

生境：生于山谷林中，海拔 1600~3000 米。

药用价值：叶可清热解毒、舒筋通络，用于湿痹痛。

园林应用：株形美观，适合绿地、公园等路边、山石边片植绿化，也可作地被植物。

9　短序荚蒾 *Viburnum brachybotryum* Hemsl.

科属：忍冬科荚蒾属

形态特征：常绿灌木或小乔木，高可达 8 米。幼枝、芽、花序、萼、花冠外面、苞片和小苞片均被黄褐色簇状毛。小枝黄白色或有时灰褐色，散生凸起的圆形皮孔。圆锥花序通常尖形，顶生或常有一部分生于腋出、无叶的退化短枝上，成假腋生状，直立或弯垂；萼筒筒状钟形；花冠白色，辐状；雄蕊花药黄白色，宽椭圆形；柱头头状 3 裂，远高出萼齿。果实鲜红色，卵圆形，顶端渐尖，基部圆形，长约 1 厘米，直径约 6 毫米，常有毛；核卵圆形或长卵形，稍扁，顶端渐尖。花期 1~3 月，果期7~8 月。

生境：生于山谷密林或山坡灌丛中，海拔 400~1900 米

药用价值：根可清热止痒、祛风除湿，用于风湿关节痛、跌打损伤。叶用于皮肤瘙痒。花用于风热咳喘。

园林应用：可作庭院垂直绿化材料。

10　合轴荚蒾 *Viburnum sympodiale* Graebn.

科属：忍冬科荚蒾属

形态特征：落叶灌木或小乔木，高可达 10 米。幼枝、叶下面脉上、叶柄、花序及萼齿均被灰黄褐色鳞片状或糠秕状簇状毛。二年生小枝红褐色，有时光亮，最后变灰褐色，无毛。聚伞花序，周围有大型、白色的不孕花，无总花梗；萼筒近圆球形，萼齿卵圆形；花冠白色或带微红，辐状，裂片卵形，长二倍于筒；雄蕊花药宽卵圆形，黄色；花柱不高出萼齿；不孕花直径 2.5~3厘米，裂片倒卵形，常大小不等。果实红色，后变紫黑色，卵圆形；核稍扁，有 1 条浅背沟和 1 条深腹沟。花期 4~5 月，果期 8~9 月。

生境：生于林下或灌丛中，海拔 800~2600 米。

药用价值：清热解毒，消积。外用于疮毒。

园林应用：可作垂直绿化材料。

11　巴东荚蒾 *Viburnum henryi* Hemsl.

科属：忍冬科荚蒾属

形态特征：灌木或小乔木，常绿或半常绿，高达 7 米。全株无毛或近无毛。当年小枝带紫褐色或绿色；二年生小枝灰褐色，稍有纵裂缝。圆锥花序顶生；萼筒筒状至倒圆锥筒状，萼檐波状或具宽三角形的齿；

花冠白色，辐状，裂片卵圆形；雄蕊与花冠裂片等长或略超出，花药黄白色，矩圆形；花柱与萼齿几等长，柱头头状。果实红色，后变紫黑色，椭圆形；核稍扁，椭圆形。花期6月，果期8~10月。

生境：生于山谷密林中或湿润草坡上，海拔900~2600米。

药用价值：枝、叶入药主治清热解毒，疏风解表。用于疗疮发热，风热感冒，外用治过敏性皮炎。

园林应用：集叶花果为一树，实为观赏佳木，是制作盆景的良好素材。

二十九、石榴科

石榴 *Punica granatum* L.

科属：石榴科石榴属

形态特征：落叶灌木或乔木，高通常 3~5 米，稀达 10 米。枝顶常成尖锐长刺，幼枝具棱角，无毛，老枝近圆柱形。叶通常对生，纸质，矩圆状披针形，顶端短尖、钝尖或微凹，叶柄短。花大，1~5 朵生枝顶；萼筒通常红色或淡黄色，裂片略外展，卵状三角形，外面近顶端有 1 黄绿色腺体，边缘有小乳突；花瓣通常大，红色、黄色或白色，顶端圆形；花丝无毛；花柱长超过雄蕊。浆果近球形，通常为淡黄褐色或淡黄绿色，有时白色，稀暗紫色；种子多数，钝角形，红色至乳白色，肉质的外种皮供食用。

生境：生于海拔 300~1000 米的山上。

药用价值：果皮入药，称为石榴皮，味酸涩，性温，功能涩肠止血，治慢性下痢及肠痔出血等症。根皮可驱绦虫和蛔虫。

园林应用：可孤植或丛植于庭院，游园之角，对植于门庭之出处，列植于小道、溪旁、坡地、建筑物之旁，也宜做成各种桩景和供瓶插花观赏。

三十、鸭跖草科

1 鸭跖草 *Commelina communis* L.

科属：鸭跖草科鸭跖草属

形态特征：一年生草本。鸭跖草仅上部直立或斜伸，茎圆柱形，茎下部匍匐生根。叶互生，无柄，披针形至卵状披针形。小花每 3~4 一簇，由一绿色心形折叠苞片包被，着生在小枝顶端或叶腋处；花被 6 片，外轮 3 片，较小，膜质，内轮 3 片，中前方一片白色，后方两片蓝色，鲜艳。茹果椭圆形，2 室，有种子 4 粒。种子土褐色至深褐色，表面凹凸不平。靠种子繁殖。单子叶植物。

生境：生于路旁、田边、河岸、宅旁、山坡及林缘阴湿处。

药用价值：对麦粒肿、咽炎、扁桃腺炎、宫颈糜烂、腹蛇咬伤有良好疗效。

园林应用：或植于花台，或悬挂于走廊、屋檐下。也可植于湿地、疏林下或药草园。

2 饭包草 *Commelina benghalensis* Linnaeus

科属：鸭跖草科鸭跖草属

形态特征：多年生匍匐草本。茎上部直立，基部匍匐，被疏柔毛，匍匐茎的节上生根。佛焰苞片漏斗状而压扁，被疏毛，与上部叶对生或 1~3 枚聚生，无柄或柄极短；聚伞花序数朵，几不伸出苞片，花梗短；萼片膜质，披针形，无毛；花瓣蓝色；雄蕊 6，能育 3，花丝丝状，无毛；子房长圆形，具棱，无毛。蒴果椭圆形，膜质，具 5 颗种子；种子长近 2 毫米，有窝孔及皱纹，黑色。花期夏秋，果期 11~12 月。

生境：生于海拔 2300 米以下的湿地。

药用价值：清热解毒，利湿消肿。主治小便短赤涩痛、赤痢、疔疮。

园林应用：可盆栽作观赏植物，常栽培于庭园或温室。

三十一、锦葵科

1 锦葵 *Malva cathayensis* M. G. Gilbert, Y. Tang & Dorr

科属：锦葵科锦葵属

形态特征：二年生或多年生直立草本。分枝多，疏被粗毛。叶圆心形或肾形，具 5~7 圆齿状钝裂片，基部近心形至圆形，边缘具圆锯齿，两面均无毛或仅脉上疏被短糙伏毛；叶柄近无毛，但上面槽内被长硬毛；托叶偏斜，卵形，具锯齿，先端渐尖。花 3~11 簇生，花梗无毛或疏被粗毛；小苞片 3 枚，长圆形，先端圆形，疏被柔毛；萼状，萼裂片 5，宽三角形，两面均被星状疏柔毛；花紫红色或白色，花瓣 5，匙形，长 2 厘米，先端微缺，爪具髯毛；雄蕊柱长 8~10 毫米，被刺毛，花丝无毛；花柱分枝 9~11，被微细毛。果扁圆形，分果爿 9~11，肾形，被柔毛；种子黑褐色，肾形。

生境：适应性强，耐寒，耐干旱，其中砂质土壤最适宜。

药用价值：清热利湿，理气通便。用于大便不畅、脐腹痛、瘰疬、带下病。

园林应用：花供园林观赏，地植或盆栽均宜。

2 黄蜀葵 *Abelmoschus manihot* (L.) Medicus

科属：锦葵科秋葵属

形态特征：一年生或多年生草本，高 1~2 米。疏被长硬毛。叶掌状 5~9 深裂，裂片长圆状披针形，具粗钝锯齿，两面疏被长硬毛；叶柄长 6~18 厘米，疏被长硬毛；托叶披针形。花单生于枝端叶腋；小苞片 4~5 枚，卵状披针形，疏被长硬毛；萼佛焰苞状，5 裂，近全缘，较长于小苞片，被柔毛，果时脱落；花大，淡黄色，内面基部紫色，直径约 12 厘米；雄蕊柱长 1.5~2 厘米，花药近无柄；柱头紫黑色，匙状盘形。蒴果卵状椭圆形，被硬毛；种子多数，肾形，被柔毛组成的条纹多条。花期 8~10 月。

生境：常生于山谷草丛、田边或沟旁灌丛间。

药用价值：种子、根和花作药用。

园林应用：花大色美，栽培供地被观赏。

3 木芙蓉 *Hibiscus mutabilis* L.

科属：锦葵科木槿属

形态特征：落叶灌木或小乔木，高 2~5 米。小枝、叶柄、花梗和花萼均密被星状毛与直毛相混的细绵毛。叶宽卵形至圆卵形或心形，常 5~7 裂，裂片三角形，先端渐尖，具钝圆锯齿，上面疏被星状细毛和点，下面密被星状细绒毛；主脉 7~11 条；叶柄长 5~20 厘米；托叶披针形，常早落。花单生于枝端叶腋间，花梗长 5~8 厘米，近端具节；小苞片 8 枚，线形，密被星状绵毛，基部合生；萼钟形，裂片 5，卵形，渐尖头；花初开时白色或淡红色，后变深红色，花瓣近圆形，直径 4~5 厘米，外面被毛，基部具髯毛；雄蕊柱长 2.5~3 厘米，无毛；花柱枝 5，疏被毛。蒴果扁球形，被淡黄色刚毛和绵毛，分果爿 5；种子肾形，背面被长柔毛。花期 8~10 月。

生境：喜温暖、湿润环境，不耐寒，忌干旱，耐水湿。

药用价值：花叶供药用，有清肺、凉血、散热和解毒之效。

园林应用：多在庭园栽植，可孤植、丛植于墙边、路旁、厅前等处。特别宜于配植水滨。

4　木槿 *Hibiscus syriacus* L.

科属：锦葵科木槿属

形态特征：落叶灌木，高 3~4 米。小枝密被黄色星状绒毛。叶菱形至三角状卵形，具深浅不同的 3 裂或不裂；叶柄上面被星状柔毛；托叶线形，疏被柔毛。花单生于枝端叶腋间，花梗长 4~14 毫米，被星状短绒毛；小苞片 6~8 枚，线形，密被星状疏绒毛；花萼钟形，密被星状短绒毛，裂片 5，三角形；花钟形，淡紫色，花瓣倒卵形，外面疏被纤毛和星状长柔毛；雄蕊柱长约 3 厘米；花柱枝无毛。蒴果卵圆形，密被黄色星状绒毛；种子肾形，背部被黄白色长柔毛。花期 7~10 月。

生境：较耐干燥和贫瘠，对土壤要求不严格，尤喜光和温暖潮润的气候。

药用价值：入药治疗皮肤癣疮。

园林应用：是夏、秋季的重要观花灌木，南方多作花篱、绿篱；北方作庭园点缀及室内盆栽。对二氧二硫与氯化物等有害气体具有很强的抗性，同时还具有很强的滞尘功能，是有污染工厂的主要绿化树种。

三十二、胡桃科

1 化香树 *Platycarya strobilacea* Sieb. et Zucc.

科属：胡桃科化香树属

形态特征：落叶小乔木，高 2~6 米。树皮灰色，老时则不规则纵裂。两性花序和雄花序在小枝顶端排列成伞房状花序束，直立；两性花序通常 1 条，着生于中央顶端，雌花序位于下部，长 1~3 厘米，雄花序部分位于上部；雄花序通常 3~8 条，位于两性花序下方四周；花被 2 枚，位于子房两侧并贴于子房，顶端与子房分离，背部具翅状的纵向隆起，与子房一同增大。果序球果状，卵状椭圆形至长椭圆状圆柱形；宿存苞片木质，略具弹性；果实小坚果状，背腹压扁状，两侧具狭翅；种子卵形，种皮黄褐色，膜质。花期 5~6 月，果期 7~8 月。

生境：常生长在海拔 600~1300 米、有时达 2200 米的向阳山坡及杂木林中，也有栽培。

药用价值：活血行气，顺气祛风，消肿止痛，杀虫止痒。

园林应用：穗状花序，果序呈球果状，直立枝端经久不落，可作为点缀树种应用。

2 胡桃楸 *Juglans mandshurica* Maxim.

科属：胡桃科胡桃属

形态特征：乔木，高达 20 余米。枝条扩展，树冠扁圆形。树皮灰色，具浅纵裂。幼枝被有短茸毛。雄性茉荑花序长 9~20 厘米，花序轴被短柔毛；雄花具短花柄；苞片顶端钝，小苞片 2 枚位于苞片基部，花被片 1 枚位于顶端而与苞片重叠、2 枚位于花的基部两侧；雄蕊 12、稀 13 或 14，花药黄色，药隔急尖或微凹，被灰黑色细柔毛；雌花被有茸毛，下端被腺质柔毛，花被片披针形或线状披针形，被柔毛，柱头鲜红色，背面被贴伏的柔毛。果序俯垂，通常具 5~7 颗果实，序轴被短柔毛；果实球状、卵状或椭圆状，顶端尖，密被腺质短柔毛；内果皮壁内具多数不规则空隙，隔膜内亦具 2 空隙。花期 5 月，果期 8~9 月。

生境：多生于土质肥厚、湿润、排水良好的沟谷两旁或山坡的阔叶林中。

药用价值：敛肺平喘，温补肾阳，润肠通便。

园林应用：单植或丛植均可作观赏树种，是极具观赏价值的乡土绿化树种。

3 枫杨 *Pterocarya stenoptera* C. DC.

科属：胡桃科枫杨属

形态特征：大乔木，高达 30 米，胸径达 1 米。幼树树皮平滑，浅灰色，老时则深纵裂。小枝灰色至暗褐色，具灰黄色皮孔。雄性葇荑花序长 6~10 厘米，单独生于去年生枝条上叶痕腋内，花序轴常有稀疏的星芒状毛；雄花常具 1（稀 2 或 3) 枚发育的花被片，雄蕊 5~12；雌性葇荑花序顶生，花序轴密被星芒状毛及单毛，具 2 枚长达 5 毫米的不孕性苞片；雌花几乎无梗，苞片及小苞片基部常有细小的星芒状毛，并密被腺体。果序轴常被有宿存的毛；果实长椭圆形，基部常有宿存的星芒状毛；果翅狭，条形或阔条形，具近于平行的脉。花期 4~5 月，果期 8~9 月。

生境：生于海拔 1500 米以下的沿溪涧河滩、阴湿山坡地的林中。

药用价值：可用于治疗创伤、灼伤、神经性皮炎，具有抑菌消炎、祛风止痛、清热解毒的效果。

园林应用：广泛栽植作园庭树或行道树。

4 胡桃 *Juglans regia* L.

科属：胡桃科胡桃属

形态特征：乔木，高达 20~25 米。树干较别的种类矮，树冠广阔。树皮幼时灰绿色，老时则灰白色而纵向浅裂。雄性葇荑花序下垂；雄花的苞片、小苞片及花被片均被腺毛；雄蕊 6~30，花药黄色，无毛；雌性穗状花序通常具 1~4 雌花；雌花的总苞被极短腺毛，柱头浅绿色。果序短，杞俯垂，具 1~3 颗果实；果实近于球状，无毛；果核稍具皱曲，有 2 条纵棱，顶端具短尖头；隔膜较薄，内里无空隙；内果皮壁内具不规则的空隙或无空隙而仅具皱曲。花期 5 月，果期 10 月。

生境：生于海拔 400~1800 米之山坡及丘陵地带。

药用价值：破血祛瘀，用于血滞经闭、血瘀腹痛、蓄血发狂、跌打瘀能等病症。

园林应用：叶大荫浓，且有清香，可用作庭荫树及行道树。

三十三、凤仙花科

1　凤仙花 *Impatiens balsamina* L.

科属： 凤仙花科凤仙花属

形态特征： 一年生草本，高 60~100 厘米。茎粗壮，肉质，直立。不分枝或有分枝具多数纤维状根，下部节常膨大。花单生或 2~3 簇生于叶腋，无总花梗，白色、粉红色或紫色，单瓣或重瓣；花梗密被柔毛；苞片线形，位于花梗的基部；侧生萼片 2 片，卵形或卵状披针形，长 2~3 毫米，唇瓣深舟状，被柔毛，基部急尖成长 1~2.5 厘米内弯的距；雄蕊 5，花丝线形，花药卵球形，顶端钝；子房纺锤形，密被柔毛。蒴果宽纺锤形，长 10~20 毫米，两端尖，密被柔毛；种子多数，圆球形，黑褐色。花期 7~10 月。

生境： 我国各地庭园广泛栽培，为常见的观赏花卉。

药用价值： 花入药，可活血消胀，治跌打损伤。

园林应用： 美化花坛、花境的常用材料，可丛植、群植和盆栽，也可作切花水养。

2　峨眉凤仙花 *Impatiens omeiana* Hook. f.

科属： 凤仙花科凤仙花属

形态特征： 直立草本，高 30~50 厘米。叶互生，常密生于茎上部，披针形或卵状矩圆形，先端渐尖，基部楔形，边缘有粗圆齿，齿间有小刚毛，侧脉 5~7 对；叶柄长达 4~5 厘米。总花梗顶生，花 5~8 朵排成总状花序；花梗细，基部有 1 卵状矩圆形苞片；花大，黄色；侧生萼片 4 片，外面 2 片斜卵形，内面 2 片镰刀形；翼瓣无柄，2 裂，基部裂片近方形，上部裂片较长，斧形，先端圆，背面的耳宽；唇瓣漏斗状，基部延成卷曲的短距；子房纺锤形。花期 8~9 月。

生境： 生于灌木林下或林缘，海拔 900~1000 米。

药用价值： 活血通经，祛风止痛，外用解毒。

园林应用： 常用于花坛、花镜，或丛植、群植于园林。也可盆栽观赏。

三十四、桔梗科

1 桔梗 *Platycodon grandiflorus* (Jacq.) A. DC.

科属：桔梗科桔梗属

形态特征：草本。茎高 20~120 厘米，通常无毛，偶密被短毛，不分枝，极少上部分枝。叶全部轮生。花单朵顶生，或数朵集成假总状花序，或有花序分枝而集成圆锥花序；花萼筒部半圆球状或圆球状倒锥形，被白粉，裂片三角形，或狭三角形，有时齿状；花冠大，蓝色或紫色。蒴果球状，或球状倒圆锥形，或倒卵状。花期 7~9 月。

生境：生于海拔 2000 米以下的阳处草丛、灌丛中，少生于林下。

药用价值：其根可入药，有止咳祛痰、宣肺、排脓等作用。

园林应用：可作地被观赏。

2 铜锤玉带草 *Lobelia nummularia* Lam.

科属：桔梗科铜锤玉带属

形态特征：草本。茎平卧，无毛，节上生根。叶互生，叶片卵形或宽卵形，宽约 4.5 毫米，膜质，两端钝，边缘有细圆齿和散生的缘毛，近无柄。花单生叶腋，花梗远长于叶片；花萼筒窄陀螺状，近无毛，裂片条状披针形，先端钝，边缘生睫毛；花冠长 7.5 毫米，上唇裂片匙状长矩圆形，先端钝，下唇 3 裂，裂片长矩圆形，先端稍钝；花药管长 1.8 毫米，前端具短的刚毛。花期 7 月。

生境：生于海拔 1300 米以下的潮湿稻田边。

药用价值：全草供药用，治风湿、跌打损伤等。

园林应用：在果园中种植铜锤玉带草可有效降低果园杂草的发生密度。

3　丝裂沙参 *Adenophora capillaris* Hemsl.

科属：桔梗科沙参属

形态特征：草本。茎单生。茎生叶常为卵形，卵状披针形，少为条形，顶端渐尖，全缘或有锯齿，无毛或有硬毛。花序具长分枝，常组成大而疏散的圆锥花序，少为狭圆锥花序，更少仅数花集成假总状花序，花序梗和花梗常纤细如丝；花萼筒部球状，少为卵状；花冠细，近于筒状或筒状钟形，白色、淡蓝色或淡紫色，裂片狭三角形，长 3~4 毫米；花盘细筒状，常无毛，花柱长 20~25 毫米。蒴果多为球状，极少为卵状。

生境：喜温暖或凉爽气候，耐寒。

药用价值：药用部位为该种的根，有清热养阴、润肺止咳之功效。

园林应用：可作园林地被植物开发应用。

4　川党参 *Codonopsis pilosula* subsp. *tangshen* (Oliver) D. Y. Hong

科属：桔梗科党参属

形态特征：植株除叶片两面密被微柔毛外，全体几近于光滑无毛。花单生于枝端，与叶柄互生或近于对生；花有梗；花萼几乎完全不贴生于子房上，几乎全裂，裂片矩圆状披针形，顶端急尖，微波状或近于全缘；花冠上位，与花萼裂片着生处相距约 3 毫米，钟状，淡黄绿色而内有紫斑，浅裂，裂片近于正三角形；花丝基部微扩大，花药长 4~5 毫米；子房对花冠言为下位。蒴果下部近于球状，上部短圆锥状；种子多数，椭圆状，无翼，细小，光滑，棕黄色。花果期 7~10 月。

生境：生于海拔 900~2300 米的山地林边灌丛中。

药用价值：用于脾胃虚弱、气血两亏、体倦无力、食少、口渴、泄泻、脱肛。

园林应用：可用于园林地被植物。

5　二色党参 *Codonopsis viridiflora* Maxim.

科属：桔梗科党参属

形态特征：多年生草本。有乳汁。花单朵顶生于主茎顶端，但常常上部分枝顶端也有花；花有梗；花萼贴生至子房中部，筒部半球状，无毛，有 10 条明显的辐射脉，裂片间湾缺宽钝，裂片卵形或三角状卵形，脉明显，近全缘或具波状锯齿，两面基部近于无毛，渐向顶端则有较密的白色短硬毛；花冠阔钟状，浅裂，花冠筒深红紫色，基部黄色，内面无毛，裂片近于圆形，微带黄色，顶端外侧有少许白色短硬毛；花丝基部微扩大，无毛，花药亦长约 5 毫米，无毛。蒴果下部半球状，上部圆锥状；种子椭圆状，无翼，细小，光滑，棕黄色。花果期 7~10 月。

生境：生于海拔 3100~4200 米的向阳草地及高山灌丛中。

药用价值：用于治疗脾肺虚弱、气短心悸、食少便溏、虚喘咳嗽、内热消渴等。

园林应用：可用于草地与丛林的交接地带、花境及花坛边缘栽植。

6　金钱豹 *Campanumoea javanica* Bl.

科属： 桔梗科金钱豹属

形态特征： 草质缠绕藤本。具乳汁。具胡萝卜状根。茎无毛，多分枝。叶对生，极少互生的，具长柄，叶片心形或心状卵形，边缘有浅锯齿，极少全缘的，无毛或有时背面疏生长毛。花单朵生叶腋，各部无毛，花萼与子房分离，5裂至近基部，裂片卵状披针形或披针形；花冠上位，白色或黄绿色，内面紫色，钟状，裂至中部；雄蕊5；柱头4~5裂，子房和蒴果5室。浆果黑紫色，紫红色，球状；种子不规则，常为短柱状，表面有网状纹饰。

生境： 生于海拔2400米以下的灌丛中及疏林中。

药用价值： 根入药，有清热、镇静之效，治神经衰弱等症。

园林应用： 适合家庭布置。宜作垂吊栽种长期布置于光线明亮的高处，任枝蔓下垂，布置于高脚花架上，或垂吊于长廊边、墙角等，亦可放置在桌上、花架上作盆栽布置。

7　轮钟花 *Cyclocodon lancifolius* (Roxburgh) Kurz

科属： 桔梗科轮钟花属

形态特征： 直立或蔓性草本。有乳汁。通常全部无毛。花通常单朵顶生兼腋生，有时3朵组成聚伞花序，花梗或花序梗长1~10厘米，花梗中上部或在花基部有一对丝状小苞片；花萼仅贴生至子房下部，裂片4~7枚，相互间远离，丝状或条形，边缘有分枝状细长齿；花冠白色或淡红色，管状钟形，5~6裂至中部，裂片卵形至卵状三角形；雄蕊5~6枚，花丝与花药等长，花丝基部宽而成片状，其边缘具长毛，花柱有或无毛，柱头4~6裂；子房4~6室。浆果球状，4~6室，熟时紫黑色，直径5~10毫米；种子极多数，呈多角体。花期7~10月。

生境： 生于海拔1500米以下的林中，灌丛中以及草地中。

药用价值： 根药用，无毒，甘而微苦，有益气补虚、祛瘀止痛之效。

园林应用： 可作为园林垂直绿化植物。

三十五、秋海棠科

1 **秋海棠** *Begonia grandis* Dry.

科属：秋海棠科秋海棠属

形态特征：多年生草本。根状茎近球形，具密集而交织的细长纤维状之根。花莛高 7.1~9 厘米，有纵棱，无毛；花粉红色，较多数；苞片长圆形，先端钝，早落；雄蕊多数，整个呈球形，花药倒卵球形，长约 0.9 毫米，先端微凹。蒴果下垂，果梗长 3.5 厘米，细弱，无毛；轮廓长圆形，无毛，具不等 3 翅，大的斜长圆形或三角长圆形；种子极多数，小，长圆形，淡褐色，光滑。花期 7 月开始，果期 8 月开始。

生境：生于山谷潮湿石壁上、溪旁密林石上、山沟边岩石上和灌丛中，海拔 100~1100 米。

药用价值：具有凉血止血，散瘀，调经之功效。

园林应用：用于布置夏天、秋花坛和草坪边缘。或点缀客厅、橱窗或装点家庭窗台、阳台、茶几等。

2 **美丽秋海棠** *Begonia algaia* L. B. Smith et D. C. Wasshausen

科属：秋海棠科秋海棠属

形态特征：多年生草本植物。根状茎长 4~11 厘米，红褐色，粗糙，节密，生出多数长短不等的纤维状之根。花莛疏被锈褐色卷曲毛；花通常带白的玫瑰色，4 朵，呈二歧聚伞状；苞片长圆状卵形，先端急尖；雄花的花梗长 4~4.5 厘米，无毛，花被片 4 枚，外面 2 枚；雄蕊多数，花丝长 1.8~2.2 厘米，基部合生，花药广椭圆形；子房长圆形，无毛，2 室，每室胎座具 2 裂片，花柱 2，长 8~9 毫米，近中部 2 裂，柱头外向螺旋状扭曲，并带刺状乳突。蒴果下垂；梗长约 5 厘米，无毛；轮廓卵球形，具 3 极不相等之翅，大的近直三角形，先端圆，有纵纹，无毛，小的半圆形，上部圆，无毛；种子极多数，小，长圆形，淡褐色，平滑。花期 6 月开始，果期 8 月。

生境：生于山谷水沟边阴湿处、山地灌丛中石壁上和河畔或阴山坡林下，海拔 320~800 米。

药用价值：具补血、凉血、止血的功效。

园林应用：点缀客厅、橱窗或装点家庭窗台、阳台、茶几等地方。

三十六、玄参科

1 松蒿 *Phtheirospermum japonicum* (Thunb.) Kanitz

科属：玄参科松蒿属

形态特征：一年生草本。茎直立或弯曲而后上升，通常多分枝。叶具长 5~12 毫米边缘有狭翅之柄，叶片长三角状卵形，近基部的羽状全裂，向上则为羽状深裂；小裂片长卵形或卵圆形，多少歪斜，边缘具重锯齿或深裂。花具长 2~7 毫米之梗，萼长 4~10 毫米，萼齿 5 枚，叶状，披针形，羽状浅裂至深裂，裂齿先端锐尖；花冠紫红色至淡紫红色，长 8~25 毫米，外面被柔毛；上唇裂片三角状卵形，下唇裂片先端圆钝；花丝基部疏被长柔毛。蒴果卵珠形，长 6~10 毫米；种子卵圆形，扁平，长约 1.2 毫米。花果期 6~10 月。

生境：生于海拔 150~1900 米之山坡灌丛阴处。

药用价值：全草入药，能清热利湿，主治湿热黄疸、水肿。

园林应用：花色艳丽，可作花境、地被或边坡美化。

2 大卫氏马先蒿 *Pedicularis davidii* Franch.

科属：玄参科马先蒿属

形态特征：多年生草本。干后稍变黑色，直立。总状花序顶生，伸长，疏稀，果时更为疏稀；苞片叶状，上部的比萼短，3 深裂；花梗短，纤细，密被短毛；萼膜质，卵状圆筒形而偏斜；花冠全部为紫色或红色，花管伸直，长约为萼的两倍，管外疏被短毛，盔的直立部分在自身的轴上扭旋两整转，复在含有雄蕊部分的基部强烈扭折，使其细长的喙指向后方，喙常卷成半环形；雄蕊着生于花管的上部，2 对花丝均被毛；子房卵状披针形，长约 3 毫米，柱头伸出于喙端。蒴果狭卵形至卵状披针形，两室极不等，但轮廓则几乎不偏斜，基部约 1/3 为膨大的宿萼所包，面略有细网纹，端有突尖。花期 6~8 月，果期 8~9 月。

生境：生于海拔 1750~3350 米的沟边，路旁及草坡上。

药用价值：滋阴补肾，益气健脾。

园林应用：花艳丽，可配置于花坛、花境。

3 管花马先蒿 *Pedicularis siphonantha* Don

科属：玄参科马先蒿属

形态特征：多年生草本；直立，一般高 20~35 厘米，高升的植株可达 60 厘米。干时不变黑色，草质。花全部腋生，在主茎上常直达基部而很密，在侧茎上则下部之花很疏远而使茎裸露；苞片完全叶状，向上渐小，几光滑或有长缘毛；萼近圆筒形，脉多而细，主脉两条稍稍较粗，没有网纹或近顶处稍有之，齿两枚；花冠玫瑰红色，管长多变，有细毛，盔的直立部分前缘有清晰的耳状凸起，端强烈扭折，使合有雄蕊部分顶向下而缘向上，后者略略膨大，前方渐细为卷成半环状的喙；柱头在喙端伸出。蒴果卵状长圆形，端几伸直而锐头。

生境：生于海拔 3500~4500 米的高山湿草地中。

药用价值：藏医药中用于治疗身体虚弱、肾虚、骨蒸劳热、关节疼痛、不思饮食等。

园林应用：可作园林地被植物。

4 泡桐 *Paulownia fortunei* (Seem.) Hemsl.

科属：玄参科泡桐属

形态特征：乔木，高达 30 米。树冠圆锥形，主干直。花序枝几无或仅有短侧枝，故花序狭长几成圆柱形，小聚伞花序有花 3~8，总花梗几与花梗等长，或下部者长于花梗，上部者略短于花梗；萼倒圆锥形，花后逐渐脱毛；花冠管状漏斗形，白色仅背面稍带紫色或浅紫色，长 8~12 厘米，管部在基部以上不突然膨大，而逐渐向上扩大，稍稍向前曲，外面有星状毛，腹部无明显纵褶，内部密布紫色细斑块。蒴果长圆形或长圆状椭圆形，宿萼开展或漏斗状，果皮木质，厚 3~6 毫米；种子连翅长 6~10 毫米。花期 3~4 月，果期 7~8 月。

生境：生于低海拔的山坡、林中、山谷及荒地，越向西南则分布越高，可达海拔 2000 米。

药用价值：根：祛风、解毒、消肿、止痛，用于筋骨疼痛、疮疡肿毒、红崩白带。果：化痰止咳，用于气管炎。

园林应用：树姿优美，花色美丽鲜艳，并有较强的净化空气和抗大气污染的能力，是城市和工矿区绿化的好树种。

5 肉果草 *Lancea tibetica* Hook. f. et Thoms.

科属：玄参科肉果草属

形态特征：多年生矮小草本。根状茎细长，可达 10 厘米，直径 2~3 毫米，横走或斜下，节上有一对膜质鳞片。叶 6~10 片，几成莲座状，倒卵形至倒卵状矩圆形或匙形，近革质，长 2~7 厘米，顶端钝。花 3~5 簇生或伸长成总状花序，苞片钻状披针形；花萼钟状，革质，长约 1 厘米，萼齿钻状三角形；花冠深蓝色或紫色，喉部稍带黄色或紫色斑点；雄蕊着生近花冠筒中部，花丝无毛；柱头扇状。果实卵状球形，红色至深紫色，被包于宿存的花萼内；种子多数，矩圆形，长约 1 毫米，棕黄色。花期 5~7 月，果期 7~9 月。

生境：生于海拔 2000~4500 米的草地，疏林中或沟谷旁。

药用价值：主治高血压、心脏病、哮喘、咳嗽、风寒湿痹、脉管炎、痈疖溃烂、疮疡久溃不愈。

园林应用：可作盆栽植物欣赏。

6　密蒙花 *Buddleja officinalis* Maxim.

科属：玄参科醉鱼草属

形态特征：灌木，高 1~4 米。小枝略呈四棱形，灰褐色。小枝、叶下面、叶柄和花序均密被灰白色星状短绒毛。花多而密集，组成顶生聚伞圆锥花序；小苞片披针形，被短绒毛；花萼钟状，花萼裂片三角形或宽三角形，顶端急尖或钝；花冠紫堇色，后变白色或淡黄白色，喉部桔黄色；雄蕊着生于花冠管内壁中部，花丝极短，花药长圆形，黄色，基部耳状，内向，2 室；雌蕊长 3.5~5 毫米，子房卵珠状，中部以上至花柱基部被星状短绒毛，花柱长，柱头棍棒状。蒴果椭圆状，2 瓣裂，外果皮被星状毛，基部有宿存花被；种子多颗，狭椭圆形，两端具翅。花期 3~4 月，果期 5~8 月。

生境：生于海拔 200~2800 米向阳山坡、河边、村旁的灌木丛中或林缘。

药用价值：全株供药用，花有清热利湿、明目退翳之功效。

园林应用：在我国南方地区是一种庭院观赏植物。

7　巴东醉鱼草 *Buddleja albiflora* Hemsl.

科属：玄参科醉鱼草属

形态特征：灌木，高 1~3 米。枝条圆柱形或近圆柱形；小枝、叶柄、花序、花萼外面和花冠外面均在幼时被星状毛和腺毛，后变无毛。圆锥状聚伞花序顶生；花梗短，被长硬毛；花萼钟状；花冠淡紫色，后变白色，喉部橙黄色，芳香，内面仅在花冠管内壁中部以上或喉部被长髯毛，花冠管长约 5 毫米，花冠裂片近圆形；雄蕊着生于花冠管喉部，花丝极短，花药长圆形，基部心形；子房卵形，无毛，柱头棍棒状。蒴果长圆状，无毛；种子褐色，条状梭形，两端具长翅。花期 2~9 月，果期 8~12 月。

生境：生于海拔 500~2800 米的山地灌木丛中或林缘。

药用价值：用于风湿麻木、关节炎、风寒感冒、跌打损伤、黄疸型肝炎。

园林应用：为公园常见优良观赏植物。

8　大叶醉鱼草 *Buddleja davidii* Fr.

科属：玄参科醉鱼草属

形态特征：灌木，高 1~5 米。小枝外展而下弯，略呈四棱形；幼枝、叶片下面、叶柄和花序均密被灰白色星状短绒毛。总状或圆锥状聚伞花序，顶生；花梗长 0.5~5 毫米；小苞片线状披针形，长 2~5 毫来；花萼钟状，膜质；花冠淡紫色，后变黄白

色至白色，喉部橙黄色，芳香；雄蕊着生于花冠管内壁中部，花丝短，花药长圆形，基部心形；子房卵形。蒴果狭椭圆形或狭卵形；种子长椭圆形，两端具尖翅。花期5~10月，果期9~12月。

　　生境：生于海拔800~3000米的山坡、沟边灌木丛中。

　　药用价值：用于风湿关节疼痛，跌打损伤，骨折。外用治脚癣。

　　园林应用：枝条柔软多姿，花美丽而芳香，是优良的庭园观赏植物。

9　白背枫 *Buddleja asiatica* Lour.

　　科属：玄参科醉鱼草属

　　形态特征：直立灌木或小乔木，高1~8米。总状花序窄而长，由多个小聚伞花序组成，单生或者3至数个聚生于枝顶或上部叶腋内，再排列成圆锥花序；花梗长0.2~2毫米；花冠芳香，白色，有时淡绿色，花冠管圆筒状，直立，外面近无毛或被稀疏星状毛，内面仅中部以上被短柔毛或绵毛，花冠裂片近圆形；雄蕊着生于花冠管喉部，花丝极短，花药长圆形，基部心形，花粉粒长球状，具3沟孔；雌蕊长2~3毫米，无毛，子房卵形或长卵形，花柱短，柱头头状，2裂。蒴果椭圆状；种子灰褐色，椭圆形，两端具短翅。花期1~10月，果期3~12月。

　　生境：生于海拔200~3000米向阳山坡灌木丛中或疏林缘。

　　药用价值：用于妇女产后头风痛、胃寒作痛，风湿关节痛，跌打损伤，骨折。

　　园林应用：优良的水土保持植物。亦可供春节切花之用。

10　毛蕊老鹳草 *Geranium platyanthum* Duthie

　　科属：玄参科毛蕊花属

　　形态特征：多年生草本，高30~80厘米。根茎短粗，直生或斜生，上部围残存基生托叶，下部具束生纤维状肥厚块根或肉质细长块根。花序通常为伞形聚伞花序，顶生或有时腋生，长于叶，被开展的糙毛和腺毛，总花梗具2~4花；苞片钻状；萼片长卵形或椭圆状卵形；花瓣淡紫红色，宽倒卵形或近圆形，经常向上反折，长10~14毫米，宽8~10毫米，具深紫色脉纹，先端呈浅波状，基部具短爪和白色糙毛；雄蕊长为萼片的1.5倍，花丝淡紫色。蒴果长约3厘米，被开展的短糙毛和腺毛；种子肾圆形，灰褐色，长约2毫米，宽约1.5毫米。花期6~7月，果期8~9月。

　　生境：生于山坡草地、河岸草地，海拔1400~3200米。

　　药用价值：清热解毒，止血散瘀。

　　园林应用：适宜作花境材料，也可群植于林缘隙地。盆花、花坛及大型容器栽培、风景园林和花园地栽。

11　美穗草 *Veronicastrum brunonianum* (Benth.) Hong

　　科属：玄参科腹水草属

　　形态特征：根状茎长达10厘米；茎直立，圆柱形，有狭棱，中下部无毛，或仅棱上有毛，上部和花

序轴密生多节的腺毛。花序顶生，常单生，偶然茎上部分枝发育而花序复出，长尾状；花冠白色、黄白色、绿黄色至橙黄色，向前作 30° 角的弓曲，筒部内面上端被毛，檐部长 2~3 毫米，上唇 3 个裂片的中央裂片卵圆形，伸直或多少呈罩状，两侧裂片直立或向侧后翻卷，下唇条状披针形，反折；雄蕊伸出，花丝被毛，花药长达 2.5 毫米。蒴果卵圆状，长约 4 毫米；种子具棱角，有透明而网状的厚种皮。花期 7~8 月。

生境：生于海拔 1500~3000 米的山谷、阴坡草地及林下。

药用价值：消炎，解毒，止咳化痰，降气平喘，消肿止痛。

园林应用：可作园林地被植物。

12 母草 *Lindernia crustacea* (L.) F. Muell

科属：玄参科母草属

形态特征：草本，高 10~20 厘米。根须状。常铺散成密丛，多分枝，枝弯曲上升，微方形有深沟纹，无毛。叶柄长 1~8 毫米；叶片三角状卵形或宽卵形，长 10~20 毫米，宽 5~11 毫米，顶端钝或短尖，基部宽楔形或近圆形，边缘有浅钝锯齿，上面近于无毛，下面沿叶脉有稀疏柔毛或近于无毛。花单生于叶腋或在茎枝之顶成极短的总状花序，花梗细弱，长 5~22 毫米，有沟纹，近于无毛；花萼坛状，成腹面较深，而侧、背均开裂较浅的 5 齿，齿三角状卵形，中肋明显，外面有稀疏粗毛；花冠紫色；雄蕊 4，全育，2 强；花柱常早落。蒴果椭圆形，与宿萼近等长；种子近球形，浅黄褐色，有明显的蜂窝状瘤突。花果期全年。

生境：生于田边、草地、路边等低湿处。

药用价值：全草可药用。

园林应用：可作园林地被植物。

三十七、蓝果树科

喜树 *Camptotheca acuminata* Decne.

科属：蓝果树科喜树属

形态特征：落叶乔木，高达 20 余米。树皮灰色或浅灰色，纵裂成浅沟状。头状花序近球形，常由 2~9 个头状花序组成圆锥花序，顶生或腋生，通常上部为雌花序，下部为雄花序，总花梗圆柱形，幼时有微柔毛，其后无毛；花杂性，同株；苞片 3 枚，三角状卵形，内外两面均有短柔毛；花萼杯状，5 浅裂，裂片齿状，边缘睫毛状；花瓣 5 片，淡绿色，矩圆形或矩圆状卵形，顶端锐尖，外面密被短柔毛，早落；花盘显著，微裂；雄蕊 10，外轮 5 枚较长，常长于花瓣，内轮 5 枚较短，花丝纤细，

无毛，花药 4 室；子房在两性花中发育良好，下位，花柱无毛，顶端通常分 2 枝。翅果矩圆形，顶端具宿存的花盘，两侧具窄翅，幼时绿色，干燥后黄褐色，着生成近球形的头状果序。花期 5~7 月，果期 9 月。

生境：生于海拔 1000 米以下的林边或溪边。

药用价值：树根可药用。

园林应用：是优良的行道树和庭荫树。

三十八、藜芦科

北重楼 *Paris verticillata* M.–Bieb.

科属：藜芦科重楼属

形态特征：植株高 25~60 厘米。根状茎细长。花梗长 4.5~12 厘米；外轮花被片绿色，极少带紫色，叶状，通常 4~5 枚，纸质，平展，倒卵状披针形、矩圆状披针形或倒披针形，先端渐尖，基部圆形或宽楔形；内轮花被片黄绿色，条形，长 1~2 厘米；花药长约 1 厘米，花丝基部稍扁平，长 5~7 毫米；药隔突出部分长 6~10 毫米；子房近球形，紫褐色，顶端无盘状花柱基，花柱具 4~5 分枝，分枝细长，并向外反卷，比不分枝部分长 2~3 倍。蒴果浆果状，不开裂，直径约 1 厘米，具种子。花期 5~6 月，果期 7~9 月。

生境：生于山坡林下、草丛、阴湿地或沟边，海拔 1100~2300 米。

药用价值：根状茎具有药用价值，有小毒。清热解毒，散瘀消肿。用于高热抽搐、咽喉肿痛、痈疖肿毒、毒蛇咬伤。

园林应用：可配置于花坛。

三十九、樟科

1　香叶树 *Lindera communis* Hemsl.

科属：樟科山胡椒属

形态特征：常绿灌木或小乔木。树皮淡褐色。伞形花序具5~8朵花，单生或二个同生于叶腋，总梗极短；总苞片4枚，早落；雄花黄色，略被金黄色微柔毛；花被片6枚，卵形，近等大，先端圆形，外面略被金黄色微柔毛或近无毛；雄蕊9；退化雌蕊的子房卵形；雌花黄色或黄白色，花梗长2~2.5毫米；花被片6枚，卵形，外面被微柔毛；退化雄蕊9，条形；子房椭圆形，无毛，花柱长2毫米，柱头盾形，具乳突。果卵形，也有时略小而近球形，无毛，成熟时红色。花期3~4月，果期9~10月。

生境：常见于干燥砂质土壤，散生或混生于常绿阔叶林中。

药用价值：枝叶入药，民间用于治疗跌打损伤及牛马癣疥等。

园林应用：在瘠薄的坡地上密植，是较好的水土保持树种。在公路中间隔离带种植，剪顶保持一定高度，郁闭性好。

2　绒毛钓樟 *Lindera floribunda* (Allen) H. P. Tsui

科属：樟科山胡椒属

形态特征：常绿乔木，高4~10米。叶互生，倒卵形或椭圆形，先端渐尖，坚纸质，上面绿色，无光泽，下面灰蓝白色。伞形花序3~7腋生于极短枝上；总苞片4枚，外面被有银白色柔毛，内有花五朵；雄花花被片6枚，椭圆形；雄蕊9，花丝被毛，基部以上有一对肾形腺体；退化子房圆卵形，连同花柱密被柔毛，柱头盘状；雌花小，花被片近等长，仅长1毫米，宽不及半毫米；退化雄蕊9，等长，条片形，被疏柔毛，第一、二轮的花药部分稍扩大，第三轮中部以上有1对圆肾形腺体，子房椭圆形，连同花柱密被银白色绢毛，柱头盘状二裂。果椭圆形，幼果时被绒毛；果梗短；果托盘状膨大。花期3~4月，果期4~8月。

生境：生于海拔370~1300米的山坡、河旁混交林或杂木林中。

药用价值：根药用，性温，味辛，可止血、消肿、止痛。治胃气痛、疥癣、风疹、刀伤出血。

园林应用：作为中层林冠，耐阴、耐修剪，可作高3~5米的绿篱墙或路中央的隔离带，是较好的景观绿化树种。

3　黑壳楠 *Lindera megaphylla* Hemsl.

科属：樟科山胡椒属

形态特征：常绿乔木。树皮灰黑色。伞形花序多花，通常着生于叶腋长3.5毫米具顶芽的短枝上，两侧各 1，具总梗；雄花序总梗长 1~1.5 厘米，雌花序总梗长 6 毫米，两者均密被黄褐色或有时近锈色微柔毛，内面无毛；雄花黄绿色，具梗；花梗长约 6 毫米，密被黄褐色柔毛；花被片 6 枚，椭圆形；花丝被疏柔毛，第三轮的基部有二个长达 2 毫米具柄的三角漏斗形腺体。果梗长 1.5 厘米，向上渐粗壮，粗糙，散布有明显栓皮质皮孔；宿存果托杯状，全缘，略成微波状。花期 2~4 月，果期 9~12 月。

生境：生于山坡、谷地湿润常绿阔叶林或灌丛中，海拔 1600~2000 米处。

药用价值：祛风除湿，温中行气，消肿止痛。

园林应用：树干通直，树冠圆整，枝叶浓密，可作园林绿化树种。

4 木姜子 *Litsea pungens* Hemsl.

科属：樟科木姜子属

形态特征：落叶小乔木，高 3~10 米。树皮灰白色。幼枝黄绿色，被柔毛，老枝黑褐色，无毛。顶芽圆锥形，鳞片无毛。叶互生，常聚生于枝顶，披针形或倒卵状披针形。伞形花序腋生；总花梗长 5~8 毫米，无毛；每一花序有雄花 8~12，先叶开放；花梗长 5~6 毫米，被丝状柔毛；花被裂片 6，黄色，倒卵形，外面有稀疏柔毛；能育雄蕊 9，花丝仅基部有柔毛，第 3 轮基部有黄色腺体，圆形；退化雌蕊细小，无毛。果球形，成熟时蓝黑色；果梗长 1~2.5 厘米，先端略增粗。花期 3~5 月，果期 7~9 月。

生境：生于溪旁和山地阳坡杂木林中或林缘，海拔 800~2300 米。

药用价值：根、茎、叶和果实均可入药，有祛风散寒、消肿止痛之效。

园林应用：可作为园林行道树。

5 润楠 *Machilus nanmu* (Oliver) Hemsley

科属：樟科润楠属

形态特征：乔木，高 40 米或更高，胸径 40 厘米。当年生小枝黄褐色，一年生枝灰褐色，均无毛，干时通常蓝紫黑色。顶芽卵形，鳞片近圆形，外面密被灰黄色绢毛，近边缘无毛，浅棕色。叶椭圆形或椭圆状倒披针形，有灰黄色小柔毛，在上端分枝，总梗长 3~5 厘米；花梗纤细，长 5~7 毫米。花小带绿色，长约 3 毫米，直径 4~5 毫米；花被裂片长圆形，外面有绢毛，内面绢毛较疏，有纵脉 3~5 条，第三轮雄蕊的腺体戟形，有柄，退化雄蕊基部有毛；子房卵形，花柱纤细，均无毛，柱头略扩大。果扁球形，黑色，直径 7~8 毫米。花期 4~6 月，果期 7~8 月。

生境：孤立木或生于林中，海拔 1000 米或以下。

药用价值：茎、叶、皮药用，治霍乱、吐泻不止、抽筋及足肿。

园林应用：树干雄伟挺拔，出材率高。木材优良，为特殊建筑用材的优良用材树种。

四十、紫金牛科

百两金 *Ardisia crispa* (Thunb.) A. DC.

科属：紫金牛科紫金牛属

形态特征：灌木。具匍匐生根的根茎。亚伞形花序，着生于侧生特殊花枝顶端，花枝长5~10厘米，通常无叶；花梗长1~1.5厘米，被微柔毛；花瓣白色或粉红色，卵形，长4~5毫米，顶端急尖，外面无毛，里面多少被细微柔毛，具腺点；雄蕊较花瓣略短，花药狭长圆状披针形，背部无腺点或有；雌蕊与花瓣等长或略长，子房卵珠形，无毛。果球形，鲜红色，具腺点。花期5~6月，果期10~12月，有时植株上部开花，下部果熟。

生境：生于海拔100~2400米的山谷、山坡，疏、密林下或竹林下。

药用价值：叶有清热利咽、舒筋活血等功效，用于治咽喉痛、扁桃腺炎、肾炎水肿及跌打风湿等症。

园林应用：花色素雅，花蕊金黄，可作观花灌木。

四十一、桑科

1 无花果 *Ficus carica* L.

科属：桑科榕属

形态特征：落叶灌木，高 3~10 米。多分枝。树皮灰褐色，皮孔明显。小枝直立，粗壮。叶互生，厚纸质，广卵圆形，小裂片卵形，边缘具不规则钝齿，表面粗糙，背面密生细小钟乳体及灰色短柔毛，基部浅心形，基生侧脉 3~5 条，侧脉 5~7 对；托叶卵状披针形，红色。雌雄异株，雄花和瘿花同生于一榕果内壁，雄花生内壁口部，花被片 4~5 枚，雄蕊 3，有时 1 或 5，瘿花花柱侧生，短。榕果单生叶腋，大而梨形，顶部下陷，成熟时紫红色或黄色，基生苞片 3 枚，卵形；瘦果透镜状。花果期 5~7 月。

生境：喜光，耐旱。

药用价值：主治咽喉肿痛、燥咳声嘶、乳汁稀少、肠热便秘、食欲不振、消化不良、泄泻、痢疾、痈肿、癣疾。

园林应用：其叶片大，呈掌状裂，具有良好的吸尘效果，可与其他植物配置形成良好的防噪声屏障。是化工污染区绿化的好树种。此外，还可起到防风固沙、绿化荒滩的作用。

2 马桑 *Coriaria nepalensis* Wall.

科属：马桑科马桑属

形态特征：灌木，高 1.5~2.5 米。分枝水平开展，幼枝疏被微柔毛，后变无毛，常带紫色，老枝紫褐色，具显著圆形突起的皮孔。总状花序生于二年生的枝条上，雄花序先叶开放，多花密集，序轴被腺状微柔毛；花瓣极小，卵形，里面龙骨状；雄蕊 10，花药长圆形，具细小疣状体，药隔伸出，花药基部短尾状；不育雌蕊存在；苞片稍大，带紫色；花梗长 1.5~2.5 毫米；萼片与雄花同；花瓣肉质，较小，龙骨状；花柱长约 1 毫米，具小疣体，柱头上部外弯，紫红色，具多数小疣休。果球形，果期花瓣肉质增大包于果外，成熟时由红色变紫黑色；种子卵状长圆形。

生境：生于海拔 400~3200 米的灌丛中。

药用价值：具清热解毒、活血、祛风通络的功效。

园林应用：普遍作为荒山绿化树种，可在"三难地"种植，在土壤环境非常差的花岗岩、板岩、页岩、石灰岩、紫色岩都可栽种。

3　啤酒花 *Humulus lupulus* L.

科属：桑科葎草属

形态特征：多年生攀援草本。茎、枝和叶柄密生绒毛和倒钩刺。叶卵形或宽卵形，先端急尖，基部心形或近圆形，不裂或3~5裂，边缘具粗锯齿，表面密生小刺毛，背面疏生小毛和黄色腺点；叶柄长不超过叶片。雄花排列为圆锥花序，花被片与雄蕊均为5；雌花每两朵生于一苞片腋间；苞片呈覆瓦状排列为一近球形的穗状花序。果穗球果状；宿存苞片干膜质，果实增大，无毛，具油点；瘦果扁平，每苞腋1~2颗，内藏。花期秋季。

生境：我国各地多栽培。

药用价值：健胃消食，安神，利尿。用于消化不良、腹胀、浮肿、小便淋痛、肺痨、失眠。

园林应用：用于攀援花架或篱棚。雌花序可制干花。

四十二、鸢尾科

1 鸢尾 *Iris tectorum* Maxim.

科属：鸢尾科鸢尾属

形态特征：多年生草本。植株基部围有老叶残留的膜质叶鞘及纤维。花茎光滑，顶部常有1~2条短侧枝，中、下部有1~2枚茎生叶；苞片2~3枚，绿色，草质，边缘膜质，色淡，披针形或长卵圆形，顶端渐尖或长渐尖，内包含花1~2；花蓝紫色；花梗甚短；花被管细长，上端膨大成喇叭形，外花被裂片圆形或宽卵形，顶端微凹，爪部狭楔形，中脉上有不规则的鸡冠状附属物，成不整齐的繸状裂，内花被裂片椭圆形，花盛开时向外平展，爪部突然变细；雄蕊长约2.5厘米，花药鲜黄色；花柱分枝扁平，淡蓝色，顶端裂片近四方形，有疏齿，子房纺锤状圆柱形。蒴果长椭圆形或倒卵形，有6条明显的肋，成熟时自上而下3瓣裂；种子黑褐色，梨形，无附属物。花期4~5月，果期6~8月。

生境：生于向阳坡地、林缘及水边湿地。

药用价值：根状茎治关节炎、跌打损伤、食积、肝炎等症。

园林应用：花香气淡雅，可供观赏。对氟化物敏感，可用以鉴测环境污染。

2 唐菖蒲 *Gladiolus gandavensis* Van Houtte

科属：鸢尾科唐菖蒲属

形态特征：多年生草本。球茎扁圆球形，外包有棕色或黄棕色的膜质包被。花茎直立，不分枝，花茎下部生有数枚互生的叶；顶生穗状花序，每朵花下有苞片2枚，膜质，黄绿色，卵形或宽披针形，中脉明显；无花梗；花在苞内单生，两侧对称，有红、黄、白或粉红等色；花被管基部弯曲，花被裂片6，2轮排列，内、外轮的花被裂片皆为卵圆形或椭圆形；雄蕊3，直立，贴生于盔状的内花被裂片内，花药条形，红紫色或深紫色，花丝白色，着生在花被管上；花柱顶端3裂。蒴果椭圆形或倒卵形，成熟时室背开裂；种子扁而有翅。花期7~9月，果期8~10月。

生境：全国各地广为栽培。

药用价值：用于跌打损伤，咽喉肿痛。外用治腮腺炎、疮毒、淋巴结炎。

园林应用：唐菖蒲可作为切花、花坛或盆栽。人们对唐菖蒲的观赏，不仅在于其形其韵，而且更重视其内涵，为著名的观赏花卉。

3　蝴蝶花 *Iris japonica* Thunb.

科属：鸢尾科鸢尾属

形态特征：多年生草本。花茎直立，高于叶片；顶生稀疏总状聚伞花序；苞片叶状，3~5 枚，宽披针形或卵圆形，顶端钝，其中包含有花 2~4，花淡蓝色或蓝紫色；雄蕊长 0.8~1.2 厘米，花药长椭圆形，白色；花柱分枝较内花被裂片略短，中肋处淡蓝色，顶端裂片繸状丝裂，子房纺锤形。蒴果椭圆状柱形，顶端微尖，基部钝，无喙，6 条纵肋明显，成熟时自顶端开裂至中部；种子黑褐色，为木规则的多面体，无附属物。花期 3~4 月，果期 5~6 月。

生境：生于山坡较阴蔽而湿润的草地、疏林下或林缘草地，云贵高原一带常生于海拔 3000~3300 米处。

药用价值：用于肝炎、肝肿大、肝区痛、胃痛、食积胀满、咽喉肿痛、跌打损伤。

园林应用：可丛植用作花境或在草地，林缘种植，也可点缀于路边或用作林下地被植物。

4　马蔺 *Iris lactea* Pall.

科属：鸢尾科鸢尾属

形态特征：马蔺是白花马蔺的变种，多年生密丛草本。花为浅蓝色、蓝色或蓝紫色，花被上有较深色的条纹，花茎光滑，高 5~10 厘米；苞片 3~5 枚，草质，绿色，边缘白色，披针形，顶端渐尖或长渐尖，内包含有花 2~4；花乳白色；花被管甚短，外花被裂片倒披针形，顶端钝或急尖，爪部楔形，内花被裂片狭倒披针形，爪部狭楔形；花药黄色，花丝白色；子房纺锤形。蒴果长椭圆状柱形，有 6 条明显的肋，顶端有短喙；种子为不规则的多面体，棕褐色，略有光泽。花期 5~6 月，果期 6~9 月。

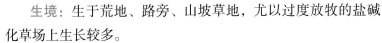

生境：生于荒地、路旁、山坡草地，尤以过度放牧的盐碱化草场上生长较多。

药用价值：全株可以入药，有清热、止血、解毒的作用。

园林应用：可用于水土保持，盐碱地、工业废弃地改造，园林绿化的地被、镶边或孤植等。

四十三、伞形科

1 白亮独活 *Heracleum candicans* Wall. ex DC.

科属： 伞形科独活属

形态特征： 多年生草本。植物体被有白色柔毛或绒毛。根圆柱形，下部分枝。茎直立，圆筒形，中空、有棱槽，上部多分枝。复伞形花序顶生或侧生；总苞片 1~3 枚，线形；伞辐 17~23 厘米，不等长，具有白色柔毛；小总苞片少数，线形；每小伞形花序有花约 25，花白色；花瓣二型；萼齿线形细小；花柱基短圆锥形。果实倒卵形，背部极扁平，未成熟时被有柔毛，成熟时光滑；分生果的棱槽中各具 1 条油管，其长度为分生果长度的 2/3，合生面油管 2；胚乳腹面平直。花期 5~6 月，果期 9~10 月。

生境： 生长于草坡、高山针叶林间草地、荒地、路边、山坡灌丛、石缝，海拔 2000~4200 米。

药用价值： 根入药，散风止咳，除湿止痛。

园林应用： 可作园林地被植物。

2 西南水芹 *Oenanthe linearis* Wall. ex DC.

科属： 伞形科水芹属

形态特征： 茎直立或匍匐。叶有柄，基部有较短叶鞘；叶片轮廓为三角形，2~4 回羽状分裂，末回羽片条裂成短而钝的线形小裂片。花序梗长 2~23 厘米，与叶对生；无总苞；伞辐 5~12；小总苞片线形，少数，较花柄为短；小伞形花序有花 13~30；萼齿细小卵形；花瓣白色，倒卵形，顶端凹陷，有内折的小舌片；花柱基短圆锥形。果实长圆形或近圆球形，背棱和中棱明显，侧棱较膨大，棱槽显著，分生果横剖面呈半圆形，每棱槽内油管 1，合生面油管 2。花期 6~8 月，果期 8~10 月。

生境： 生于山坡、山谷林下阴湿地或溪旁，海拔 750~2000 米。

药用价值： 具有疏风清热，止痛，降压之功效。

园林应用： 可作为净水植物，尤其可净化含银废水，布置于园林湿地和浅水处。

3 野胡萝卜 *Daucus carota* L.

科属： 伞形科胡萝卜属

形态特征：高15~120厘米。茎单生，全体有白色粗硬毛。基生叶薄膜质，长圆形，二至三回羽状全裂，末回裂片线形或披针形，顶端尖锐，有小尖头，光滑或有糙硬毛。复伞形花序，花序梗长10~55厘米，有糙硬毛；总苞有多数苞片，呈叶状，羽状分裂，少有不裂的，裂片线形；伞辐多数，结果时外缘的伞辐向内弯曲；小总苞片5~7枚，线形，不分裂或2~3裂，边缘膜质，具纤毛；花通常白色，有时带淡红色；花柄不等长。果实圆卵形，棱上有白色刺毛。花期5~7月。

生境：生长于山坡路旁、旷野或田间。

药用价值：果实入药，有驱虫作用，又可提取芳香油。

园林应用：可配置花境。

4 城口独活 *Heracleum fargesii* de Boiss.

科属：伞形科独活属

形态特征：多年生草本，高约80厘米。茎圆柱形，粗壮，表面有沟槽，通常下部密生粗毛，上部有稀疏的柔毛。叶片轮廓为卵圆形，3裂，有3枚小叶，小叶有柄，基部心形，先端尖或钝，边缘有缺刻状齿，中央小叶较大，广椭圆形，3~5裂；茎生叶与基生叶相似，但叶柄定，基部成鞘状抱茎。复伞形花序顶生或侧生；无总苞；伞辐14~17，不等长，被有粗毛；小总苞数片；萼齿三角状；花瓣白色二型，花柱基扁圆锥形。果实广椭圆形、卵形或圆形，每棱槽内有油管1，棒状，其长度为果体长度的一半或略超过，侧棱有翅，合生面无油管。花果期8~10月。

生境：生长于海拔2000米的山坡林下。

药用价值：根药用，可治风寒湿痹、腰膝酸痛症。

园林应用：可作地被植物。

5 大齿山芹 *Ostericum grosseserratum* (Maxim.) Kitagawa

科属：伞形科山芹属

形态特征：多年草本，高达1米。根细长，圆锥状或纺锤形，单一或稍有分枝。复伞形花序，花序梗上部、伞辐及花柄的纵沟上有短糙毛；总苞片4~6枚，线状披针形，较伞辐短2~4倍；小总苞片5~10枚，钻形，长为花柄的一半；花白色；萼齿三角状卵形，锐尖，宿存；花瓣倒卵形，顶端内折；花柱基圆垫状，花柱短，叉开。分生果广椭圆形，基部凹入，背棱突出，尖锐，侧棱为薄翅状，与果体近等宽，棱槽内有油管1，合生面油管2~4。花期7~9月，果期8~10月。

生境：生长于山坡、草地、溪沟旁、林缘灌丛中。

药用价值：主治风湿痹痛、腰膝酸痛、感冒头痛、痈疮肿痛等。

园林应用：可作园林地被植物。

四十四、堇菜科

1 七星莲 *Viola diffusa* Ging.

科属：堇菜科堇菜属

形态特征：花较小，淡紫色或浅黄色，具长梗，生于基生叶或匍匐枝叶丛的叶腋间；花梗纤细，长 1.5~8.5 厘米，无毛或被疏柔毛，中部有 1 对线形苞片；萼片披针形，边缘疏生睫毛；侧方花瓣倒卵形或长圆状倒卵形；距极短，稍露出萼片附属物之外；下方 2 枚雄蕊背部的距短而宽，呈三角形；子房无毛，花柱棍棒状，基部稍膝曲，上部渐增粗，柱头两侧及后方具肥厚的缘边，中央部分稍隆起，前方具短喙。蒴果长圆形，无毛，顶端常具宿存的花柱。花期 3~5 月，果期 5~8 月。

生境：生于山地林下、林缘、草坡、溪谷旁、岩石缝隙中，海拔 2000 米以下。

药用价值：清热解毒，消肿排脓，清肺止咳。

园林应用：可配植于岩石细缝、溪流旁等阴湿处。

2 柔毛堇菜 *Viola fargesii* H. Boissieu

科属：堇菜科堇菜属

形态特征：多年生草本。全体被开展的白色柔毛。花白色；花梗通常高出于叶丛，密被开展的白色柔毛，中部以上有 2 枚对生的线形小苞片；萼片狭卵状披针形或披针形，长 7~9 毫米，先端渐尖，基部附属物短，长约 2 毫米，末端钝，边缘及外面有柔毛，具 3 脉；花瓣长圆状倒卵形，先端稍尖，侧方 2 片花瓣里面基部稍有须毛，下方 1 片花瓣较短连距长约 7 毫米；距短而粗，呈囊状；下方 2 枚雄蕊具角状距，稍长于花药，末端尖；子房圆锥状，无毛，花柱棍棒状，基部稍膝曲，向上增粗，顶端略平，两侧有明显的缘边，前方具短喙，喙端具向上开口的柱头孔。蒴果长圆形，长约 8 毫米。花期 3~6 月，果期 6~9 月。

生境：生于山地林下、林缘、草地、溪谷、沟边及路旁等处。

药用价值：全草供药用，能清热解毒，可治节疮、肿毒等症。

园林应用：可作园林地被植物。

四十五、荨麻科

1 **翅茎冷水花** *Pilea subcoriacea* (Hand.–Mazz.) C. J. Chen

科属：荨麻科冷水花属

形态特征：多年生草本。近无毛。地下茎横走，茎高 20~70 厘米，肉质，带紫红色，常有数条波状膜质翅，几不分枝。叶同对的近等大，纸质，倒卵状长圆形，有时椭圆形；托叶薄膜质，褐色，心形，长 4~7 毫米，宿存。雌雄异株；雄花序聚伞圆锥状，具长梗，具少数分枝，连同花序梗常长过叶；雌花序多回二歧聚伞状，具短总梗；雄花具梗，在芽时长约 2 毫米；花被片 4 枚，合生至中部，长圆状卵形，先端几无短角；退化雌蕊小，圆锥状卵形，雌花小；退化雄蕊长圆形，与花被片近等长。

瘦果近圆形或圆卵形，凸透镜状，长约 0.8 毫米，熟时表面有细疣点。花期 4 月，果期 5~6 月。

生境：生于海拔 850~1800 米的山谷林下阴湿处。

药用价值：全草入药。清热解毒、消肿。治疮疖痈肿、水肿。

园林应用：可作园林地被植物。

2 **楼梯草** *Elatostema involucratum* Franch. et Sav.

科属：荨麻科楼梯草属

形态特征：多年生草本。茎肉质，高 25~60 厘米，不分枝或有 1 分枝，无毛，稀上部有疏柔毛。叶无柄或近无柄；叶片草质，斜倒披针状长圆形或斜长圆形，有时稍镰状弯曲，基部在狭侧楔形，在宽侧圆形或浅心形，边缘在基部之上有较多牙齿；托叶狭条形或狭三角形，无毛。花序雌雄同株或异株。雄花序有梗，直径 3~9 毫米；花序托不明显，稀明显；苞片少数，狭卵形或卵形；小苞片条形；雄花有梗：花被片 5 枚，椭圆形，下部合生，顶端之下有不明显突起；雄蕊 5；雌花序具极短梗；

花序托通常很小，周围有卵形苞片；小苞片条形，有睫毛。瘦果卵球形，有少数不明显纵肋。花期 5~10 月。

生境：生于山谷沟边石上、林中或灌丛中，海拔 200~2000 米。

药用价值：全草药用，有活血祛瘀、利尿、消肿之效。

园林应用：布置岩石园、溪边、岸边、池塘边阴湿处，片植于林下、高大建筑物阴面，是极好的耐阴湿观叶地被植物。

3 糯米团 *Gonostegia hirta* (Bl.) Miq.

科属：荨麻科糯米团属

形态特征：多年生草本。有时茎基部变木质；茎蔓生、铺地或渐升，不分枝或分枝，上部带四棱形，有短柔毛。团伞花序腋生，通常两性，有时单性，雌雄异株；苞片三角形；花蕾直径约2毫米，在内折线上有稀疏长柔毛；花被片5枚，分生，倒披针形，顶端短骤尖；雄蕊5，花丝条形；退化雌蕊极小，圆锥状；雌花的花被菱状狭卵形，果期呈卵形；柱头有密毛。瘦果卵球形，长约1.5毫米，白色或黑色，有光泽。花期5~9月。

生境：生于丘陵或低山林中、灌丛中、沟边草地，海拔100~1000米，在云贵高原一带可达1500~2700米。

药用价值：全草药用，外用治血管神经性水肿、疔疮疖肿、乳腺炎、外伤出血等症。

园林应用：可作园林地被植物。

四十六、茜草科

1 **中华蛇根草** *Ophiorrhiza chinensis* Lo

科属：茜草科蛇根草属

形态特征：花序顶生，通常多花，总梗，螺状；花二型，花柱异长；长柱花花梗长 1~2 毫米，被极短柔毛；萼管近陀螺形，有 5 棱；花冠白色或微染紫红色，管状漏斗形，近中部有一圈稠密的白色长柔毛，裂片 5，三角状卵形；雄蕊 5，阔椭圆形；短柱花花萼和花冠外形同长柱花；花冠中部无毛环；雄蕊生喉部下方，柱头裂片薄，长圆形。果序常粗壮；种子小，有棱角。花期冬春，果期春夏。

生境：生于阔叶林下的潮湿沃土，海拔 300~1500 米的地区。

药用价值：全草入药。具有祛痰止咳、活血调经之功效。

园林应用：是室内盆景、植物墙等的优良材料。

2 **日本蛇根草** *Ophiorrhiza japonica* Bl.

科属：茜草科蛇根草属

形态特征：花序顶生，有花多朵，总梗长通常 1~2 厘米，分枝通常短，螺状；花二型，花柱异长；长柱花小苞片披针状线形或线形；萼管近陀螺状；花冠白色或粉红色，近漏斗形，外面无毛，里面被短柔毛，裂片 5，三角状卵形，背面有翅，翅的顶部向上延伸成新月形；雄蕊 5，花药线形柱头 2 裂，裂片近圆形或阔卵形；短柱花花萼和花冠同长柱花；雄蕊生喉部下方；花柱长约 3 毫米，柱头裂片披针形。蒴果近僧帽状，近无毛。花期冬春，果期春夏。

生境：生于常绿阔叶林下的沟谷沃土上。

药用价值：活血散瘀，祛痰，调经，止血。

园林应用：林下地被的优良植物材料。

3 鸡矢藤 *Paederia foetida* L.

科属：茜草科鸡矢藤属

形态特征：藤本灌木。圆锥花序腋生或顶生；小苞片微小，卵形或锥形；花有小梗，生于柔弱的三歧常作蝎尾状的聚伞花序上；花萼钟形，萼檐裂片钝齿形；花冠紫蓝色。果阔椭圆形，顶部冠以圆锥形的花盘和微小宿存的萼檐裂片；小坚果浅黑色，具1阔翅。花期5~6月。

生境：生于低海拔的疏林内。

药用价值：具有祛风利湿，止痛解毒，消食化积，活血消肿之功效。

园林应用：适宜作藤本地被植物，可用来覆盖山石荒坡，美化矮墙、绿篱，垂直绿化等。

4 四叶葎 *Galium bungei* var. bungei

科属：茜草科拉拉藤属

形态特征：多年生丛生直立草本，高5~50厘米。有红色丝状根。叶纸质，4枚轮生，卵状长圆形、卵状披针形、披针状长圆形或线状披针形。聚伞花序顶生和腋生，稠密或稍疏散，总花梗纤细，常3歧分枝，再形成圆锥状花序；花小；花冠黄绿色或白色，辐状，花冠裂片卵形或长圆形。果爿近球状。花期4~9月，果期5月至翌年1月。

生境：生于山地、丘陵、旷野、田间、沟边的林中、灌丛或草地，常见于海拔50~2520米。

药用价值：全草药用，治尿路感染、赤白带下、痢疾、痈肿、跌打损伤。

园林应用：可作园林地被植物。

5 茜草 *Rubia cordifolia* L.

科属：茜草科茜草属

形态特征：草质攀援藤木，长通常1.5~3.5米。根状茎和其节上的须根均红色，方柱形，有4棱。聚伞花序腋生和顶生，多回分枝，有花10余朵至数十朵，花序和分枝均细瘦，有微小皮刺；花冠淡黄色，干时淡褐色，花冠裂片近卵形。果球形，成熟时橘黄色。花期8~9月，果期10~11月。

生境：常生于疏林、林缘、灌丛或草地上。

药用价值：凉血活血，祛瘀，通经。

园林应用：可作园林垂直绿化植被。

6　多花茜草 *Rubia wallichiana* Decne. Recherch. Anat. et Physiol.

科属：茜草科茜草属

形态特征：草质攀援藤本。茎、枝均有4钝棱角。花序腋生和顶生，由多数小聚伞花序排成圆锥花序式；小苞片披针形；萼管近球形，浅2裂，干时黑色，花冠紫红色、绿黄色或白色，辐状，冠管很短，裂片披针形。浆果球形，单生或孪生，黑色。

生境：常生于林中、林缘和灌丛中，海拔300~2600米。

药用价值：主治衄血、吐血、便血、崩漏、月经不调、经闭腹痛、风湿关节痛、肝炎。外用治肠炎、跌打损伤、疖肿、神经性皮炎。

园林应用：可用于园林地被或垂直绿化材料。

7　柄花茜草 *Rubia podantha* Diels

科属：茜草科茜草属

形态特征：草质攀援藤本。茎和分枝稍呈四棱形。花序腋生和顶生，聚伞花序排成圆锥花序式；小苞片披针形或近卵形；萼管近球形；花冠紫红色或黄白色，干时常变褐色，杯状，裂片5，卵形至披针形，有3脉，里面密被小乳突。浆果球形，单生或孪生，成熟时黑色。花期4~6月，果期6~9月。

生境：常生于海拔1000~3000米处的林缘、疏林中或草地上。

药用价值：根及根状茎：清热解毒，凉血止血，活血祛瘀，祛风除湿。

园林应用：可作园林垂直绿化植被。

8　大叶茜草 *Rubia schumanniana* Pritzel

科属：茜草科茜草属

形态特征：草本，通常近直立，高1米左右。聚伞花序多具分枝，排成圆锥花序式，顶生和腋生；小苞片披针形；花小；花冠白色或绿黄色，干后常变褐色，裂片通常5，近卵形。浆果小，球状，黑色。

生境：生于林中，海拔2600~3000米。

药用价值：止血化瘀，消炎解毒。

园林应用：可盆栽观赏或作园林地被植物。

9　四叶茜草 *Rubia schugnanica* B. Fedtsch. ex Pojark.

科属：茜草科茜草属

形态特征：亚灌木状草本。茎丛生，均自根状茎发出，白色。聚伞花序顶生和近枝顶腋生，总花梗纤细，通常三歧分枝，每一分枝有花 2~3；花冠黄色，辐状，冠檐裂片 5，披针形或卵状披针形；花药明显伸出。果肉质，黑色，圆球形。花期 7 月，果期 8 月。

生境：生于沙地上。

药用价值：凉血止血，活血祛瘀，疏风通络，清热退黄，止咳祛痰。

园林应用：叶型排列独特，可在园林上用作观叶。

10　六月雪 *Serissa japonica* (Thunb.) Thunb. Nov. Gen.

科属：茜草科白马骨属

形态特征：小灌木，高 60~90 厘米。有臭气。叶革质，卵形至倒披针形。花单生或数朵丛生于小枝顶部或腋生；花冠淡红色或白色。花期 5~7 月。

生境：生于河溪边或丘陵的杂木林内。

药用价值：根、茎、叶均可入药。舒肝解郁，清热利湿，消肿拔毒，止咳化痰。

园林应用：枝叶密集，白花盛开，可观叶又可观花。是四川、江苏、安徽盆景中的主要树种之一。地栽时适宜作花坛、花篱和下木材料，或配植在山石、岩缝间。

四十七、紫茉莉科

1 紫茉莉 *Mirabilis jalapa* L.

科属： 紫茉莉科紫茉莉属

形态特征： 一年生草本，高可达1米。根肥粗，倒圆锥形，黑色或黑褐色。花常数朵簇生枝端；总苞钟形；花被紫红色、黄色、白色或杂色，高脚碟状，花有香气；雄蕊5，花药球形。瘦果球形，革质，黑色。花期6~10月，果期8~11月。

生境： 我国南北各地常作为观赏花卉栽培。

药用价值： 根、叶可供药用，有清热解毒、活血调经和滋补的功效。

园林应用： 可于房前、屋后、篱垣、疏林旁丛植，黄昏散发浓香。

2 光叶子花 *Bougainvillea glabra* Choisy

科属： 紫茉莉科叶子花属

形态特征： 藤本灌木。茎粗壮，枝下垂。叶片纸质，卵形或卵状披针形。花顶生枝端的3枚苞片内，花梗与苞片中脉贴生，每个苞片上生一朵花；苞片叶状，紫色或洋红色，长圆形或椭圆形，纸质；花被管长约2厘米，淡绿色；雄蕊6~8；花柱侧生，线形。花期冬春间，北方3~7月开花。

生境： 喜温暖湿润气候，不耐寒，喜充足光照。品种多样，植株适应性强。

药用价值： 花入药，调和气血，治白带、调经。

园林应用： 光叶子花苞片大，色彩鲜艳如花，

且持续时间长，宜庭园种植或盆栽观赏。还可作盆景、绿篱植被并修剪造型。

四十八、景天科

1 **云南红景天** *Rhodiola yunnanensis* (Franch.) S. H. Fu

科属：景天科景天属

形态特征：多年生草本。根颈粗，长，先端被卵状三角形鳞片。3 叶轮生，稀对生，卵状披针形、椭圆形、卵状长圆形至宽卵形。花茎单生或少数着生，无毛，高可达 100 厘米，直立，圆；聚伞圆锥花序，多次三叉分枝；雌雄异株，稀两性花；雄花小，多，萼片 4 片，披针形；花瓣 4 片，黄绿色，匙形；雄蕊 8，较花瓣短；鳞片 4 枚，楔状四方形心皮 4 个，小；雌花萼片、花瓣各 4 片，绿色或紫色，线形，鳞片 4 枚，近半圆形；心皮 4 个，卵形，叉开的。蓇葖星芒状排列。花期 5~7 月，果期 7~8 月。

生境：生于海拔 2000~4000 米的山坡林下。

药用价值：全草药用，有消炎、消肿、接筋骨之功效。

园林应用：可作为园林地被植物。

2 **佛甲草** *Sedum lineare* Thunb.

科属：景天科佛甲属

形态特征：多年生草本。无毛。茎高 10~20 厘米。3 叶轮生，少有 4 叶轮或对生的，叶线形。花序聚伞状，顶生，疏生花，中央有一朵有短梗的花；萼片 5 片，线状披针形；花瓣 5 片，黄色，披针形；雄蕊 10，较花瓣短；鳞片 5 枚，宽楔形至近四方形。蓇葖略叉开。花期 4~5 月，果期 6~7 月。

药用价值：全草药用，有清热解毒、散瘀消肿、止血之效。

生境：生于低山或平地草坡上。

园林应用：用于屋顶绿化，采用无土栽培，负荷极轻。

3 **垂盆草** *Sedum sarmentosum*

科属：景天科景天属

形态特征：多年生草本植物。不育枝及花茎细，匍匐而节上生根，直到花序之下。3 叶轮生，叶倒披针形至长圆形。聚伞花序，有 3~5 分枝，花少；萼片 5 片，披针形至长圆形；花瓣 5 片，黄色，披针形至长圆形；雄蕊 10，较花瓣短；鳞片 10 枚，楔状四方形。种子卵形。花

期 5~7 月，果期 8 月。

　　生境：生于海拔 1600 米以下山坡阳处或石上。

　　药用价值：全草药用，能清热解毒。

　　园林应用：在屋顶绿化、地被、护坡、花坛、吊篮等应用。

4 八宝 *Hylotelephium erythrostictum* (Miq.) H. Ohba

　　科属：景天科八宝属

　　形态特征：多年生草本。块根胡萝卜状。茎直立，高 30~70 厘米，不分枝。叶对生，少有互生或 3 叶轮生，长圆形至卵状长圆形。伞房状花序顶生；花密生；萼片 5 片，卵形；花瓣 5 片，白色或粉红色，宽披针形，花药紫色；鳞片 5 枚。花期 8~10 月。

　　生境：生于海拔 450~1800 米的山坡草地或沟边。

　　药用价值：全草药用，有清热解毒、散瘀消肿之效。

　　园林应用：花浅红白色，可用于布置花坛。

5 轮叶八宝 *Hylotelephium verticillatum* (L.) H. Ohba

　　科属：景天科八宝属

　　形态特征：多年生草本。须根细。茎高 40~500 厘米。4 叶少有 5 叶轮生，下部的常为 3 叶轮生或对生，叶比节间长，长圆状披针形至卵状披针形。聚伞状伞房花序顶生；花密生，顶半圆球形，直径 2~6 厘米；苞片卵形；萼片 5 片，三角状卵形；花瓣 5 片，淡绿色至黄白色，长圆状椭圆形；鳞片 5 枚，线状楔形。种子狭长圆形，淡褐色。花期 7~8 月，果期 9 月。

　　生境：生于海拔 900~2900 米的山坡草丛中或沟边阴湿处。

　　药用价值：药用，全草外敷，可止痛止血。

　　园林应用：可用于园林地被。

6 红景天 *Rhodiola rosea* L.

　　科属：景天科红景天属

　　形态特征：多年生草本。根粗壮，直立。根茎短，先端被鳞片。叶疏生，长圆形至椭圆状倒披针形或长圆状宽卵形。花茎高 20~30 厘米；花序伞房状，密集多花；雌雄异株；萼片 4 片，披针状线形；花瓣 4 片，黄绿色，线状倒披针形或长圆形；雄花中雄蕊 8，较花瓣长；鳞片 4 枚，长圆形；雌花中心皮 4 个，花柱外弯。蓇葖披针形或线状披针形。花期 4~6 月，果期 7~9 月。

　　生境：生于海拔 1800~2700 米的山坡林下或草坡上。

　　药用价值：干燥根和根茎入药，主治气虚血瘀、胸痹心痛、中风偏瘫、倦怠气喘。

　　园林应用：作地被植物，用于布置花坛、花境和点缀草坪、岩石园。

7 大花红景天 *Rhodiola crenulata* (Hook. f. et Thoms.) H. Ohba

科属：景天科红景天属

形态特征：多年生草本。花序伞房状，有多花，有苞片；花大形，有长梗，雌雄异株；雄花萼片5片，狭三角形至披针形；花瓣5片，红色，倒披针形；雄蕊10，与花瓣同长；鳞片5枚；心皮5个，披针形；雌花膏葖5，花枝短，干后红色。种子倒卵形。花期6~7月，果期7~8月。

生境：生于海拔2800~5600米的山坡草地、灌丛中、石缝中。

药用价值：具有益气活血，通脉平喘之功。

园林应用：用于花境、园艺栽培或布置岩石园。

8 费菜 *Phedimus aizoon* (Linnaeus) 't Hart

科属：景天科景天属

形态特征：多年生草本。根状茎短。聚伞花序有多花，水平分枝，平展，下托以苞叶；萼片5片，线形，肉质；花瓣5片，黄色，长圆形至椭圆状披针形；雄蕊10，较花瓣短。膏葖星芒状排列；种子椭圆形。花期6~7月，果期8~9月。

生境：在山坡岩石上和荒地上均能旺盛生长。

药用价值：活血，止血，宁心，利湿，消肿，解毒。

园林应用：该种株丛茂密，枝翠叶绿，花色金黄，适应性强，适宜作地被绿化植物。

四十九、牻牛儿苗科

1　湖北老鹳草 *Geranium rosthornii* R. Knuth

科属：牻牛儿苗科老鹳草属

形态特征：多年生草本，高 30~60 厘米。茎直立或仰卧，具明显棱槽，假二叉状分枝，被疏散倒向短柔毛。基生叶早枯，茎生叶对生；叶片五角状圆形，掌状 5 深裂近茎部，裂片菱形，基部浅心形。花瓣倒卵形，紫红色；雄蕊稍长于萼片，花丝和花药棕色；雌蕊密被短柔毛，花柱，深紫色。蒴果，被短柔毛。花期 6~7 月，果期 8~9 月。

生境：生于海拔 1600~2400 米的山地林下和山坡草丛。

药用价值：块根入药。治感冒发热、咽喉痛、喉炎、肺炎、肺热咳嗽、风湿关节痛、肠炎、伤寒等。

园林应用：可作园林地被植物。

2　反瓣老鹳草 *Geranium refractum* Edgew. et Hook. f.

科属：牻牛儿苗科老鹳草属

形态特征：多年生草本，高约 30~40 厘米。叶对生；托叶卵状披针形；叶片五角状。总花梗腋生和顶生，花后下折；萼片长卵形或椭圆状卵形；花瓣白色，倒长卵形；雌蕊被短柔毛。花期 7~8 月，果期 8~9 月。

生境：生于海拔 3800~4500 米的山地灌丛和草甸。

药用价值：清热解毒，驱风活血。

园林应用：可作地被材料。

3　甘青老鹳草 *Geranium pylzowianum* Maxim.

科属：牻牛儿苗科老鹳草

形态特征：多年生草本，高 10~20 厘米。花序腋生和顶生，明显长于叶，每梗具 2 花或为 4 花的二歧聚伞状；总花梗密被倒向短柔毛；苞片披针形；萼片披针形或披针状矩圆形；花瓣紫红色，倒卵圆形，花丝淡棕色，花药深紫色；子房被伏毛，花柱分枝暗紫色。蒴果，被疏短柔毛。花期 7~8 月，果期 9~10 月。

生境：生于海拔 2500~5000 米的山地针叶林缘草地、亚高山和高山草甸。

药用价值：全草入药，能清热解毒，主治咽喉肿痛、肺热咳嗽等病。

园林应用：园林地被绿化植物。

4 毛蕊老鹳草 *Geranium platyanthum* Duthie

科属：牻牛儿苗科老鹳草属

形态特征：多年生草本，高 30~80 厘米。花序通常为伞形聚伞花序，顶生或有时腋生，总花梗具 2~4 花；苞片钻状；萼片长卵形或椭圆状卵形；花瓣淡紫红色，宽倒卵形或近圆形，具深紫色脉纹，先端呈浅波状，基部具短爪和白色糙毛；花丝淡紫色，花药紫红色花柱上部紫红色。蒴果，种子肾圆形，灰褐色。花期 6~7 月，果期 8~9 月。

生境：生于山地林下、灌丛和草甸。

药用价值：疏风通络，强筋健骨。

园林应用：可作园林地被用。

五十、罂粟科

1 **条裂黄堇** *Corydalis linarioides* Maxim.

科属：罂粟科紫堇属

形态特征：直立草本，高 25~50 厘米。茎 2~5 条，上部具叶。基生叶少数，叶片轮廓近圆形，二回羽状分裂；茎生叶通常 2~3 枚，叶片一回奇数羽状全裂，全裂片 3 对，线形。总状花序顶生，多花，花时密集，果时稀疏。蒴果长圆形；种子 5~6 颗，近圆形，黑色，具光泽。花果期 6~9 月。

生境：生于海拔 2100~4700 米的林下、林缘、灌丛下、草坡或石缝中。

药用价值：块根入药，活血散瘀，消肿止疼，除风湿。

园林应用：园林地被植物。

2 **金雀花黄堇** *Corydalis cytisiflora* (Fedde) Liden

科属：罂粟科紫堇属

形态特征：直立草本，高 15~60 厘米。总状花序顶生，有 10~20 花或更多；苞片卵状披针形至狭披针形；花瓣黄色，上花瓣长 1.7~2 厘米，花瓣片舟状卵形，背部鸡冠状突起自先端稍后开始下花瓣长 1~1.2 厘米，花瓣片近圆形，内花瓣提琴形，花丝卵状披针形；子房线形。蒴果线形；种子近圆形；黑色，光亮。花果期 5~7 月。

生境：生于海拔 2600~4500 米的山坡林下、灌丛下或草丛中。

药用价值：活血散瘀，消肿止疼，除风湿。

园林应用：可作为园林地被植物。

3 **博落回** *Macleaya cordata* (Willd.) R. Br.

科属：罂粟科博落回属

形态特征：直立草本。基部木质化，具乳黄色浆汁。茎高 1~4 米，绿色，光滑，多白粉。大型圆锥花序多花，顶生和腋生；苞片狭披针形。花芽棒状，近白色；萼片倒卵状长圆形，舟状，黄白色；花瓣无；雄蕊 24~30，花丝丝状，花药条形；子房倒卵形至狭倒卵形。蒴果狭倒卵形或倒披针形；种子，卵珠形。花果期 6~11 月。

生境：生于海拔 150~830 米的丘陵或低山林中、灌丛中或草丛间。

药用价值：功能主治散瘀、祛风、解毒、止痛、杀虫。

园林应用：宜植于庭院僻隅、林缘池旁。

4　地锦苗 *Corydalis sheareri* S. Moore

科属：罂粟科紫堇属

形态特征：多年生草本，高 10~60 厘米。主根明显，具多数纤维根，棕褐色；根茎粗壮，干时黑褐色。总状花序生于茎及分枝先端，有 10~20 花；苞片下部者近圆形；萼片鳞片状，近圆形，具缺刻状流苏；花瓣紫红色，平伸，上花瓣长 2~3 厘米，花瓣片舟状卵形，边缘有时反卷，背部具短鸡冠状突起，下花瓣长 1.2~1.8 厘米，匙形，花瓣片近圆形，内花瓣提琴形，花瓣片倒卵形，花药小，绿色，花丝披针形；子房狭椭圆形，柱头双卵形，绿色。蒴果狭圆柱形；种子近圆形，黑色。花果期 3~6 月。

生境：生于海拔 170~2600 米的水边或林下潮湿地。

药用价值：全草入药，治瘀血，根最好。

园林应用：可作园林地被用。

5　曲花紫堇 *Corydalis curviflora* Maxim.

科属：罂粟科紫堇属

形态特征：无毛草本，高 7~50 厘米。总状花序顶生或稀腋生，有 10~15 花或更多，花期密集，果期较稀疏；苞片狭卵形、狭披针形至宽线形；花瓣淡蓝色、淡紫色或紫红色，上花瓣长 1.2~1.4 厘米，花瓣片舟状宽卵形，下花瓣宽倒卵形，长 0.7~0.9 厘米，内花瓣提琴形，长 0.6~0.8 厘米；雄蕊束长约 6 毫米，花药黄色，花丝狭椭圆形，淡绿色；子房线状长圆形，绿色。蒴果线状长圆形，绿色转褐红色；种子近圆形，黑色。花果期 5~8 月。

生境：生于海拔 2400~4600 米的山坡云杉林下、灌丛下或草丛中。

药用价值：清热解毒，凉血止血，清热利胆。

园林应用：在自然风景林下或溪涧山丘处应用，极富野趣。

6　峨参叶紫堇 *Corydalis anthriscifolia*

科属：罂粟科紫堇属

形态特征：多年生灰绿色草本，高 30~50 厘米。花序总状，多花、密集，苞片钻形；萼片大，宽卵形；花蓝色或红蓝色，平展或多少呈 U 字形；上花瓣，较宽展；距钻形或漏斗形；下花瓣近舟形，基部渐变狭；

雄蕊束狭披针形；柱头三角形。蒴果狭倒卵形。花期 4~5 月，果期 5~6 月。

生境：生于海拔 1800~3600 米的林内阴湿沟谷。

药用价值：清热解毒，凉血止血，清热利胆。

园林应用：可配植于池畔际、林缘花境等处，无不相宜。

7 灰岩紫堇 *Corydalis calcicola* W. W. Smith

科属：罂粟科紫堇属

形态特征：无毛草本，高 7~20 厘米。总状花序顶生，密集多花；萼片小，近圆形，膜质，边缘撕裂状；花瓣紫色，上花瓣长 1.6~1.8 厘米，下花瓣长圆形，内花瓣狭倒卵形，先端深紫色，爪狭；雄蕊束近披针形；子房椭圆形，柱头近肾形。蒴果狭椭圆形。花果期 5~10 月。

生境：生于海拔 2900~4800 米的灌丛、高山草甸或石灰岩流石滩的石缝中。

药用价值：清热解毒，凉血止血。

园林应用：可开发应用于岩石园。

8 浪穹紫堇 *Corydalis pachycentra* Franch.

科属：罂粟科紫堇属

形态特征：粗壮小草本，高 5~30 厘米。总状花序顶生，有 4~8 花；苞片长圆状披针形至线状披针形；萼片鳞片状，卵形，具缺刻，白色；花瓣蓝色或蓝紫色，上花瓣长 1.3~1.5 厘米，花瓣片舟状宽卵形，下花瓣长 0.9~1 厘米，内花瓣提琴形，花丝狭椭圆形，白色，花药小，黄色转褐色；子房长圆状线形，绿色，柱头双卵形，具 8 个乳突。蒴果椭圆状长圆形。花果期 5~9 月。生境：生于海拔 2700~5200 米的林下、灌丛下、草地或石隙间。

药用价值：清热解毒，凉血止血。

园林应用：花色明丽，可作为花镜材料。

9 横断山绿绒蒿 *Meconopsis pseudointegrifolia* Prain

科属：罂粟科绿绒蒿属

形态特征：草本，高 25~120 厘米。被褐色或黄色长柔毛。茎直立。基生叶莲座状，卵形或倒披针形；上部茎生叶近无柄。花通常 6~9，稀多达 18，生于上部叶腋中；萼片卵形；花瓣 6~8 枚，卵形至椭圆形，浅黄色或硫磺色；雄蕊多数，花丝黄色，花药黄色至橙黄色；子房倒卵形至椭圆形。蒴果，倒卵形至宽椭圆形。花期 6~8 月，果期 7~10 月。

生境：生长在高山灌丛、草地及流石滩。

药用价值：可用于治疗肝炎、肺炎、高血压、痛经、跌打损伤、骨折等。

园林应用：可应用在岩石园中。

10　红花绿绒蒿 Meconopsis punicea Maxim.

科属：罂粟科绿绒蒿属

形态特征：多年生草本，高 30~75 厘米。花葶 1~6 个，从莲座叶丛中生出，通常具肋，被棕黄色、具分枝且反折的刚毛；花单生于基生花葶上，下垂；花芽卵形；萼片卵形；花瓣 4 片，有时 6 片，椭圆形，深红色；花丝条形，扁平，粉红色，花药长圆形，黄色；子房宽长圆形或卵形。蒴果椭圆状长圆形。花果期 6~9 月。

生境：生于海拔 2800~4300 米的山坡草地。

药用价值：花茎及果入药，有镇痛止咳、固涩、抗菌的功效。

园林应用：花大色艳，可作观花地被植物。

11　总状绿绒蒿 Meconopsis racemose Hook.f.et Thoms.var.racemosa（Maxim.）Prain

科属：罂粟科绿绒蒿属

形态特征：绿绒蒿为一年生或多年生草本。主根明显肥厚呈萝卜状。叶长椭圆形、阔卵形或具长柄如汤匙形或分裂为琴形等，叶面具柔长的茸毛，因而得名"绿绒蒿"。因种类不同，花型各异，有的自叶丛中抽出花葶，一丛数葶，每葶一朵；有的茎上着花，一茎数花；花有单瓣及重瓣，有蓝、黄、紫、红等多种颜色。蒴果近球形、卵形或倒卵形。花期 6~8 月。

生境：绿绒蒿是野生高山花卉，多集中分布于海拔 3000~5000 米的雪山草甸，高山灌丛、流石滩。

药用价值：可用于治疗肝炎、肺炎、高血压、痛经、跌打损伤、骨折等，是藏药材中的常用药。

园林应用：花色艳丽，有"蓝色罂粟"的美称，是观花地被植物。

12 川西绿绒蒿 *Meconopsis henrici* Bur. et Franch.

科属：罂粟科绿绒蒿属

形态特征：一年生草本。主根短而肥厚，圆锥形。花葶高15~20厘米，被黄褐色平展、反曲或卷曲的硬毛；花1~11朵，单生于基生花葶上；花芽宽卵形，外面被黄褐色、卷曲的硬毛；花瓣5~9片，卵形或倒卵形，先端圆或钝，深蓝紫色或紫色；橘红色或浅黄色；子房卵珠形或近球形。蒴果椭圆状长圆形或狭倒卵珠形；种子镰状长圆形。花果期6~9月。

生境：生于海拔3200~4500米的高山草地。

药用价值：功能主治清热利湿、止咳。

园林应用：园林地被植物。

13 全缘叶绿绒蒿 *Meconopsis integrifolia* (Maxim.) Franch.

科属：罂粟科绿绒蒿属

形态特征：一年生至多年生草本。全体被锈色和金黄色平展或反曲。花通常4~5，稀达18；花芽宽卵形；萼片舟状；花瓣6~8片，近圆形至倒卵形，黄色或稀白色，干时具褐色纵条纹；花丝线形，金黄色或成熟时为褐色，花药卵形至长圆形，橘红色，后为黄色至黑色；子房宽椭圆状长圆形、卵形或椭圆形，柱头头状。蒴果宽椭圆状长圆形至椭圆形，4~9瓣；种子近肾形。花果期5~11月。

生境：生于海拔2700~5100米的草坡或林下。

药用价值：具有清热解毒、消炎止痛等功效。

园林应用：全缘色泽艳丽，具有较高的观赏性。

五十一、槭树科

青窄槭 *Acer davidii* Franch

科属：槭树科槭属

形态特征：落叶乔木。树皮黑褐色或灰褐色，常纵裂成蛇皮状。花黄绿色，杂性，雄花与两性花同株，成下垂的总状花序，顶生于着叶的嫩枝，开花与嫩叶的生长，雄花的花梗长 3~5 毫米，通常 9~12，总状花序；两性花的花梗长 1~1.5 厘米，通常 15~30，总状花序；萼片 5 片，椭圆形；花瓣 5 片，倒卵形；雄蕊 8，在两性花中不发育，花药黄色，球形，子房被红褐色。翅果嫩时淡绿色，成熟后黄褐色。花期 4 月，果期 9 月。

生境：常生于海拔 500~1500 米的疏林中。

药用价值：祛风除湿，散瘀止痛，消食健脾。

园林应用：生长迅速，树冠整齐，叶在秋季变鲜红色，后转为橙黄色，最后呈暗紫色，为极美丽的观赏植物。

五十二、木犀科

1 清香藤 *Jasminum lanceolarium* Roxb.

科属：木犀科素馨属

形态特征：灌木。叶对生或近对生，三出复叶，有时花序基部侧生小叶退化成线状而成单叶；叶片上面绿色，光亮；小叶片椭圆形，长圆形、卵圆形、卵形或披针形，稀近圆形。果球形或椭圆形，黑色，干时呈橘黄色。花期 4~10 月，果期 6 月至翌年 3 月。

生境：生长于山坡、灌丛、山谷密林中，海拔 2200 米以下。

药用价值：根及茎入药。祛风除湿，活血散瘀。

园林应用：香花类观花植物。

2 小叶女贞 *Ligustrum quihoui* Carr.

科属：木犀科女贞属

形态特征：落叶灌木。小枝淡棕色。叶片薄革质，披针形、长圆状椭圆形、椭圆形、倒卵状长圆形至倒披针形或倒卵形，叶缘反卷，上面深绿色，下面淡绿色，常具腺点。圆锥花序顶生，近圆柱形；小苞片卵形，具睫毛；花萼无毛；花冠长 4~5 毫米，裂片卵形或椭圆形。果倒卵形、宽椭圆形或近球形，呈紫黑色。花期 5~7 月，果期 8~11 月。

生境：生于沟边、路旁或河边灌丛中，或山坡，海拔 100~2500 米。

药用价值：叶入药，具清热解毒等功效，治烫伤、外伤。树皮入药治烫伤。

园林应用：优良的抗污染树种，也是制作盆景的优良树种。

五十三、葫芦科

1 丝瓜 *Luffa cylindrica*

科属：葫芦科丝瓜属

形态特征：一年生攀援藤本。茎、枝粗糙，有棱沟，被微柔毛。雌雄同株。雄花通常 15~20 朵花，生于总状花序上部，花序梗稍粗壮；花萼筒宽钟形；花冠黄色，辐状，开展时直径 5~9 厘米，裂片长圆形；雄蕊通常 5，稀 3，花丝长 6~8 毫米，基部有白色短柔毛，花初开放时稍靠合，最后完全分离，药室多回折曲；雌花单生，花梗长 2~10 厘米；子房长圆柱状，有柔毛，柱头 3，膨大。果实圆柱状，未熟时肉质，成熟后干燥，里面呈网状纤维。

生境：我国南、北各地普遍栽培。

药用价值：活血，通络，消肿，止咳化痰。果皮：用于金疮，疔疮，臀疮。种子清热化痰，润燥，驱虫。

园林应用：可作绿篱或棚架材料，可赏花、观果。

2 绞股蓝 *Gynostemma pentaphyllum* (Thunb.) Makino

科属：葫芦科绞股蓝属

形态特征：草质攀援植物。茎细弱，具分枝，具纵棱及槽。花雌雄异株。雄花圆锥花序，花序轴纤细；花梗丝状；花萼筒极短，5 裂，裂片三角形；花冠淡绿色或白色，5 深裂，裂片卵状披针形；雄蕊 5；雌花圆锥花序远较雄花之短小，花萼及花冠似雄花；子房球形，2~3 室，花柱 3 枚，柱头 2 裂；具短小的退化雄蕊 5。果实肉质不裂，球形，成熟后黑色；种子卵状心形。花期 3~11 月，果期 4~12 月。

生境：生于海拔 300~3200 米的山谷密林中、山坡疏林、灌丛中或路旁草丛中。

药用价值：本种入药，有消炎解毒、止咳祛痰的功效。

园林应用：可作园林垂直绿化材料。

3 马铜铃 *Hemsleya graciliflora* (Harms) Cogn.

科属：葫芦科雪胆属

形态特征：多年生攀援草本。雌雄异株；雄花腋生聚伞圆锥花序，花序梗及分枝纤细，花柄丝状；花萼裂片三角形；花冠浅黄绿色，平展，裂片倒卵形，薄膜质；雄蕊 5，花丝短；雌花子房狭圆筒状。果实筒状倒圆锥形；种子轮廓长圆形，本身倒卵形，边缘密布乳头状突起，两面密布小瘤突。花期 6~9 月，果期 8~11 月。

生境：生于海拔 1200~200 米的杂木林中。印度东部边境也有分布。

药用价值：有化痰止咳作用。

园林应用：可作园林垂直绿化材料。

4 钮子瓜 *Zehneria bodinieri*

科属：葫芦科马㼎儿属

形态特征：草质藤本。茎、枝细弱。雌雄同株；雄花常 3~9 生于总梗顶端呈近头状或伞房状花序，花序梗纤细；雄花梗开展；花萼筒宽钟状；花冠白色，裂片卵形或卵状长圆形；雄蕊 3，花药卵形；雌花单生，稀几朵生于总梗顶端或极稀雌雄同序；子房卵形。果实球状或卵状，浆果状。花期 4~8 月，果期 8~11 月。

生境：常生于海拔 500~1000 米的林边或山坡路旁潮湿处。

药用价值：具有清热、镇痉、解毒、通淋之功效。

园林应用：可作园林垂直绿化材料。

5 头花赤瓟 *Thladiantha capitata* Cogn.

科属：葫芦科赤瓟属

形态特征：草质藤本。雌雄异株。雄花聚成伞形总状花序或近头状总状花序，密集生于花序轴顶端，花序常具花 8~15，花序轴细弱或有时粗壮，总苞片卵形；花萼筒倒锥形，裂片线状披针形或线状舌形；花冠黄色，裂片狭卵形；雄蕊 5，花丝稍粗，花药卵状长圆形；雌花单生或 2~3 生于总花梗的顶端；花萼筒倒锥形，裂片线状披针形；花冠黄色，裂片长圆形，5 脉；子房狭长圆形，柱大膨大，肾形。果实长圆形。花果期夏、秋季。

生境：生于海拔 1000~2700 米的林缘、山坡及灌木丛中。

药用价值：具有理气、活血、祛痰、利湿的功效。

园林应用：作为园林垂直绿化植物。

五十四、败酱科

黄花败酱 *Patrina scabiosaefolia* Fisch.ex Trev

科属：败酱科败酱属

形态特征：多年生高大草本，高可达 150 厘米。根状茎粗壮，有陈败的豆酱气。基生叶长卵形，有长柄，花期枯落；茎生叶对生，羽状全裂，有短柄或近无柄。顶生聚伞圆锥花序伞房状，花冠黄色。

生境：生于海拔 700~1600 米的山区草坡、荒地。

药用价值：根状茎和根，全草入药。清热解毒，消痈排脓，活血行瘀。

园林应用：可用作花境材料。

五十五、苋科

1 鸡冠花 *Celosia cristata*

科属：苋科香青属

形态特征：一年生直立草本，高30~80厘米。分枝少，近上部扁平，绿色或带红色，有棱纹凸起。单叶互生，具柄。中部以下多花；苞片、小苞片和花被片干膜质，宿存；花被片红色、紫色、黄色、橙色或红色黄色相间。胞果卵形；种子肾形，黑色，光泽。花果期7~9月。

生境：我国南北各地均有栽培，广布于温暖地区。

药用价值：花和种子供药用，为收敛剂，有止血、凉血、止泻功效。

园林应用：高型品种，用于花境、花坛、切花材料，对二氧化硫、氯化氢具良好的抗性，适宜作厂矿绿化植物。

2 藜 *Chenopodium album* L.

科属：苋科藜属

形态特征：一年生草本，高30~150厘米。茎直立，粗壮，具条棱及绿色或紫红色色条。叶片菱状卵形至宽披针形，嫩叶的上面有紫红色粉。花两性，花簇于枝上部排列成或大或小的穗状圆锥状或圆锥状花序；花被裂片5,宽卵形至椭圆形；雄蕊5,花药伸出花被，柱头2。果皮与种子贴生；种子横生，双凸镜状。花果期5~10月。

生境：生于路旁、荒地及田间。

药用价值：全草又可入药，能止泻痢、止痒。

园林应用：可作为园林地被用。

3 牛膝 *Achyranthes bidentata* Blume

科属：苋科牛膝属

形态特征：多年生草本，高70~120厘米。根圆柱形，土黄色。茎有棱角或四方形，绿色或带紫色，有白色贴生或开展柔毛。穗状花序顶生及腋生，有白色柔毛；花多数，密生；苞片宽卵形；花被片披针形，光亮。胞果矩圆形，黄褐色，光滑；种子矩圆形，黄褐色。花期 7~9 月，果期 9~10 月。

生境：除东北外全国广布。生于山坡林下，海拔 200~1750 米。

药用价值：根入药，生用，活血通经。

园林应用：可作为园林地被植物。

4 青葙 *Celosia argentea* L.

科属：苋科青葙属

形态特征：一年生草本，高 0.3~1 米。茎直立，有分枝，绿色或红色，具显明条纹。花多数，密生，在茎端或枝端成单一、无分枝的塔状或圆柱状穗状花序，长 3~10 厘米；花被片矩圆状披针形，长 6~10 毫米，初为白色顶端带红色，或全部粉红色，后成白色，花药紫色；子房有短柄，花柱紫色。胞果卵形；种子凸透镜状肾形。花期 5~8 月，果期 6~10 月。

生境：野生或栽培，生于平原、田边、丘陵、山坡，海拔高达 1100 米。

药用价值：种子供药用，有清热明目作用。

园林应用：穗状花序粉红，色彩淡雅，应用在园林花境、地被或庭院绿化中，富有野趣。同时适合用在切花或盆花生产中。

五十六、杉科

柳杉 *Cryptomeria fortunei*

科属：杉科柳杉属

形态特征：乔木，高达 40 米，胸径可达 2 米多。叶钻形略向内弯曲，先端内曲，四边有气孔线。雄球花单生叶腋，长椭圆形，长约 7 毫米，集生于小枝上部，成短穗状花序状；雌球花顶生于短枝上。球果圆球形或扁球形；种鳞 20 左右，上部有短三角形裂齿，能育的种鳞有 2 颗种子；种子褐色，近椭圆形，扁平，边缘有窄翅。花期 4 月，球果 10 月成熟。

生境：为海拔 1100 米以下地带，在温暖湿润的气候和土壤酸性、肥厚而排水良好的山地，生长较快。

药用价值：树皮入药，治癣疮。

园林应用：庭荫树或作行道树。

五十七、卫矛科

1　南蛇藤 *Celastrus orbiculatus* Thunb

科属：卫矛科南蛇藤属

形态特征：灌木。小枝光滑无毛，灰棕色或棕褐色，具稀而不明显的皮孔。腋芽小，卵状到卵圆状，长 1~3 毫米。叶通常阔倒卵形，近圆形或长方椭圆形。聚伞花序腋生，间有顶生，花序长 1~3 厘米，小花 1~3，偶仅 1~2，小花梗关节在中部以下或近基部；雄花萼片钝三角形；花瓣倒卵椭圆形或长方形；花盘浅杯状，裂片浅，顶端圆钝；雌花花冠较雄花窄小，花盘稍深厚，肉质；子房近球状。蒴果近球状；种子椭圆状稍扁，赤褐色。花期 5~6 月，果期 7~10 月。

生境：生长于海拔 450~2200 米山坡灌丛。

药用价值：以根、藤、叶及果入药。祛风除湿，通经止痛，活血解毒，小儿惊风，跌打扭伤，蛇虫咬伤等。

园林应用：植株姿态优美，茎、蔓、叶、果都具有较高的观赏价值，是城市垂直绿化的优良树种。

2　短梗南蛇藤 *Celastrus rosthornianus* Loes.

科属：卫矛科南蛇藤属

形态特征：花序顶生及腋生，顶生者为总状聚伞花序，腋生者短小，具 1 至数花，花序梗短；萼片长圆形；花瓣近长方形；花盘浅裂；雄蕊较花冠稍短，子房球状，柱头 3 裂。蒴果近球状；种子阔椭圆状。花期 4~5 月，果期 8~10 月。

生境：生长于海拔 500~1800 米的山坡林缘和丛林下，有时高达 3100 米处。

药用价值：根，用于筋骨痛、扭伤、胃痛、经闭、月经不调、牙痛、失眠、无名肿毒。根皮，用于蛇咬伤、肿毒。

园林应用：种植于坡地、林地及假山、石隙等处颇具野趣。

3 裂果卫矛 *Euonymus dielsianus* Loes. ex Diels

科属：卫矛科卫矛属

形态特征：灌木和小乔木。叶片革质，窄长椭圆形或长倒卵形，齿端常具小黑腺点。聚伞花序 1~7 花；花序梗长达 1.5 厘米；花 4 数，直径约 5 毫米，黄绿色；萼片较阔圆形；花瓣长圆形，边缘稍呈浅齿状；花盘近方形；雄蕊花丝极短；子房 4 棱形，无花柱。蒴果 4 深裂，裂瓣卵状；种子长圆状，枣红色或黑褐色。花期 6~7 月，果期 10 月前后。

生境：生于岩石和山坡、疏林中及山谷中。

药用价值：强筋壮骨，活血调经。

园林应用：园林中多用为绿篱材料，适用于庭院、甬道、建筑物和主干道绿带。

五十八、马钱科

紫花醉鱼草 *Buddleja fallowiana* Balf. f. et W.W.Sm.

科属：马钱科醉鱼草属

形态特征：灌木。枝条圆柱形。枝条、叶片下面、叶柄、花序、苞片、花萼和花冠的外面均密被白色或黄白色星状绒毛及腺毛。花芳香，多朵组成顶生的穗状聚伞花序；苞片线状披针形；花萼钟状，花萼裂片狭三角形；花冠紫色，喉部橙色，花冠裂片卵形或近圆形，边缘啮蚀状，内面和花冠管喉部密被小鳞片状腺体；子房卵形，被星状毛，花柱长约1.5毫米，基部被星状毛，柱头棍棒状。蒴果长卵形，被疏星状毛，基部有宿存花萼；种子长圆形，褐色。花期5~10月，果期7~12月。

生境：生于海拔1200~3800米山地疏林中或山坡灌木丛中。

药用价值：嫩茎和花可供药用，有祛风明目、退翳、止咳之功效。

园林应用：花繁叶茂，宜在路旁、墙隅、草坪、坡地丛植，也可作自然式花篱植被。

五十九、酢浆草科

1 酢浆草 *Oxalis corniculata* L. var. *corniculata*

科属：酢浆草科酢浆草属

形态特征：草本，高 10~35 厘米。全株被柔毛。根茎稍肥厚。叶基生或茎上互生；托叶小，长圆形或卵形。花单生或数朵集为伞形花序状，腋生，总花梗淡红色，与叶近等长；小苞片 2 枚，披针形，萼片 5 片，披针形或长圆状披针形；花瓣 5 片，黄色，长圆状倒卵形；雄蕊 10，花丝白色半透明；子房长圆形，花柱 5，柱头头状。蒴果长圆柱形；种子长卵形，褐色或红棕色。花、果期 2~9 月。

生境：生于山坡草池、河谷沿岸、路边、田边、荒地或林下阴湿处等。

药用价值：全草入药，有清热解毒、消肿散疾的效用。

园林应用：适于绿地花坛成片栽培，亦可路边行植及山石园边丛植。

2 黄花酢浆草 *Oxalis pes-caprae* L.

科属：酢浆草科酢浆草属

形态特征：多年生草本，高 5~10 厘米。根茎匍匐，基部具褐色膜质鳞片。叶多数，基生；无托叶。伞形花序基生，明显长于叶，总花梗被柔毛；苞片狭披针形；萼片披针形；花瓣黄色，宽倒卵形，长为萼片的 4~5 倍，先端圆形、微凹，基部具爪；雄蕊 10，2 轮，内轮长为外轮的 2 倍，花丝基部合生；子房被柔毛。蒴果圆柱形，被柔毛；种子卵形。

生境：生于山坡草池、河谷沿岸或林下阴湿处等。

药用价值：主要功效清热利湿、凉血散瘀、消肿解毒。

园林应用：常作庭院中的花坛布置，或用作盆花栽培。

3 红花酢浆草 *Oxalis corymbosa* DC.

科属：酢浆草科酢浆属

形态特征：多年生直立草本。总花梗基生，二歧聚伞花序，通常排列成伞形花序式，被毛；花梗、苞片、萼片均被毛；萼片 5 片，披针形，先端有暗红色长圆形的小腺体 2 枚，顶部腹面被疏柔毛；花瓣 5，倒心形，为萼长的 2~4 倍，淡紫色至紫红色，花丝被长柔毛；子房 5 室，花柱 5。花、果期 3~12 月。

生境：生于低海拔的山地、路旁、荒地或水田中。

药用价值：治疗咽喉肿痛、水泻、水肿、痢疾、白带、淋浊、疮疖、痔疮、痈肿、烧烫伤、跌打损伤、月经不调。

园林应用：具有植株低矮、整齐，花多叶繁，花期长，花色艳，覆盖地面迅速，又适合在花坛、花径、疏林地及林缘大片种植，同时是庭院绿化镶边的好材料。

六十、山茶科

1 山茶 *Camellia japonica* L.

科属：山茶科山茶属

形态特征：灌木或小乔。叶革质，椭圆形。花顶生，红色，无柄；苞片及萼片，半圆形至圆形，外面有绢毛，脱落；花瓣6~7片，外侧2片近圆形，几离生，倒卵圆形；雄蕊3轮。蒴果圆球形，2~3室，每室有种子1~2颗，3片裂开，果爿厚木质。花期1~4月。

生境：山茶属半阴性植物，宜于散射光下生长，怕直射光暴晒，幼苗需遮荫。

药用价值：花有止血功效，有收敛、止血、凉血、调胃、理气、散瘀、消肿等疗效。

园林应用：假山旁植可构成山石小景。亭台附近散点三、五株，格外雅致。如选杜鹃、玉兰相配置，则花时，争奇斗艳。可于林缘路旁散植或群植性健品种，花时可为山林生色不少。

2 油茶 *Camellia oleifera* var. *oleifera*

科属：山茶科山茶属

形态特征：灌木或中乔木。嫩枝有粗毛。花顶生，近于无柄，苞片与萼片约10片，阔卵形，花后脱落，花瓣白色，5~7片，倒卵形，花药黄色，背部着生；子房有黄长毛，3~5室，花柱长约1厘米。蒴果球形或卵圆形；苞片及萼片脱落后留下的果柄长3~5毫米，粗大，有环状短节。花期冬春间。

生境：海南省800米以上的原生森林有野生种，呈中等乔木状。

药用价值：清热解毒，活血散瘀，止痛。

园林应用：各地广泛栽培，是主要木本油料作物，也可作园林观花观果类树种。

3 茶 *Camellia sinensis* (L.) O. Ktze.

科属：山茶科山茶属

形态特征：灌木或小乔木。嫩枝无毛。叶革质，长圆形或椭圆形。花1~3腋生，白色，花柄长4~6毫米，有时稍长；苞片2枚，早落；萼片5片，阔卵形至圆形；花瓣5~6片，阔卵形；子房密生白毛。花期10月至翌年2月。

生境：普遍栽培，对土壤、光照、温度、雨量、地形均有要求。

药用价值：降低心脑血管发病和死亡风险，降低胆固醇和血压，减少患糖尿病的风险。

园林应用：常绿植物，且有很强的再生能力，适于修剪和造型，是良好的绿篱植物。

4 尖连蕊茶 *Camellia cuspidata* (Kochs) Wright ex Gard.

科属：山茶科山茶属

形态特征：灌木。花单独顶生；苞片3~4枚，卵形；花萼杯状，萼片5片，厚革质，阔卵形，花冠白色；花瓣6~7片，基部连生约2~3毫米，并与雄蕊的花丝贴生，外侧2~3片较小，革质；雄蕊比花瓣短，无毛，外轮雄蕊只在基部和花瓣合生，其余部分离生，花药背部着生；雌蕊长1.8~2.3厘米，子房无毛；花柱长1.5~2厘米，无毛，顶端3浅裂，裂片长约2毫米。蒴果圆球形，种子1粒，圆球形。花期4~7月。

生境：生于海拔400~1060米的山坡、谷地溪边或路旁林下灌丛中。

药用价值：根入药，健脾消食，补虚。主治脾虚食少、病后体弱。

园林应用：常绿观花植物，适宜配植在建筑边、园路转角，也适宜修剪成绿篱。

六十一、小檗科

1 鲜黄小檗 *Berberis diaphana*

科属：小檗科小檗属

形态特征：落叶灌木。幼枝绿色，老枝灰色，淡黄色。叶坚纸质，长圆形或倒卵状长圆形，上面暗绿色，侧脉和网脉突起，背面淡绿色，有时微被白粉。花 2~5 簇生，偶有单生，黄色；外萼片近卵形，内萼片椭圆形；花瓣卵状椭圆形；雄蕊长约 4.5 毫米，药隔先端平截；胚珠 6~10 粒。浆果红色，卵状长圆形。花期 5~6 月，果期 7~9 月。

生境：生于灌丛中、草甸、林缘、坡地或云杉林中，海拔 1620~3600 米。

药用价值：根和茎含小檗碱，供药用，能清热燥湿、泻火解毒，并可提取小檗碱。

园林应用：色彩艳丽，观色期长。小檗浆果椭圆形，根据品种不同有鲜红色和紫黑色，良好的观果植物。

2 粉叶小檗 *Berberis pruinosa* Franch.

科属：小檗科小檗属

形态特征：常绿灌木，高 1~2 米。枝圆柱形，棕灰色或棕黄色，被黑色疣点。花 8~20 簇生；小苞片披针形；萼片 2 轮，外萼片长圆状椭圆形，内萼片倒卵形；花瓣倒卵形。浆果椭圆形或近球形，顶端通常无宿存花柱，有时具短宿存花柱，密被或微被白粉；含种子 2 颗。花期 3~4 月，果期 6~8 月。

生境：生于灌丛中，高山栎林、云杉林缘、路边或针叶林下，海拔 1800~4000 米。

药用价值：根富含小檗碱，具有清热解毒、消炎止痢的功效。

园林应用：宜丛植于草坪、池畔、墙隅、假山、花丛边缘或建筑物前，或用作图案材料。

3 甘肃小檗 *Berberis kansuensis* Schneid.

科属：小檗科小檗属

形态特征：落叶灌木，高达 3 米。老枝淡褐色，幼枝带红色，具条棱。茎刺弱，单生或三分叉。总状花序具 10~30 花，长 2.5~7 厘米；花黄色；小苞片带红色；萼片 2 轮，外萼片卵形，内萼片长圆状椭圆形；花瓣长圆状椭圆形，具 2 枚分离倒卵形腺体；雄蕊长约 3 毫米，药隔稍延伸，先端圆形或平截；胚珠 2 粒，具柄。浆果长圆状倒卵形，红色，顶端不具宿存花柱，不被白粉。花期 5~6月，果期 7~8 月。

生境：生于山坡灌丛中或杂木林中，海拔 1400~2800 米。

药用价值：用于泄泻、痢疾、肝炎、胆囊炎、目赤。

园林应用：可制作盆景、剪取果枝插瓶供室内观赏或栽作刺篱。

4　光叶小檗 *Berberis lecomtei* Schneid.

科属：小檗科小檗属

形态特征：落叶灌木，高 1~2 米。总状花序具 4~16 花，长 1.5~4 厘米，基部常有数花簇生，无毛，花黄色；小苞片红色；萼片 2 轮，外萼片阔卵形，内萼片椭圆形；花瓣倒卵形，先端缺裂，裂片锐尖，基部缢缩呈爪，具 2 枚近离长圆形腺体；胚珠 2 枚，无柄。浆果深红色，有光泽，长圆形或长圆状倒卵形。花期 5~6 月，果期 8~10 月。

生境：生于山坡林下、林缘、草坡，高山灌丛中或路边，海拔 2500~4200 米。

药用价值：暂无。

园林应用：色彩艳丽，观色期长，是良好的观花观果植物。

5　松潘小檗 *Berberis dictyoneura* Schneid.

科属：小檗科小檗属

形态特征：落叶灌木，高 1~2 米。老枝暗灰色，具槽，疏生疣点，幼枝淡紫红色，茎刺三分叉或单生。总状花序具花 7~14，长 2~3 厘米，具短总梗或间杂簇生花；苞片卵形；花黄色；萼片 2 轮，外萼片长圆形，内萼片倒卵形；花瓣倒卵形，先端全缘，基部缢缩呈爪，具 2 枚分离的卵形腺体；胚珠 1~2 枚。浆果倒卵状长圆形，粉红色或淡红色。花期 4~6 月，果期 7~9 月。

生境：生于路边、河边草坡、高山林下、灌丛中或林缘，海拔 1700~4150 米。

药用价值：根皮清热解毒。外用于目赤。

园林应用：果实色彩艳丽，可丰富园林的色彩变化。

6　豪猪刺 *Berberis julianae* Schneid.

科属：小檗科小檗属

形态特征：常绿灌木，高 1~3 米。花 10~25 朵簇生；花梗长 8~15 毫米；花黄色；小苞片卵形；萼片 2 轮，外萼片卵形，内萼片长圆状椭圆形；花瓣长圆状椭圆形，先端缺裂，基部缢缩呈爪，具 2 枚长圆形腺体；胚珠单生。浆果长圆形，蓝黑色。花期 3 月，果期 5~11 月。

生境：生于山坡、沟边、林中、林缘、灌丛中或竹林中，海拔 1100~2100 米。

药用价值：果、根可入药。可清热燥湿、泻火解毒。

园林应用：可作为园林绿篱材料。

7　南天竹 *Nandina domestica* Thunb.

科属：小檗科南天竹属

形态特征：常绿小灌木。茎常丛生，高 1~3 米，光滑无毛，幼枝常为红色，老后呈灰色。圆锥花序直立，长 20~35 厘米；花小，白色，具芳香，直径 6~7 毫米；萼片多轮，外轮萼片卵状三角形，最内轮萼片卵状长圆形；花瓣长圆形，花丝短，花药纵裂，药隔延伸。浆果球形，熟时鲜红色；种子扁圆形。花期 3~6 月，果期 5~11 月。

生境：生于山地林下沟旁、路边或灌丛中，海拔 1200 米以下。

药用价值：根、叶有强筋活络、消炎解毒之效，果为镇咳药。

园林应用：秋冬叶色变红，有红果，经久不落，是赏叶观果的佳品。

8　柔毛淫羊藿 *Epimedium pubescens* Maxim.

科属：小檗科淫羊藿属

形态特征：多年生草本，植株高 20~70 厘米。根状茎粗短，有时伸长，被褐色鳞片。圆锥花序具 30~100 花，长 10~20 厘米；花直径约 1 厘米；萼片 2 轮，外萼片阔卵形，带紫色，内萼片披针形或狭披针形，急尖或渐尖，白色；花瓣远较内萼片短，淡黄色。蒴果长圆形，宿存花柱长喙状。花期 4~5 月，果期 5~7 月。

生境：生于林下、灌丛中、山坡地边或山沟阴湿处，海拔 300~2000 米。

药用价值：以茎叶入药。主要含淫羊藿苷、挥发油成分。镇咳、祛痰、平喘作用，降压，抗炎，促进性腺功能。

园林应用：可作园林地被植物。

六十二、葡萄科

1 乌蔹莓 *C. japonica (Thunb.) Gagnep.* var. *japonica*

科属：葡萄科乌蔹莓属

形态特征：草质藤本。小枝圆柱形，有纵棱纹。卷须 2~3 叉分枝，相隔 2 节间断与叶对生。花序腋生，复二歧聚伞花序；花序梗长 1~13 厘米；花蕾卵圆形；萼碟形，全缘或波状浅裂；花瓣 4 片，三角状卵圆形；雄蕊 4，花药卵圆形；花盘发达，4 浅裂；子房下部与花盘合生，花柱短。果实近球形，有种子 2~4 颗；种子三角状倒卵形。花期 3~8 月，果期 8~11 月。

生境：生山谷林中或山坡灌丛，海拔 300~2500 米。

药用价值：草入药，有凉血解毒、利尿消肿之功效。

园林应用：常用作地被植物。

2 爬山虎 *Parthenocissus tricuspidata*

科属：葡萄科地锦属

形态特征：多年生大型落叶木质藤本植物。表皮有皮孔，髓白色。枝条粗壮，老枝灰褐色，幼枝紫红色。枝上有卷须，卷须顶端及尖端有粘性吸盘，遇到物体便吸附在上面，无论是岩石、墙壁或是树木，均能吸附。叶互生，小叶肥厚，基部楔形，叶片及叶脉对称。花枝上的叶宽卵形，常 3 裂，或下部枝上的叶分裂成 3 小叶，基部心形；叶绿色，秋季变为鲜红色。花小，成簇不显；花多为两性，雌雄同株，聚伞花序常着生于两叶间的短枝上；花 5 数；萼全缘；花瓣顶端反折浆

果小球形，熟时蓝黑色，被白粉。花期 6 月，果期 9~10 月。

生境：多攀援于岩石、大树、墙壁上和山上。

药用价值：根、茎可入药，有破血、活筋止血、消肿毒之功效。

园林应用：垂直绿化的优选植物。

3 三裂蛇葡萄 *Ampelopsis delavayana* Planch.

科属：葡萄科蛇葡萄属

形态特征：木质藤本。小枝圆柱形。卷须 2~3 叉分枝。多歧聚伞花序与叶对生，花序梗长，被短柔毛；花蕾卵形；萼碟形，边缘呈波状浅裂；花瓣 5 片，卵椭圆形，雄蕊 5，花药卵圆形；子房下部与花盘合生，花柱明显。果实近球形；种子倒卵圆形。花期 6~8 月，果期 9~11 月。

生境：生山谷林中或山坡灌丛或林中，海拔 50~2200 米。

药用价值：消肿止痛，舒筋活血，止血。

园林应用：用于园林垂直绿化。

4 蛇葡萄 *Ampelopsis glandulosa*

科属：葡萄科蛇葡萄属

形态特征：木质藤本。小枝圆柱形，有纵棱纹，被锈色长柔毛；卷须 2~3 叉分枝，相隔 2 节间断与叶对生；叶为单叶，心形或卵形；花序梗长 1~2.5 厘米；萼碟形，边缘波状浅齿，外面疏生锈色短柔毛；花瓣 5，卵椭圆形，被锈色短柔毛；雄蕊 5，花药长椭圆形；花盘明显；子房下部与花盘合生。果实近球形，有种子 2~4 颗。花期 6~8 月，果期 9 月至翌年 1 月。

生境：山谷林中或山坡灌丛荫处，海拔 200~1800 米。喜光，也耐阴。喜腐殖质丰富的黏质土，酸性、中性、微碱性壤土均能适应。

药用价值：清热解毒，祛风活络，止痛，止血，敛疮。

园林应用：别具野趣，宜植于墙垣、林缘、池畔或石旁。

5 脱毛乌蔹莓 *Cayratia albifolia* var. glabra

科属：葡萄科乌蔹莓属

形态特征：半木质藤本。小枝圆柱形，有纵棱纹，被灰色柔毛。卷须 3 叉分枝，鸟足状 5 小叶复叶，小叶长椭圆形或卵椭圆形，每边有 20~28 个短尖钝齿，上面无毛或中脉上被稀短柔毛，下面灰白色，密被灰色短柔毛。伞房状多歧聚伞花序腋生；花序梗长 2.5~5 厘米，被灰色疏柔毛；花萼浅碟形，萼齿不明显，外被乳突状柔毛；花瓣

宽卵形或卵状椭圆形；花盘明显，4 浅裂。果球形，有种子 2~4 颗；种子倒卵状椭圆形。

生境：生山坡灌丛或沟谷林中，海拔 1000~1600 米。

药用价值：清热利湿、解毒消肿。

园林应用：可作为园林垂直绿化材料。

6 五叶地锦 *Parthenocissus quinquefolia* (L.) Planch.

科属：葡萄科地锦属

形态特征：木质藤本。小枝圆柱形，无毛。花序假顶生形成主轴明显的圆锥状多歧聚伞花序，长 8~20 厘米；花序梗长 3~5 厘米；花蕾椭圆形；萼碟形，边缘全缘；花瓣 5，长椭圆形；雄蕊 5，花丝长 0.6~0.8 毫米，花药长椭圆形；花盘不明显；子房卵锥形。果实球形；种子倒卵形。花期 6~7 月，果期 8~10 月。

生境：喜温暖气候，具有一定的耐寒能力，耐阴、耐贫瘠，对土壤与气候适应性较强，在中性或偏碱性土壤中均可生长。

药用价值：藤、茎及根入药。具有活血散瘀、通经解毒的作用。

园林应用：可作垂直绿化、草坪及地被绿化材料。

六十三、金丝桃科

1 金丝梅 *Hypericum patulum*

科属：金丝桃科金丝桃属

形态特征：灌木。丛状，具开张的枝条，有时略多叶。花瓣金黄色，无红晕，长圆状倒卵形至宽倒卵形；雄蕊 5 束，每束有雄蕊约 50~70，花药亮黄色；子房呈宽卵珠形。蒴果宽卵珠形，种子深褐色，呈圆柱形有浅的线状蜂窝纹。花期 6~7 月，果期 8~10 月。

生境：生于山坡或山谷的疏林下、路旁或灌丛中，海拔 300~2400 米。

药用价值：根药用，能舒筋活血、催乳、利尿。

园林应用：观花植物。

2 扬子小连翘 *Hypericum faberi*

科属：金丝桃科金丝桃属

形态特征：多年生草本植物，高 0.2~0.8 米。茎曲膝状或匍匐状上升，圆柱形，多分枝。花序于茎及分枝上顶生，5~7 花，蝎尾状二歧聚伞花序；苞片及小苞片线形或线状披针形，边缘疏生黑腺点；花直径 5 毫米，近平展；萼片倒卵状长圆形；花瓣黄色，倒卵状长圆形；雄蕊 3 束，每束有雄蕊 7~8，花丝与花瓣约等长，花药黄色，有黑色腺点；子房卵珠形。蒴果卵珠形；种子黄褐色，圆柱形。花期 6~7 月，果期 8~9 月。

生境：生于山坡草地、灌丛、路旁或田埂上，海拔 1100~2600 米。

药用价值：对多种革兰阳性及阴性细菌均有抑制作用。

园林应用：可作为园林地被植物。

3 **地耳草** *Hypericum japonicum* Thunb. ex Murray

科属：金丝桃科金丝桃属

形态特征：一年生或多年生草本，高 20~45 厘米。花序具 1~30 花，两岐状或多少呈单岐状，有或无侧生的小花枝；苞片及小苞片线形、披针形至叶状；花直径 4~8 毫米，多少平展；花蕾圆柱状椭圆形；萼片狭长圆形或披针形至椭圆形；花瓣白色、淡黄至橙黄色，椭圆形或长圆形；雄蕊 5~30，不成束，花药黄色，具松脂状腺体；子房 1 室。蒴果短圆柱形至圆球形；种子淡黄色，圆柱形。花期 3~5 月，果期 6~10 月。

生境：生于田边、沟边、草地以及撩荒地上，海拔 0~2800 米。

药用价值：全草入药，能清热解毒、止血消肿。

园林应用：可作为园林地被植物。

六十四、报春花科

1　**临时救** *Lysimachia congestiflora* var. *congestiflora*

科属：报春花科珍珠菜属

形态特征：多年生草本植物。茎下部匍匐，节上生根。花 2~4 朵集生茎端和枝端成近头状的总状花序，在花序下方的 1 对叶腋具单生之花；花萼长 5~8.5 毫米，裂片披针形；花冠黄色，内面基部紫红色，5 裂，裂片卵状椭圆形至长圆形；花药长圆形；花粉粒近长球形，表面具网状纹饰。蒴果球形。花期 5~6 月，果期 7~10 月。

生境：生于水沟边、田塍上和山坡林缘、草地等湿润处，垂直分布上限可达海拔 2100 米。

药用价值：全草入药，治风寒头痛、咽喉肿痛、肾炎水肿、肾结石、小儿疳积、疔疮、毒蛇咬伤等。

园林应用：优良的乡土园林地被植物。

2　**泽珍珠菜** *Lysimachia candida*

科属：报春花科珍珠菜属

形态特征：一年生或二年生草本。茎单生或数条簇生，直立，高 10~30 厘米。总状花序顶生，初时因花密集而呈阔圆锥形；苞片线形；花萼裂片披针形，边缘膜质；花冠白色，长 6~12 毫米，筒部长 3~6 毫米，裂片长圆形或倒卵状长圆形，先端圆钝；花药近线形。蒴果球形。

生境：生于田边、溪边和山坡路旁潮湿处，垂直分布上限可达海拔 2100 米。

药用价值：以全草入药，清热解毒，消肿散结。内服具有活血、调经之功效。

园林应用：适宜作地被材料、水景材料或盆栽应用。

3　**铁仔** *Myrsine africana* var. *africana*

科属：报春花科铁仔属

形态特征：灌木。小枝圆柱形。花簇生或近伞形花序，腋生；花 4 数，花萼长约 0.5 毫米；花药长

圆形，与花冠裂片等大且略长，子房长卵形或圆锥形；花冠在雄花中长为管的 1 倍左右，裂片卵状披针形；雄蕊伸出花冠很多，花药长圆状卵形。果球形，红色变紫黑色光亮。花期 2~3 月，有时 5~6 月，果期 10~11 月。

生境：生于海拔 1000~3600 米的石山坡、荒坡疏林中或林缘，向阳干燥的地方。

药用价值：枝、叶药用，治风火牙痛、咽喉痛等症。叶捣碎外敷，治刀伤。

园林应用：可作园林绿篱用。

4 月月红 *Ardisia faberi* Hemsl.

科属：报春花科紫金牛属

形态特征：小灌木或亚灌木。具匍匐生根的根茎，近蔓生，长 15~30 厘米。叶对生或近轮生，叶片厚膜质或坚纸质，卵状椭圆形或披针状椭圆形。亚伞形花序，腋生或生于节间互生的钻形苞片；花长 4~6 毫米，花萼基部几分离，萼片狭披针形或线状披针形；花瓣白色至粉红色，广卵形，花药卵形，子房卵珠形。果球形，红色。花期 5~7 月，稀 4 月，果期 5~11 月。

生境：生于海拔 1000~1300 米的山谷疏、密林下，荫湿处，水旁、路边或石缝间。

药用价值：有活血调经、消肿解毒之功效。

园林应用：园林布置花坛、花境、庭院的花材。

5 北延叶珍珠菜 *Lysimachia silvestrii* (Pamp.) Hand.–Mazz.

科属：报春花科珍珠菜属

形态特征：一年生草本。茎直立，稍粗壮，高 30~75 厘米，圆柱形，单一或上部分枝。总状花序顶生，疏花；花序最下方的苞片叶状，上部的渐次缩小成钻形；花萼长约 6 毫米，裂片披针形；花冠白色，裂片倒卵状长圆形，先端钝或稍锐尖，裂片间的弯缺圆钝；花药狭椭圆形；花粉粒具 3 孔沟，长球形，表面具网状纹饰。蒴果球形。花期 5~7 月，果期 8 月。

生境：生于山坡草地、沟边和疏林下，垂直分布的上限可达海拔 2400 米。

药用价值：内服具有活血、调经之功效。外用可治疗蛇咬伤等症。

园林应用：可作园林地被用。

6 点地梅 *Androsace umbellata* (Lour.) Merr.

科属：报春花科点地梅属

形态特征：一年生或二年生草本。一花葶通常数枚自叶丛中抽出；伞形花序 4~15 花；苞片卵形至披针形；花萼杯状，裂片菱状卵圆形，果期增大，呈星状展开；花冠白色，短于花萼，喉部黄色，裂片倒卵状长圆形。蒴果近球形，果皮白色，近膜质。花期 2~4 月，果期 5~6 月。

　　生境：生于向阳地、疏林下及林绿、草地等处。

　　药用价值：清热解毒，消肿止痛。

　　园林应用：适宜岩石园栽植及灌木丛旁作地被材料。

7 刺叶点地梅 *Androsace spinulifera* (Franch.) R. Knuth

　　科属：报春花科点地梅属

　　形态特征：多年生草本。花葶单一，自叶丛中抽出，高 15~25 厘米；伞形花序多花；苞片披针形或线形；花萼钟状，裂片卵形或卵状三角形；花冠深红色，直径 8~10 毫米，裂片倒卵形，先端微凹。蒴果近球形，稍长于花萼。花期 5~6 月，果期 7 月。

　　生境：生于山坡草地、林缘、砾石缓坡和湿润处，海拔 2900~4450 米。

　　药用价值：清热解毒，消肿止痛。

　　园林应用：宜盆栽、花坛群植或庭院草皮种植。

8 粗毛点地梅 *Androsace wardii* W. W. Smith

　　科属：报春花科点地梅属

　　形态特征：多年生草本。植株由根出条和莲座状叶丛形成疏丛；根出条带紫色，细瘦而坚硬，节间长 8~17 毫米，下部节上具老叶丛残迹，上部新叶丛叠生于老叶丛顶端。花葶自叶丛中抽出，高 2~4 厘米，被开展的毛；伞形花序 3~6 花；苞片长圆形或狭椭圆形；花萼阔钟形或杯状，裂片卵状三角形；花冠粉红色，筒部与花萼近等长，裂片楔状倒卵形，先端微呈波状。蒴果近球形。花期 6~7 月，果期 8 月。

　　生境：生于山坡、林间草地和河边，海拔 3400~4200 米。

　　药用价值：清热解毒，消肿止痛。

　　园林应用：岩石园及灌木丛旁作地被材料。

9 峨眉点地梅 *Androsace paxiana*

　　科属：报春花科点地梅属

形态特征：多年生草本。根状茎短，单一或偶有分枝，具少数粗根及纤维状须根。花通常 2~4 枚自叶丛中抽出；伞形花序 8~14 花；苞片线形；花萼狭钟状，裂片卵状三角形；花冠白色，裂片倒卵状长圆形。蒴果倒卵形。花期 4~5 月，果期 6 月。

　　生境：生于山坡林缘，海拔 1000~1400 米。

　　药用价值：清热解毒，消肿止痛。

　　园林应用：适宜岩石园栽植及灌木丛旁作地被材料。

10　景天点地梅 *Androsace bulleyana* G. Forr.

　　科属：报春花科点地梅属

　　形态特征：二年生或多年生仅结实一次的草本。无根状茎和根出条。花莛 1 至数枚自叶丛中抽出，高 10~28 厘米；伞形花序多花；苞片阔披针形至线状披针形；花萼钟状，长 4.5~5 毫米，裂片卵状长圆形；花冠紫红色，裂片楔状倒卵形。花期 6~7 月。

　　生境：生于山坡、砾石阶地和冲积扇上，海拔 1800~3200 米。

　　药用价值：清热解毒，消肿止痛。

　　园林应用：适宜岩石园及灌木丛旁作地被材料。

11　莲叶点地梅 *Androsace henryi* Oliv.

　　科属：报春花科点地梅属

　　形态特征：多年生草本。根状茎粗短，基部具多数纤维状须根。叶基生，圆形至圆肾形，基部心形

弯缺深达叶片的 1/3，边缘具浅裂状圆齿或重牙齿。花莛通常 2~4 枚自叶丛中抽出；伞形花序 12~40 花；苞片小，线形或线状披针形；花萼漏斗状，裂片三角形或狭卵状三角形；花冠白色，筒部与花萼近等长，裂片倒卵状心形。蒴果近陀螺形。花期 4~5 月，果期 5~6 月。

生境：生于山坡疏林下，沟谷水边和石上。

药用价值：祛风止痛。

园林应用：可作为地被材料。

12　西藏点地梅 *Androsace mariae* Kanitz

科属：报春花科点地梅属

形态特征：多年生草本。主根木质，具少数支根。伞形花序 2~10 花；苞片披针形至线形；花萼钟状，裂片卵状三角形；花冠粉红色，裂片楔状倒卵形。蒴果稍长于宿存花萼。花期 6 月。

生境：生于山坡草地、林缘和砂石地上，海拔 1800~4000 米。

药用价值：具有清热解毒，消肿止痛之功效。

园林应用：可作为园林地被植物。

13　穗花报春 *Primula deflexa* Duthie

科属：报春花科报春花属

形态特征：多年生草本。根状茎极短，具多数长根。花莛高 30~60 厘米；花序通常短穗状，多花，无粉或有时被黄粉；苞片舌状或披针形；花萼壶状，卵圆形，外面常带紫褐色；花冠蓝色或玫瑰紫色，冠檐稍开张，裂片近正方形或近圆形；长花柱花的雄蕊着生处距冠筒基部 2~3 毫米，花柱长达冠筒口；短花柱花的雄蕊近冠筒口着生，花柱长约 2.5 毫米。花期 6~7 月，果期 7~8 月。

生境：生长于山坡草地和水沟边，海拔 3300~4800 米。

药用价值：清热燥湿，泻肝胆火，止血。

园林应用：室内观花，花坛，地被，花境植物。

14 大叶宝兴报春 *Primula asarifolia* Fletcher

科属： 报春花科报春花属

形态特征： 多年生草本。根状茎粗短，具多数纤维状须根。花莛高 8~20 厘米，被铁锈色毛；伞形花序 2~10 花；苞片披针形；花萼钟状，长 9~10 毫米，裂片卵形或卵状三角形；花冠紫蓝色，冠檐直径 2~3 厘米，裂片阔倒卵形；长花柱花的雄蕊距冠筒基部约 3.5 着生，花柱长达冠筒口。

生境： 分布于四川宝兴、芦山县大腔岩等，耐寒，耐热，耐湿，耐旱。

药用价值： 具有良好的血管形成抑制作用。

园林应用： 可用于园林地被材料。

15 狭萼报春 *Primula stenocalyx*

科属： 报春花科报春花属

形态特征： 多年生草本。根状茎粗短，具多数须根。花莛直立，高 1~15 厘米，顶端具小腺体或有时被粉；伞形花序具花 4~16；苞片狭披针形；花萼筒状，裂片矩圆形或披针形；花冠紫红色或蓝紫色，冠筒长 9~15 毫米，冠檐直径 1.5~2 厘米，裂片阔倒卵形；长花柱花的雄蕊着生处距冠筒基部约 2 毫米，花柱约与花萼等长；短花柱花的雄蕊着生处略高于冠筒中部，花柱长 1.5~3 毫米。蒴果长圆形。花期 5~7 月，果期 8~9 月。

生境： 生于阳坡草地、林下、沟边和河漫滩石缝中，海拔 2700~4300 米。

药用价值： 清热燥湿，止血。

园林应用： 在林缘、溪畔、草地上丛植。

16 灰绿报春 *Primula cinerascens* Franch.

科属： 报春花科报春花属

形态特征： 多年生草本。花莛 1~2（3）枚自叶丛中抽出，高 8~25 厘米，稍纤细，被柔毛；伞形花序 3~10 花，有时出现第二轮花序；苞片线状披针形；花萼窄钟状，裂片披针形；花冠堇蓝色或粉红色，冠筒长 6.5~8 毫米，冠檐裂片倒卵形；长花柱花的雄蕊着生处距冠筒基部约 2.5 毫米，花柱长达冠筒口，约 6 毫米；短花柱花的雄蕊着生处距冠筒基部约 5 毫米，花柱长 2.5~3 毫米。蒴果卵圆形，短于花萼。花期 4~5 月。

生境： 生于林下和山坡阴湿处，海拔 1500~2800 米。

药用价值： 清热燥湿，止血。

园林应用： 观花植物之一，常用来作园林地被材料。

17　糙毛报春 *Primula blinii*

科属：报春花科报春花属

形态特征：多年生草本。花莛高 4~25 厘米，被微柔毛；伞形花序 2~10 花；苞片披针形至线状披针形；花莛钟状或狭钟状，被白粉或淡黄粉，裂片披针形；花冠淡紫红色，稀白色，喉部无环或有时具环，冠檐直径 1~2 厘米，裂片倒卵形；长花柱花的雄蕊距冠筒基部约 2 毫米着生，花柱长约达冠筒口；短花柱花的雄蕊着生处接近冠筒口，花柱长 1~2 毫米。蒴果短于花萼。花期 6~7 月，果期 8 月。

生境：生长于向阳的草坡、林缘和高山栎林下，海拔 3000~4500 米。

药用价值：全草：利水消肿，止血。

园林应用：观花植物，在林缘、溪畔、草地上丛植。

18　齿萼报春 *Primula odontocalyx* (Franch.) Pax

科属：报春花科报春花属

形态特征：多年生草本。开花期叶丛基部通常无鳞片。初花期花莛高 0.5~4 厘米，疏被小腺体，通常顶生 1~3 花，稀 4~8 花；苞片线状披针形；花萼钟状，裂片卵形至卵状三角形；花冠蓝紫色或谈红色，冠筒口周围白色；长花柱花的雄蕊近冠筒中部着生，花柱长达冠筒口；短花柱花的雄蕊着生于冠筒上部，花药顶端接近筒口，花柱约与花萼等长。蒴果扁球形。花期 3~5 月，果期 6~7 月。

生境：生长于山坡草丛中和林下，海拔 900~3350 米。

药用价值：全草：利水消肿，止血。

园林应用：观花植物，作园林地被材料。

19　过路黄 *Lysimachia christinae* Hance

科属：报春花科珍珠菜属

形态特征：茎柔弱，平卧延伸，长 20~60 厘米。花单生叶腋；花萼椭圆状披针形以至线形或上部稍扩大而近匙形；花冠黄色，长 7~15 毫米，裂片狭卵形以至近披针形，具黑色长腺条；花药卵圆形，表面具网状纹饰；子房卵珠形。蒴果球形。花期 5~7 月，果期 7~10 月。

生境：生于沟边、路旁阴湿处和山坡林下，垂直分布上限可达海拔 2300 米。

药用价值：功能为清热解毒，利尿排石。

园林应用：园林地被材料。

六十五、秋水仙科

1 **万寿竹** *Disporum cantoniense*

　　科属：秋水仙科万寿竹属

　　形态特征：多年生草本。茎高 50~150 厘米。叶纸质，披针形至狭椭圆状披针形。伞形花序有花 3~10，着生在与上部叶对生的短枝顶端；花紫色；花被片斜出，倒披针形；雄蕊内藏；子房长约 3 毫米。浆果具 2~5 颗种子；种子暗棕色。花期 5~7 月，果期 8~10 月。

　　生境：生于灌丛中或林下，海拔 700~3000 米。

　　药用价值：根状茎供药用，有益气补肾、润肺止咳之效。

　　园林应用：可作园林地被植物或室内栽培。

2 **大花万寿竹** *Disporum megalanthum* Wang et Tang

　　科属：秋水仙科万寿竹属

　　形态特征：根状茎短。根肉质。叶纸质，卵形、椭圆形或宽披针形。伞形花序有花 2~8，着生在茎和分枝顶端，以及与上部叶对生的短枝顶端；花大，白色；花被片斜出，狭倒卵状披针形；雄蕊内藏；柱头 3 裂，连同花柱长约为子房的 6 倍。浆果具 4~6 颗种子；种子褐色。花期 5~7 月，果期 8~10 月。

　　生境：生于林下、林缘或草坡上，海拔 1600~2500 米。

　　药用价值：以根及根茎入药，具有润肺止咳、健脾消积功效。

　　园林应用：多作观花植物。

六十六、肾蕨科

肾蕨 *Nephrolepis cordifolia*

科属：肾蕨科肾蕨属

形态特征：多年生草本植物。附生或土生。叶簇生，暗褐色，密被淡棕色线形鳞片；叶片线状披针形或狭披针形，叶轴两侧被纤维状鳞片，一回羽状，羽状多数，互生，常密集而呈覆瓦状排列，披针形；叶脉明显，侧脉纤细，自主脉向上斜出，顶端具纺锤形水囊；叶坚草质或草质，干后棕绿色或褐棕色，光滑。孢子囊群成 1 行位于主脉两侧，肾形，少有为圆肾形或近圆形；囊群盖肾形，褐棕色，边缘色较淡。

生境：生于溪边林下，海拔 30~1500 米。

药用价值：块茎富含淀粉，可食，亦可供药用。

园林应用：可作园林地被植物。

六十七、天门冬科

1　禾叶山麦冬 *Liriope graminifolia*

科属：天门冬科山麦冬属

形态特征：多年生草本植物。花葶通常稍短于叶，长20~48厘米，总状花序长6~15厘米，具许多花；花通常3~5簇生于苞片腋内；苞片卵形；花被片狭矩圆形或矩圆形，先端钝圆，白色或淡紫色；花药近矩圆形；子房近球形，柱头与花柱等宽。种子卵圆形或近球形，初期绿色，成熟时蓝黑色。花期6~8月，果期9~11月。

生境：生于海拔几十米至2300米的山坡、山谷林下、灌丛中或山沟石缝间。

药用价值：清心润肺，养胃生津。

园林应用：可作园林地被植物。

2　吉祥草 *Reineckia carnea* (Andr.) Kunth

科属：天门冬科吉祥草属

形态特征：多年生常绿草本花卉，株高约20厘米。花葶抽于叶丛，花内白色外紫红色，稍有芳香，花淡紫色，直立，顶生穗状花序；果鲜红色，球形；花葶长5~15厘米；穗状花序长2~6.5厘米，上部的花有时仅具雄蕊；苞片长5~7毫米；花芳香，粉红色；裂片矩圆形；雄蕊短于花柱，花丝丝状，花药近矩圆形。浆果熟时鲜红色。花果期7~11月。

生境：生于阴湿山坡、山谷或密林下，海拔170~3200米。

药用价值：有润肺止咳、固肾、接骨、祛风之功效。

园林应用：株形优美，叶色青翠，盆栽或作园林地被植物。

3　卷叶黄精 *Polygonatum cirrhifolium* (Wall.) Royle

科属：天门冬科黄精属

形态特征：茎高30~90厘米。叶通常每3~6枚轮生，细条形至条状披针形，少有矩圆状披针形。花序轮生，通常具2花，苞片透明膜质；花被淡紫色，花被筒中部稍缢狭。浆果红色或紫红色，具4~9颗种子。花期5~7月，果期9~10月。

生境：生于林下、山坡或草地，海拔2000~4000米。

药用价值：具有补中益气，补精髓，滋润心肺，生津养胃等功效。

园林应用：园林地被材料。

4 开口箭 *Campylandra chinensis*

科属：天门冬科开口箭属

形态特征：根状茎长圆柱形，多节，绿色至黄色。苞片绿色，卵状披针形至披针形，除每花有一枚苞片外，另有几枚无花的苞片在花序顶端聚生成丛；花短钟状，裂片卵形，先端渐尖，肉质，黄色或黄绿色；花丝基部扩大，花药卵形；子房近球形，花柱不明显，柱头钝三棱形，顶端3裂。浆果球形，熟时紫红色。花期4~6月，果期9~11月。

生境：生林下荫湿处、溪边或路旁，海拔1000~2000米。

药用价值：根状茎入药，清热解毒，祛风除湿；散瘀止痛。

园林应用：作园林地被用。

六十八、苦木科

苦树 *Picrasma quassioides* var. quassiodes

科属：苦木科苦木属

形态特征：落叶乔木。树皮紫褐色，平滑，有灰色斑纹。全株有苦味。花雌雄异株，组成腋生复聚伞花序，花序轴密被黄褐色微柔毛；萼片小，通常 5 片，偶 4 片，卵形或长卵形，外面被黄褐色微柔毛，覆瓦状排列；花瓣与萼片同数，卵形或阔卵形，两面中脉附近有微柔毛；雄花中雄蕊长为花瓣的 2 倍，与萼片对生，雌花中雄蕊短于花瓣。核果成熟后蓝绿色。花期 4~5 月，果期 6~9 月。

生境：生于海拔 1400~2400 米的山地杂木林中。

药用价值：树皮及根皮入药能泻湿热、杀虫治疥。

园林应用：秋叶红黄，是较好的秋色叶树种。

六十九、漆树科

1 **青麸杨** *Rhus potaninii*

科属：漆树科盐麸木属

形态特征：落叶乔木。树皮灰褐色。圆锥花序长 10~20 厘米，苞片钻形；花白色；花萼裂片卵形；花瓣卵形或卵状长圆形；花丝线形，在雌花中较短，花药卵形；子房球形。核果近球形，成熟时红色。

生境：生于海拔 900~2500 米的山坡疏林或灌木中。

药用价值：树皮可作农药，青麸杨虫瘿富含鞣质，供药用。

园林应用：可作绿化树种。

2 **黄连木** *Pistacia chinensis*

科属：漆树科黄连木属

形态特征：落叶乔木。树干扭曲。树皮暗褐色，呈鳞片状剥落。花单性异株，先花后叶，圆锥花序腋生，雄花序排列紧密，长 6~7 厘米，雌花序排列疏松，长 15~20 厘米，均被微柔毛；花小；苞片披针形或狭披针形；雄花的花被片 2~4枚，披针形或线状披针形；雄蕊 3~5，花丝极短；雌蕊缺；雌花的花被片 7~9 枚，披针形或线状披针形；不育雄蕊缺；子房球形，花柱极短，柱头3，厚，肉质，红色。核果倒卵状球形，成熟时紫红色，干后具纵向细条纹，先端细尖。

生境：生于海拔 140~3550 米的石山林中。

药用价值：清热、利湿、解毒之功效。

园林应用：黄连木先叶开花，树冠浑圆，枝叶繁茂而秀丽，早春嫩叶红色，入秋叶又变成深红或橙黄色，红色的雌花序也极美观，是优良绿化树种，宜作庭荫树、行道树及观赏风景树。

3 **南酸枣** *Choerospondias axillaris* (Roxb.) B. L. Burtt & A. W. Hill

科属：漆树科南酸枣属

形态特征：落叶乔木，高 8~20 米。树皮灰褐色。小枝粗壮，暗紫褐色，具皮孔。雄花序长 4~10 厘米；苞片小；花萼裂片三角状卵形或阔三角形；花瓣长圆形，具褐色脉纹；雄蕊 10，与花瓣近等长，花丝线形，花药长圆形；雄花无不育雌蕊；雌花单生于上部叶腋，较大；子房卵圆形。核果椭圆形或倒卵状椭圆形，成熟时黄色。

生境：生于海拔 300~2000 米的山坡、丘陵或沟谷林中。

药用价值：树皮和果入药，有消炎解毒、止血止痛之效。

园林应用：干直荫浓，是较好的庭荫树和行道树。

4 清香木 *Pistacia weinmanniifolia*

科属：漆树科黄连木属

形态特征：灌木或小乔木，高 2~8 米。树皮灰色。小枝具棕色皮孔，幼枝被灰黄色微柔毛。花小，紫红色；雄花的花被片 5~8 枚，长圆形或长圆状披针形；雄蕊 5；雌花的花被片 7~10 枚，卵状披针形；子房圆球形。核果球形至椭球形，成熟时铜绿色，部分紫红色或粉红色；种子椭球形，像黄豆，黄棕色至黄褐色，少数粉红色。花期 3月，果熟期 9~10 月。

生境：生于海拔 580~2700 米的石灰山林下或灌丛中。

药用价值：药性：味辛香，无毒。去邪恶气，温中利膈，顺气止痛，生津解渴，固齿祛口臭，安神，定心。以叶及树皮入药，有消炎解毒、收敛止泻之效。

园林应用：枝叶青翠适合作整形、庭植美化、绿篱或盆栽植物。全株具浓烈胡椒香味，有净化空气，驱避蚊蝇作用。

七十、木通科

1 白木通 *Akebia trifoliata* subsp. *australis*

科属：木通科木通属

形态特征：藤本。小叶革质，卵状长圆形或卵形。总状花序长 7~9 厘米，腋生或生于短枝上；雄花的萼片长 2~3 毫米，紫色；雄蕊 6，离生，红色或紫红色，干后褐色或淡褐色；雌花的直径约 2 厘米；萼片长 9~12 毫米，暗紫色；心皮 5~7 个，紫色。果长圆形，熟时黄褐色；种子卵形，黑褐色。花期 4~5 月，果期 6~9 月。

生境：生于海拔 300~2100 米的山坡灌丛或沟谷疏林中。

药用价值：根、茎和果均入药，利尿、通乳，有舒筋活络之效，治风湿关节痛。

园林应用：可保持水土，用作园林垂直绿化植被。

2 串果藤 *Sinofranchetia chinensis* (Franch.) Hemsl.

科属：木通科串果藤属

形态特征：落叶木质藤本。总状花序长而纤细；花稍密集着生于花序总轴上；雄花的萼片 6 片，绿白色，有紫色条纹，倒卵形；蜜腺状花瓣 6 片，肉质，近倒心形；雄蕊 6，花丝肉质，离生；雌花的萼片与雄花的相似，长约 2.5 毫米；花瓣很小，无花柱，柱头不明显，胚珠多数，2 列。成熟心皮浆果状，椭圆形，淡紫蓝色。花期 5~6 月，果期 9~10 月。

生境：生于海拔 900~2450 米的山沟密林、林缘或灌丛中。

药用价值：用于膀胱湿热、小便短赤、淋沥涩痛，或心火上炎、口舌生疮、心烦尿赤等。

园林应用：可用作垂直绿化植物。

3 大血藤 *Sargentodoxa cuneata* (Oliv.) Rehd. et Wils.

科属：木通科大血藤属

形态特征：落叶木质藤本，长达到 10 余米。藤径粗达 9 厘米。总状花序长 6~12 厘米，雄花与雌花同

序或异序，同序时，雄花生于基部；苞片 1 枚，长卵形，膜质；萼片 6 片，花瓣状，长圆形；花瓣 6 片，小，圆形，子房瓶形，花柱线形。浆果近球形，成熟时黑蓝色；种子卵球形。花期 4~5 月，果期 6~9 月。

　　生境：常见于山坡灌丛、疏林和林缘等，海拔常为数百米。

　　药用价值：根及茎均可供药用，有通经活络、散瘀痛、理气行血、杀虫等功效。

　　园林应用：园林、庭院作垂直绿化植物栽培。

4　猫儿屎 *Decaisnea insignis* (Griffith) J. D. Hooker et Thomson

　　科属：木通科猫儿屎属

　　形态特征：直立灌木，高 5 米。总状花序腋生，或数个再复合为疏松、下垂顶生的圆锥花序；小苞片狭线形；萼片卵状披针形至狭披针形。雄花的外轮萼片长约 3 厘米，内轮的长约 2.5 厘米；雄蕊长 8~10 毫米，花丝合生呈细长管状，退化心皮小，通常长约为花丝管之半或稍超过；雌花的退化雄蕊花丝短，合生呈盘状，长约 1.5 毫米，花药离生，药室长 1.8~2 毫米，顶具长 1~1.8 毫米的角状附属状；心皮 3 个，圆锥形，柱头稍大，马蹄形，偏斜。果下垂，圆柱形，蓝色；种子倒卵形，黑色，扁平。花期 4~6 月，果期 7~8 月。

　　生境：生于海拔 900~3600 米的山坡灌丛或沟谷杂木林下阴湿处。

　　药用价值：根和果药用，有清热解毒之效，并可治疝气。

　　园林应用：可作园林垂直绿化材料。

5　牛姆瓜 *Holboellia grandiflora* Reaub.

　　科属：木通科八月瓜属

　　形态特征：常绿木质大藤本。枝圆柱形，具线纹和皮孔；茎皮褐色。花淡绿白色或淡紫色，雌雄同株，数朵组成伞房式的总状花序；雄花的外轮萼片长倒卵形，内轮的线状长圆形，与外轮的近等长但较狭；花瓣极小，卵形或近圆形，直径约 1 毫米；雄蕊直，花丝圆柱形，退化心皮锥尖；雌花的外轮萼片阔卵形，厚，内轮萼片卵状披针形；花瓣与雄花的相似；退化雄蕊小；心皮披针状柱形，柱头圆锥形，偏斜。果长圆形；种子多数，黑色。花期 4~5 月，果期 7~9 月。

　　生境：生于海拔 1100~3000 米的山地杂木林或沟边灌丛内。

　　药用价值：舒肝理气，活血止痛，除烦利尿，杀虫。

　　园林应用：可作园林垂直绿化材料。

七十一、鼠李科

1 长叶冻绿 *Rhamnus crenata* Sieb. et Zucc. var. crenata

科属：鼠李科鼠李属

形态特征：落叶灌木或小乔木。幼枝带红色。花数或 10 余数密集成腋生聚伞花序；萼片三角形；花瓣近圆形；子房球形。核果球形或倒卵状球形，绿色或红色，成熟时黑色或紫黑色。花期 5~8 月，果期 8~10 月。

生境：常生于海拔 2000 米以下的山地林下或灌丛中。

药用价值：常用根、皮煎水或醋浸洗治顽癣或疥疮。

园林应用：庭园和街道绿化植物，可作盆栽。

2 冻绿 *Rhamnus utilis*

科属：鼠李科鼠李属

形态特征：灌木或小乔木。幼枝无毛，小枝褐色或紫红色。花单性，雌雄异株，4 基数，具花瓣；雄花数簇生于叶腋，或 10~30 余聚生于小枝下部，有退化的雌蕊；雌花 2~6 簇生于叶腋或小枝下部；退化雄蕊小，花柱较长，2 浅裂或半裂。核果圆球形或近球形，成熟时黑色。花期 4~6 月，果期 5~8 月

生境：常生于海拔 1500 米以下的山地、丘陵、山坡草丛、灌丛或疏林下。

药用价值：果肉入药，能解热，治泻及瘰沥等。

园林应用：庭园观赏。

3 多花勾儿茶 *Berchemia floribunda* (Wall.) Brongn.

科属：鼠李科勾儿茶属

形态特征：藤状或直立灌木。幼枝黄绿色。花多数，通常数个簇生排成顶生宽聚伞圆锥花序，或下部兼腋生聚伞总状花序，花序长可达 15 厘米；花芽卵球形，顶端急狭成锐尖或渐尖；萼三角形，顶端尖；花瓣倒卵形，雄蕊与花瓣等长。核果圆柱状椭圆形。花期 7~10 月，果期翌年 4~7 月。

生境：生于海拔 2600 米以下的山坡、沟谷、林缘、

林下或灌丛中。

　　药用价值：根入药，有祛风除湿，散瘀消肿、止痛之功效。

　　园林应用：金秋时节，硕果累累，红艳缤纷，是优良的观果植物。

4　多叶勾儿茶 *Berchemia polyphylla*

　　科属：鼠李科勾儿茶属

　　形态特征：藤状灌木。小枝黄褐色，被短柔毛。花浅绿色或白色，通常 2~10 簇生排成具短总梗的聚伞总状，或稀下部具短分枝的窄聚伞圆锥花序，花序顶生，长达 7 厘米，花序轴被疏或密短柔毛；萼片卵状三角形或三角形；花瓣近圆形。核果圆柱形，成熟时红色，后变黑色。花期 5~9 月，果期 7~11 月。

　　生境：常生于山地灌丛或林中，海拔 300~1900 米。

　　药用价值：清肺化痰。

　　园林应用：园林中可用以攀附围墙、陡坡或假山石，花枝、果枝可供插花。

5　拐枣 *Hovenia acerba* Lindl.

　　科属：鼠李科枳椇属

　　形态特征：高大乔木，高 10~25 米。小枝褐色或黑紫色，有明显白色皮孔。二歧式聚伞圆锥花序，顶生和腋生；花两性，萼片具网状脉或纵条纹；花瓣椭圆状匙形，具短爪；花盘被柔毛。浆果状核果近球形，成熟时黄褐色或棕褐色；种子暗褐色或黑紫色。花期 5~7 月，果期 8~10 月。

　　生境：生于海拔 2100 米以下的开旷地、山坡林缘或疏林中。

　　药用价值：能治风湿。种子为清凉利尿药，能解酒毒。

　　园林应用：该树种果材兼用，可用于退耕还林和城乡绿化。

6　马甲子 *Paliurus ramosissimus* (Lour.) Poir.

　　科属：鼠李科马甲子属

　　形态特征：灌木，高达 6 米。腋生聚伞花序，被黄色绒毛；萼片宽卵形；花瓣匙形，短于萼片；雄蕊与花瓣等长或略长于花瓣；花盘圆形；子房 3 室。核果杯状，被黄褐色或棕褐色绒毛；果梗被棕褐色绒毛；种子紫红色或红褐色，扁圆形。花期 5~8 月，果期 9~10 月。

　　生境：生于海拔 2000 以下的山地和平原，野生或栽培。

　　药用价值：根、枝、叶、花、果均供药用，有解毒消肿、止痛活血之效。

　　园林应用：分枝密且具针刺，常栽培作绿篱。

七十二、百部科

对叶百部 *Radix Stemona* Tuberosae

科属：百部科百部属

形态特征：多年生攀援草本，高可达 5 米。茎上部缠绕。叶通常对生，广卵形。花腋生；花下具一披针形的小苞片；花被片 4 枚，披针形，黄绿色，有紫色脉纹。蒴果倒卵形而扁。花期 5~6 月，果期 7~8 月。

生境：一般生长在海拔 30~1600 米的石缝、石穴、杂木林和灌丛中。

药用价值：根入药，外用于杀虫、止痒、灭虱，内服有润肺、止咳、祛痰之效。

园林应用：垂直绿化材料。

七十三、防己科

1 木防己 *Cocculus orbiculatus*

科属：防己科木防己属

形态特征：木质藤本。聚伞花序少花，腋生，或排成多花，狭窄聚伞圆锥花序，顶生或腋生；雄花的小苞片2枚或1枚，萼片6片，外轮卵形或椭圆状卵形，长1~1.8毫米，内轮阔椭圆形至近圆形；花瓣6片，长1~2毫米；雄蕊6，比花瓣短；雌花的萼片和花瓣与雄花相同；退化雄蕊6，微小；心皮6个，无毛。核果近球形，红色至紫红色。

生境：生于灌丛、村边、林缘等处。

药用价值：干燥根可以入药清热解毒，活血，祛风止痛。

园林应用：用于垂直绿化或作为地被植物使用。

2 秤钩风 *Diploclisia affinis* (Oliv.) Diels

科属：防己科秤钩风属

形态特征：木质藤本。当年生枝草黄色，有条纹，老枝红褐色或黑褐色；腋芽2枚，叠生。聚伞花序腋生，有花3至多数；雄花的萼片椭圆形至阔卵圆形；花瓣卵状菱形。核果红色，倒卵圆形。花期4~5月，果期7~9月。

生境：生于林缘或疏林中。

药用价值：清热利湿，消肿解毒活血止痛，利尿解毒。

园林应用：可作为观叶观果植物。

3 青牛胆 *Tinospora sagittata* (Oliv.) Gagnep.

科属：防己科青牛胆属

形态特征：草质藤本，具连珠状块根，膨大部分常为不规则球形，黄色；花序腋生，常数个或多个簇生，聚伞花序或分枝成疏花的圆锥状花序，总梗、分枝和花梗均丝状；小苞片2枚，紧贴花萼；萼片6片，常卵形或披针形；花瓣6片，肉质，常有爪，瓣片近圆形或阔倒卵形；雄蕊6，与花瓣近等长或稍长；雌花的萼片与雄花相似；花瓣楔形；退化雄蕊6，常棒状或其中3稍阔而扁；心皮3个。核果红色，近球形。花期4月，果期秋季。

生境：常散生于林下、林缘、竹林及草地上。

药用价值：块根入药，味苦性寒，功能清热解毒。

园林应用：属攀爬植物，作垂直绿化植物。

七十四、夹竹桃科

1 丽子藤 *Dregea yunnanensis* (Tsiang) Tsiang et P. T. Li var. yunnanensis.

科属：夹竹桃科南山藤属

形态特征：攀援灌木。全株具乳汁。伞形状聚伞花序腋生，长达 5 厘米，着花达 15；花萼裂片卵圆形，花萼内面基部具 5 小腺体；花冠白色，辐状，裂片卵圆形；副花冠裂片肉质；花粉块长圆状，直立；子房被疏柔毛，花柱短圆柱状，柱头圆锥状。蓇葖披针形；种子卵圆形。花期 4~8 月，果期 10 月。

生境：生长于海拔 3500 米以下的山地林中。

药用价值：有祛风除湿、消食止痛的功能。

园林应用：可作垂直绿化材料。

2 苦绳 *Dregea sinensis* Hemsl. var. sinensis

科属：夹竹桃科南山藤属

形态特征：攀援木质藤本。茎具皮孔。幼枝具褐色绒毛。伞形状聚伞花序腋生，着花多达 20；花萼裂片卵圆形至卵状长圆形，花萼内面基部有 5 腺体；花冠内面紫红色，外面白色，辐状，裂片卵圆形；副花冠裂片肉质；花药顶端具膜片；花粉块长圆形，柱头圆锥状。蓇葖狭披针形；种子扁平，卵状长圆形。花期 4~8 月，果期 7~10 月。

生境：生长于海拔 500~3000 米的山地疏林中或灌木丛中。

药用价值：民间用作催乳、止咳、祛风湿。叶外敷可治外伤肿痛、痈疖、骨折等。

园林应用：用作园林垂直绿化材料。

3 杠柳 *Periploca sepium* Bunge

科属：夹竹桃科杠柳属

形态特征：落叶蔓性灌木。聚伞花序腋生，着花数朵；花序梗和花梗柔弱；花萼裂片卵圆形；花冠紫红色，辐状，花冠筒短，中间加厚呈纺锤形；副花冠环状，10 裂；雄蕊着生在副花冠内面，并与其合生，花药彼此粘连并包围着柱头，背面被长柔毛；心皮离生；花粉器匙形。蓇葖 2，圆柱状；种子长圆形，黑褐色。花期 5~6 月，果期 7~9 月。

生境：生于平原及低山丘的林缘、沟坡、河边沙质地。

药用价值：根皮、茎皮可药用，能祛风湿、壮筋骨强腰膝等。

园林应用：可固沙和水土保持，观花观果植物。

七十五、马兜铃科

异叶马兜铃 Aristolochia heterophylla

科属：马兜铃科马兜铃属

形态特征：本变型与原变型的主要区别点在于小苞片卵形或圆形，长宽均 5~15 毫米，抱茎，质地常与叶相同，干后绿色或褐色。果实具 6 棱。花期 4~6 月，果期 8~10 月。

生境：生于海拔 780~1300 米的疏林中或林缘山坡灌丛中。

药用价值：根有祛风除湿等功效

园林应用：可作为垂直绿化理想植物。

七十六、胡颓子科

1 牛奶子 *Elaeagnus umbellata*

科属：胡颓子科胡颓子属

形态特征：落叶直立灌木。花较叶先开放，黄白色，芳香，密被银白色盾形鳞片，1~7 花簇生新枝基部，单生或成对生于幼叶腋；花梗白色；雄蕊的花丝极短，花药矩圆形；花柱直立，柱头侧生。果实几球形或卵圆形，幼时绿色，成熟时红色。花期 4~5 月，果期 7~8 月。

生境：生长于海拔 20~3000 米的向阳的林缘、灌丛中，荒坡上和沟边。

药用价值：根、茎、叶、果实均可入药。有活血行气、止咳、止血、祛风等功效。

园林应用：花芳香，入秋红果累累，可配植于花丛或林缘，也可植为绿篱或修剪成球形。

2 木半夏 *Elaeagnus multiflora* Thunb.

科属：胡颓子科胡颓子属

形态特征：落叶直立灌木。花白色，被银白色和散生少数褐色鳞片；花梗纤细，萼筒圆筒形；雄蕊着生花萼筒喉部稍下面，花丝极短，花柱直立，微弯曲。果实椭圆形，密被锈色鳞片，成熟时红色。花期 5 月，果期 6~7 月。

生境：野生或栽培。

药用价值：果实、根、叶可治跌打损伤、痢疾、哮喘。

园林应用：丛生灌木，双色叶观果树种，红果绿叶，极具观赏价值，可作庭院观赏树种，绿篱和盆栽。

七十七、凤尾蕨科

铁线蕨 *Adiantum capillus-veneris f. capillus-veneris.*

科属：凤尾蕨科铁线蕨属

形态特征：蕨类，植株高 15~40 厘米。叶远生或近生，叶片卵状三角形，基部楔形，中部以下多为二回羽状，中部以上为一回奇数羽状；羽片 3~5 对，互生，斜向上。孢子囊群每羽片 3~10 枚，横生于能育的末回小羽片的上缘；囊群盖长形、长肾形成圆肾形，上缘平直，淡黄绿色，老时棕色，膜质，全缘，宿存。孢子周壁具粗颗粒状纹饰。

生境：常生于溪旁石灰岩上或滴水岩壁上。

药用价值：全草入药。苦，凉。有清热利湿、消肿解毒、止咳平喘、利尿通淋的作用。

园林应用：适宜小型盆栽，布置假山缝隙和背阴屋角。

七十八、绣球花科

1 常山 *Dichroa febrifuga* var. febrifuga

科属：绣球花科常山属

形态特征：灌木。小视圆柱状或稍具四棱，常呈紫红色。伞房状圆锥花序顶生，有时叶腋有侧生花序，直径 3~20 厘米，花蓝色或白色；花蕾倒卵形；花萼倒圆锥形，4~6 裂；裂片阔三角形；花瓣长圆状椭圆形，稍肉质，花后反折；雄蕊10~20，一半与花瓣对生，花丝线形，扁平；花柱4~6，棒状，柱头长圆形，子房 3/4 下位。浆果，蓝色，干时黑色。花期 2~4 月，果期 5~8 月。

生境：生于海拔 200~2000 米的阴湿林中。

药用价值：根含有常山素（Dichroin），为抗疟疾要药。

园林应用：花形美丽奇特，花期长，可供堤岸、悬崖、石隙及林下等处栽植。

2 西南绣球 *Hydrangea davidii*

科属：绣球花科绣球属

形态特征：灌木。一年生小枝褐色或暗红褐色，初时密被淡黄色短柔毛。伞房状聚伞花序顶生；不育花萼片 3~4 片，阔卵形、三角状卵形或扁卵圆形；孕性花深蓝色，萼筒杯状；花瓣狭椭圆形或倒卵形，先端渐尖或钝，基部具爪；雄蕊8~10 枚，花药阔长圆形或近圆形；子房近半上位或半上位，花柱 3~4。蒴果近球形，约等于萼筒长度；种子淡褐色，倒卵形或椭圆形。花期 4~6 月，果期 9~10 月。

生境：生于山谷密林、山坡路旁疏林或林缘，海拔 1400~2400 米。

药用价值：功能主治清热、利尿、下乳。

园林应用：宜盆植，适宜栽植庭院中，或为花篱、花境植物。

3 蜡莲绣球 *Hydrangea strigosa* Rehd.

科属：绣球花科绣球属

形态特征：灌木。小枝圆柱形或微具四钝棱，灰褐色。叶纸质，长圆形、卵状披针形或倒卵状倒披针

形。伞房状聚伞花序大；不育花萼片 4~5 片，阔卵形、阔椭圆形或近圆形；孕性花淡紫红色，萼筒钟状；花瓣长卵形。蒴果坛状；种子褐色，阔椭圆形，具纵脉纹。花期 7~8 月，果期 11~12 月。

生境：生于山谷密林或山坡路旁疏林或灌丛中，海拔 500~1800 米。

药用价值：根可药用，性味辛、酸、凉，消积和中、截疟退热。

园林应用：花色艳丽，可应用于花坛、花园和庭院等。

4　白背绣球 *Hydrangea hypoglauca* Rehder

科属：绣球花科绣球属

形态特征：灌木，高 1~3 米。枝红褐色。伞房状聚伞花序；不育花直径 2~4 厘米；萼片 4 片，少有 3 片，阔卵形、倒卵形或扁圆形，白色；孕性花密集，萼筒钟状，萼齿卵状三角形；花瓣白色，长卵形；子房半下位或略超过一半下位，花柱 3，钻状。蒴果卵球形；种子淡褐色。花期 6~7 月，果期 9~10 月。

生境：生于山坡密林或山顶疏林中，海拔 900~1900 米。

药用价值：消积和中、截疟退热。

园林应用：宜盆植，或栽植于庭院中。

5　绢毛山梅花 *Philadelphus sericanthus*

科属：绣球花科山梅花属

形态特征：灌木，高 1~3 米。总状花序有花 7~30，下面 1~3 对分枝顶端具 3~5 花成聚伞状排列；花序轴长 5~15 厘米，疏被毛；花萼褐色，外面疏被糙伏毛，裂片卵形；花冠盘状；花瓣白色，倒卵形或长圆形；雄蕊 30~35，花药长圆形；花盘和花柱均无毛或稀疏被白色刚毛；花柱长约 6 毫米，柱头桨形或匙形。蒴果倒卵形。花期 5~6 月，果期 8~9 月。

生境：生于海拔 350~3000 米的林下或灌丛中。

药用价值：根皮可以入药。活血，止痛，截疟。

园林应用：花白色秀丽，芳香沁人，是很好的观赏植物。

七十九、黄杨科

雀舌黄杨 *Buxus bodinieri* Lévl.

科属：黄杨科黄杨属

形态特征：灌木，高 3~4 米。枝圆柱形；小枝四棱形。花序腋生，头状，花密集，花序轴长约 2.5 毫米；苞片卵形；雄花约 10，萼片卵圆形，雄蕊连花药长 6 毫米，不育雌蕊有柱状柄；雌花的外萼片长约 2 毫米，内萼片长约 2.5 毫米，受粉期间，子房长 2 毫米，无毛，花柱长 1.5 毫米，略扁，柱头倒心形，下延达花柱 1/3~1/2 处。蒴果卵形。花期 2 月，果期 5~8 月。

生境：生于平地或山坡林下，海拔 400~2700 米。

药用价值：清热解毒，化痰止咳，祛风，止血。

园林应用：常用于绿篱、花坛和盆栽植物，或修剪成各种形状。

八十、海桐科

1　海金子 *Pittosporum illicioides*

科属：海桐科海桐属

形态特征：常绿灌木，高达5米。伞形花序顶生，有花2~10；苞片细小，早落；萼片卵形；花瓣长8~9毫米；雄蕊长6毫米；子房长卵形。蒴果近圆形。

生境：对光照的适应能力较强，但以半阴地生长最佳。喜肥沃湿润土壤。

药用价值：解毒，利湿，活血，消肿。

园林应用：多作盆栽或绿篱栽植。

2　海桐 *Pittosporum tobira*

科属：海桐科海桐花属

形态特征：常绿灌木或小乔木。嫩枝被褐色柔毛，有皮孔。花白色，有芳香，后变黄色；萼片卵形；花瓣倒披针形，离生；雄蕊2型，退化雄蕊的花丝长2~3毫米，花药近于不育；花药长圆形，黄色；子房长卵形，侧膜胎座3个。蒴果圆球形，有棱或呈三角形；种子多数，多角形，红色。

生境：对气候和土壤的适应性较强，在黏土、砂土及轻盐碱土中均能正常生长。对二氧化硫、氟化氢、氯气等有毒气体抗性强。

药用价值：以根、叶和种子入药。根：祛风活络，散瘀止痛。叶：解毒，止血。外用治毒蛇咬伤，疮疖，外伤出血。

园林应用：通常可作绿篱栽植，也可孤植，或丛植于林缘或路边。为防风林及工矿区绿化的重要树种，并宜作城市隔噪声和防火林带的下木。尤宜于工矿区种植。

3　大叶海桐 *Pittosporum daphniphylloides* var. adaphniphylloides

科属：海桐科海桐属

形态特征：常绿小乔木，高达5米。复伞房花序 3~7 条组成复伞形花序，生于枝顶叶腋内，总花序柄极短或不存在，每个伞房花序的花序柄长 3~4.5 厘米；花黄色；萼片卵形；花瓣窄矩圆形，分离；子房卵形。蒴果近圆球形，果片薄木质；种子 17~23 个，红色，干后变黑，多角形。

生境：生长于海拔 1500 米，林下。

药用价值：祛风活络，散瘀止痛。

园林应用：通常可作绿篱栽植，也可孤植或丛植于林缘或路旁。

4 柄果海桐 *Pittosporum podocarpum* Gagnep.

科属：海桐科海桐属

形态特征：常绿灌木，高约 2 米。嫩枝无毛，老枝有皮孔。花 1~4 生于枝顶叶腋内；萼片卵形；花瓣长约 17 毫米；子房长卵形，密被褐色柔毛。蒴果梨形或椭圆形，果片薄，革质，外表粗糙，内侧有横格，每片有种子 3~4 个；种子扁圆形，干后淡红色。

生境：生于海拔 800~3000 米，溪边，林下或灌丛中。

药用价值：治蛇咬伤、关节疼痛、皮肤湿疹、骨折、骨髓炎等。

园林应用：著名的观叶、观果植物，多作绿篱，也可盆栽观赏，可抗二氧化硫等有害气体，又为环保树种。

八十一、五列木科

1 **细枝柃** *Eurya loquaiana*

科属：五列木科柃属

形态特征：灌木或小乔木。树皮灰褐色或深褐色。枝纤细，嫩枝圆柱形，黄绿色或淡褐色。叶薄革质，窄椭圆形或长圆状窄椭圆形上面暗绿色，下面干后常变为红褐色。花1~4簇生于叶腋。雄花的小苞片2枚，极小，卵圆形；萼片5片，卵形或卵圆形；花瓣5片，白色，倒卵形；雄蕊10~15枚；雌花的小苞片和萼片与雄花同；花瓣5，白色，卵形；子房卵圆形。果实圆球形，成熟时黑色；种子肾形，暗褐色。花期10~12月，果期翌年7~9月。

生境：多生于海拔400~2000米的山坡沟谷、溪边林中或林缘以及灌丛中。

药用价值：用于风湿痹痛，跌打损伤。

园林应用：适合作为绿篱、岩石园材料、造型植物、盆景。

2 **柃木** *Eurya japonica* Thunb.

科属：五列木科柃属

形态特征：灌木，高1~3.5米。嫩枝黄绿色或淡褐色，具2棱，小枝灰褐色或褐色。顶芽披针形。花1~3腋生；雄花的萼片5片，卵圆形或近圆形；花瓣5片，白色，长圆状倒卵形；雄蕊12~15枚，花药不具分格，退化子房无毛；雌花的萼片5片，卵形；花瓣5片，长圆形；子房圆球形。果实圆球形。花期2~3月，果期9~10月。

生境：多生于滨海山地及山坡路旁或溪谷边灌丛中。

药用价值：枝叶可供药用，有清热、消肿的功效。

园林应用：柃木适用花坛、花景、色带、林下植被及造型植物等。

八十二、冬青科

1 猫儿刺 *Ilex pernyi*

科属： 冬青科冬青属

形态特征： 常绿灌木或乔木。树皮银灰色。顶芽卵状圆锥形。花序簇生于二年生枝的叶腋内，多为2~3花聚生成簇，每分枝仅具1花；花淡黄色，全部4基数；雄花的花萼4裂，裂片阔三角形或半圆形；花冠辐状，直径约7毫米，花瓣椭圆形，雄蕊稍长于花瓣；退化子房圆锥状卵形；雌花的花瓣卵形；退化雄蕊短于花瓣，败育花药卵形；子房卵球形，柱头盘状。果球形或扁球形，成熟时红色宿存柱头厚盘状，4裂。花期4~5月，果期10~11月。

生境： 生于海拔1050~2500米的山谷林中或山坡、路旁灌丛中。

药用价值： 树皮含小檗碱，叶和果入药，有补肝肾、清风热之功效。根入药，用于肺热咳嗽、咯血、咽喉肿痛、角膜云翳等症。

园林应用： 系水土保持和荒山造林优良树种。

2 大果冬青 *Ilex macrocarpa* Oliv.

科属： 冬青科冬青属

形态特征： 落叶乔木。小枝栗褐色或灰褐色，长枝皮孔圆形。花白色，5~6基数；花萼盘状，5~6浅裂，裂片三角状卵形；花冠辐状，花瓣倒卵状长圆形；雄蕊与花瓣互生，花药长圆形；退化子房垫状；雌花的单生于叶腋或鳞片腋内；花7~9基数，花萼盘状，裂片卵状三角形；花冠辐状，花瓣长4~5毫米，基部稍联合；退化雄蕊与花瓣互生，败育花药箭头形；子房圆锥状卵形，花柱明显。果球形，成熟时黑色，内果皮坚硬，石质。花期4~5月，果期10~11月。

生境： 生于海拔400~2400米的山地林中。

药用价值： 功效主治清热解毒、润肺止咳。

园林应用： 可作园林观果植物。

八十三、阿福花科

萱草 *Hemerocallis fulva* (L.) L.

科属：阿福花科萱草属

形态特征：多年生草本。根近肉质，中下部常纺锤状。叶条形。花葶粗壮；圆锥花序具 6~12 朵花或更多，苞片卵状披针形；蒴果长圆形。花早上开晚上凋谢，无香味，桔红色至桔黄色。花果期 5~7 月。

生境：性强健，耐寒，适应性强，喜湿润也耐旱，喜阳光又耐半阴。对土壤选择性不强，但以富含腐殖质，排水良好的湿润土壤为宜。适合在海拔 300~2500 米生长。

药用价值：清热利尿，凉血止血。

园林应用：花色鲜艳，园林中多丛植或于花境、路旁栽植。

八十四、石蒜科

1 葱莲 *Zephyranthes candida*

科属：石蒜科葱莲属

形态特征：多年生草本。鳞茎卵形。叶狭线形，肥厚，亮绿色。花茎中空；花单生于花茎顶端，下有带褐红色的佛焰苞状总苞，总苞片顶端2裂；花白色，外面常带淡红色；花被片6枚；雄蕊6，长约为花被的1/2；花柱细长。蒴果近球形；种子黑色，扁平。花期秋季。

生境：喜肥沃土壤，喜阳光充足，耐半阴与低湿，宜肥沃、带有黏性而排水好的土壤。

药用价值：全草有平肝、宁心、熄风镇静的作用。

园林应用：适用于林下、边缘或半荫处作园林地被植物，也可作花坛、花径的镶边材料。

2 茖葱 *Allium victorialis* L.

科属：石蒜科葱属

形态特征：鳞茎单生或2~3枚聚生，近圆柱状；鳞茎外皮灰褐色至黑褐色，破裂成纤维状，呈明显的网状。叶2~3枚，倒披针状椭圆形至椭圆形。花葶圆柱状，高25~80厘米；伞形花序球状，具多而密集的花；花白色或带绿色，极稀带红色；内轮花被片椭圆状卵形，先端钝圆，常具小齿；外轮的狭而短，舟状；花丝比花被片长1/4至1倍；子房具3圆棱。花果期6~8月。

生境：生于海拔1000~2500米的阴湿坡山坡、林下、草地或沟边。

药用价值：具辛散温通，芳香辟秽，可用于风寒感冒，呕恶胀满之症。

园林应用：处于野生状态。

八十五、紫草科

1 盾果草 *Thyrocarpus sampsonii*

科属：紫草科盾果草属。

形态特征：草本。茎高 20~45 厘米。基生叶丛生，有短柄，匙形；茎生叶较小，狭长圆形或倒披针形。花序长 7~20 厘米；苞片狭卵形至披针形，花生苞腋或腋外；花萼裂片狭椭圆形；花冠淡蓝色或白色，檐部裂片近圆形；雄蕊 5，着生花冠筒中部，花药卵状长圆形，小坚果 4 颗，黑褐色。花果期 5~7 月。

生境：生于山坡草丛或灌丛下。

药用价值：治咽喉痛，外敷能治乳痈、疔疮。

园林应用：可作园林地被植物。

2 弯齿盾果草 *Thyrocarpus glochidiatus* Maxim.

科属：紫草科盾果草属

形态特征：花序长可达 15 厘米；苞片卵形至披针形，花生苞腋或腋外；花萼裂片狭椭圆形至卵状披针形；花冠淡蓝色或白色，筒部比檐部短 1.5 倍，檐部裂片倒卵形至近圆形；雄蕊 5，着生花冠筒中部，内藏，花丝很短，花药宽卵形。小坚果 4，黑褐色。花果期 4~6 月。

生境：生于山坡草地、田埂、路旁等处。

药用价值：清热解毒，消肿。用于痈疖疔疮、菌痢、肠炎。

园林应用：可作园林地被用。

3 粗糠树 *Ehretia macrophylla* Wall.

科属：紫草科厚壳树属

形态特征：落叶乔木。树皮灰褐色，纵裂。聚伞花序顶生，呈伞房状或圆锥状；苞片线形；花萼，裂片卵形或长圆形；花冠筒状钟形，白色至淡黄色，芳香，裂片长圆形。核果黄色，近球形。花期 3~5 月，果期 6~7 月。

生境：生于海拔 125~2300 米山坡疏林及土质肥沃的山脚阴湿处。

药用价值：散瘀消肿。主治跌打损伤。

园林应用：可作观果植物，密被糙伏毛，具有较强的吸附灰尘作用，可作城乡绿化的优良树种。

4 倒提壶 *Cynoglossum amabile* Stapf et Drumm.

科属：紫草科琉璃草属

形态特征：多年生草本，高 15~60 厘米。花序锐角分枝，集为圆锥状；花萼裂片卵形或长圆形；花冠通常蓝色，稀白色，裂片圆形，花药长圆形；花柱线状圆柱形。小坚果卵形。花果期 5~9 月。

生境：生于海拔 1250~4565 米的山坡草地、山地灌丛及林缘。

药用价值：清热利湿，散瘀止血，止咳。

园林应用：花姿清雅宜人，适合庭园丛植或组合盆栽。

八十六、番杏科

心叶日中花 *Mesembryanthemum cordifolium*

科属：番杏科日中花属

形态特征：多年生常绿草本。茎斜卧，长30~60厘米。叶对生，叶片心状卵形。花单个顶生或腋生；花萼裂片4，倒圆锥形；花瓣多数，红紫色，匙形；雄蕊多数；子房下位，4室，柱头4裂。蒴果肉质，星状4瓣裂。花期7~8月。

生境：喜温暖、干燥，耐半阴和干旱，适应性强、容易繁殖。

药用价值：叶片内具有补充抗氧化剂、叶黄素、丰富的维生素C和叶酸的药用功效。叶黄素可以预防黄斑变性和白内障。

园林应用：广泛应用于花坛、垂直绿化，也作为地被植物使用。

八十七、龙胆科

1 阿墩子龙胆 *Gentiana atuntsiensis* W. W. Smith

科属：龙胆科龙胆属

形态特征：多年生草本，高 5~20 厘米。花多数，顶生和腋生，聚成头状或在花枝上部作三歧分枝，从叶腋内抽出总花梗；花萼倒锥状筒形或筒形，披针形或线形，花冠深蓝色，有时具蓝色斑点，无条纹，漏斗形；雄蕊着生于冠筒中下部，整齐，花丝线形，花药狭矩圆形；子房线状披针形。蒴果内藏，椭圆状披针形；种子黄褐色，有光泽，宽矩圆形。花果期 6~11 月。

生境：生于高山灌丛及草地，海拔 4200~4500 米。

药用价值：其根及根茎作龙胆药用。

园林应用：花色艳丽，色彩丰富，适宜作为花坛、花境或盆花。

2 粗茎秦艽 *Gentiana crassicaulis* Duthie ex Burk.

科属：龙胆科龙胆属

形态特征：多年生草本，高 30~40 厘米。花多数，无花梗，在茎顶簇生呈头状，稀腋生作轮状；花萼筒膜质，一侧开裂呈佛焰苞状；花冠筒部黄白色，冠檐蓝紫色或深蓝色，壶形；雄蕊着生于冠筒中部，花丝线状钻形，花药狭矩圆形；子房无柄，狭椭圆形。蒴果内藏，无柄，椭圆形；种子红褐色，有光泽，矩圆形。花果期 6~10 月。

生境：生于山坡草地、高山草甸和灌丛及林缘，海拔 2100~4500 米。

药用价值：祛风除湿，和血舒筋，清热利尿。

园林应用：可作为园林地被植物。

八十八、石竹科

1　矮小孩儿参 *Pseudostellaria maximowicziana* (Franch. et Sav.) Pax (Caryophyllaceae)

科属：石竹科孩儿参属

形态特征：多年生草本，高 8~15 厘米。块根近球形或纺锤形，通常单生。开花受精花单生枝端；萼片 5 片，披针形；花瓣 5 片，白色，匙形或倒卵形；雄蕊 10，短于花瓣，花药蓝黑色；花柱 2~3；闭花受精花稍小；萼片 4 片，狭披针形，被白色柔毛。蒴果卵圆形，4 瓣裂；种子具棘凸。花期 5~6 月，果期 7~8 月。

生境：生于海拔 1400~3900 米的疏林及草地。

药用价值：益气健脾，生津润肺。

园林应用：可作为园林地被植物。

2　蔓孩儿参 *Pseudostellaria davidii* (Franch.) Pax

科属：石竹科孩儿参属

形态特征：多年生草本。块根纺锤形。茎匍匐。开花受精花单生于茎中部以上叶腋；萼片 5 片，披针形；花瓣 5 片，白色，长倒卵形；雄蕊 10，花药紫色，比花瓣短；花柱 3，稀 2；闭花受精花通常 1~2，匍匐枝多时则花数 2 以上，腋生；萼片 4 片，狭披针形。蒴果宽卵圆形；种子圆肾形或近球形。花期 5~7 月，果期 7~8 月。

生境：生于混交林、杂木林下、溪旁或林缘石质坡。

药用价值：益气健脾，生津润肺。

园林应用：可作为园林地被植物。

3 鹅肠菜 *Myosoton aquaticum*

科属：石竹科鹅肠菜属

形态特征：二年生或多年生草本。具须根。茎50~80厘米。顶生二歧聚伞花序；苞片叶状；萼片卵状披针形或长卵形；花瓣白色，裂片线形或披针状线形；雄蕊10，稍短于花瓣；子房长圆形，花柱短，线形。蒴果卵圆形；种子近肾形。花期5~8月，果期6~9月。

生境：生于海拔350~2700米的河流两旁冲积沙地的低湿处或灌丛林缘和水沟旁。

药用价值：清热化痰，软坚散结。

园林应用：可作为园林地被植物。

4 繁缕 *Stellaria media* (L.) Villars

科属：石竹科繁缕属

形态特征：一年生或二年生草本，高10~30厘米。疏聚伞花序顶生；花梗细弱，萼片5片，卵状披针形；花瓣白色，长椭圆形，裂片近线形；雄蕊3~5，短于花瓣。蒴果卵形；种子卵圆形至近圆形，红褐色。花期6~7月，果期7~8月。

生境：中低海拔和中高海拔地区的500~3700米的范围内。以山坡、林下、田边、路旁为多。

药用价值：清热解毒，化瘀止痛，催乳。

园林应用：可作为园林地被植物。

八十九、红豆杉科

粗榧 *Cephalotaxus sinensis* (Rehder et E. H. Wilson) H. L. Li

科属：红豆杉科三尖杉属

形态特征：灌木或小乔木。树皮灰色或灰褐色。叶条形，排列成两列，上面深绿色，中脉明显，下面有 2 条白色气孔带。雄球花 6~7 聚生成头状，基部及总梗上有多枚苞片，雄球花卵圆形。种子通常 2~5 个着生于轴上，卵圆形、椭圆状卵形或近球形。花期 3~4 月，种子 8~10 月成熟。

生境：多生于海拔 600~2200 米的花岗岩、砂岩或石灰岩山地。

药用价值：叶、枝、种子、根含有三尖杉酯碱和高三尖杉酯碱等 20 多种生物碱有效成分，对治疗白血病和淋巴肉瘤等有一定的疗效。

园林应用：在园林中通常多与其他树种配置，作基础种植、孤植、丛植、林植等，也可作盆栽或盆景造景。

九十、菝葜科

菝葜 *Smilax china* L.

科属：菝葜科菝葜属

形态特征：攀援灌木。叶薄革质或坚纸质，干后通常红褐色或近古铜色，圆形、卵形或其他形状，下面通常淡绿色，较少苍白色。伞形花序生于叶尚幼嫩的小枝上，具十几朵或更多的花，常呈球形；花序托稍膨大，近球形；花绿黄色，内花被片稍狭；雄花中花药比花丝稍宽，常弯曲；雌花与雄花大小相似，有6枚退化雄蕊。浆果熟时红色，有粉霜。花期2~5月，果期9~11月。

生境：生于海拔2000米以下的林下、灌丛中、路旁、河谷或山坡上。

药用价值：以根茎入药。主要含皂苷、生物碱成分。性味甘，温。祛风湿，利小便，消肿毒。

园林应用：多作地栽，亦可作为绿篱使用。

九十一、爵床科

1 **白接骨** *Asystasia neesiana*

科属：爵床科十万错属

形态特征：草本。具白色，富粘液，竹节形根状茎；茎高达1米；略呈4棱形。叶卵形至椭圆状矩圆形，叶片纸质。总状花序或基部有分枝；花单生或对生；花萼裂片5，主花轴和花萼被有柄腺毛；花冠淡紫红色，漏斗状，外疏生腺毛，花冠筒细长，裂片5；雄蕊2强。蒴果上部具4粒种子。

生境：生于山坡、山谷林下阴湿的石缝内和草丛中。

药用价值：主治止血、去瘀、清热解毒。

园林应用：可引入园林作为宿根花卉。

2 **爵床** *Justicia procumbens*

科属：爵床科爵床属

形态特征：草本。茎基部匍匐。穗状花序顶生或生上部叶腋；花萼裂片4，线形；花冠粉红色；雄蕊2。蒴果。

生境：生于山坡林间、旷野草地和路旁的阴湿处。

药用价值：清热解毒，利尿消肿，截疟。

园林应用：花期长，适合花坛成簇栽培或盆栽。

九十二、五加科

1 白簕 *Eleutherococcus trifoliatus* (Linnaeus) S. Y. Hu

科属：五加科五加属

形态特征：灌木。枝软弱铺散，老枝灰白色，新枝黄棕色，疏生下向刺。伞形花序 3~10 个、稀多至 20 个组成顶生复伞形花序或圆锥花序，有花多数，稀少数；花黄绿色；萼边缘有 5 三角形小齿；花瓣 5 片，三角状卵形，长约 2 毫米，开花时反曲；雄蕊 5；子房 2 室。果实扁球形，黑色。花期 8~11 月，果期 9~12 月。

　　生境：生于村落，山坡路旁、林缘和灌丛中，抗性强，不择环境。

　　药用价值：根有祛风除湿、舒筋活血、消肿解毒之效。

　　园林应用：枝繁叶茂，用于棚架或攀援树上，是作绿篱的好材料。

2 糙叶五加 *Eleutherococcus henryi*

科属：五加科五加属

形态特征：灌木，高 1~3 米。枝疏生下曲粗刺。叶有小叶 5 枚，稀 3 枚。伞形花序数个组成短圆锥花序，有花多数花瓣 5 片，长卵形，长约 2 毫米，开花时反曲；雄蕊 5；花丝细长；子房 5 室，花柱全部合生成柱状。果实椭圆球形，黑色。花期 7~9 月，果期 9~10 月。

　　生境：生于林缘或灌丛中，海拔 1000~3200 米。

　　药用价值：功能主治为祛风利湿、活血舒筋、理气止痛。

　　园林应用：可作为园林垂直绿化。

3 刚毛五加 *Eleutherococcus simonii* (Simon–Louis ex Mouill.) Hesse

科属：五加科五加属

形态特征：灌木，高达 3 米。枝通常有下弯粗刺。叶有小叶 5 枚，稀 3~4 枚。伞形花序二至数个组成顶生圆锥花序，有花多数；花淡绿色；花瓣 5 片，卵形，开花时反曲；雄蕊 5，子房 5 室。果实卵球形，有 5 棱，黑色。花期 7~8 月，果期 9~10 月。

　　生境：生长于海拔 1000~3300 米的森林或灌丛中。

　　药用价值：祛风除湿，活血止痛。

　　园林应用：作为园林地被植物。

4 红毛五加 *Eleutherococcus giraldii*

科属：五加科五加属

形态特征：灌木。刺下向，细长针状。枝灰色。叶有小叶 5 枚，稀 3 枚；小叶片薄纸质，倒卵状长圆形，稀卵形，边缘有不整齐细重锯齿。伞形花序单个顶生，有花多数；花白色；花瓣 5，卵形；雄蕊 5 片；子房 5 室。果实球形，有 5 棱，黑色。花期 6~7 月，果期 8`~10 月。

生境：生长于海拔 1300~3500 米的灌木丛林中。

药用价值：祛风湿，通关节，强筋骨。

园林应用：可作垂直绿化植物。

5 楤木 *Aralia elata* (Miq.) Seem.

科属：五加科楤木属

形态特征：灌木或小乔木，高 1.5~6 米。树皮灰色。伞形花序，有花多数或少数；苞片和小苞片披针形，膜质；花黄白色；花瓣 5 片，卵状三角形，开花时反曲；子房 5 室；花柱 5。果实球形，黑色。花期 6~8 月，果期 9~10 月。

生境：生于森林中，海拔约 1000 米。

药用价值：功能主治祛风除湿、利尿消肿、活血止痛。

园林应用：生长势强，叶大茂密，树姿优美。

6 红马蹄草 *Hydrocotyle nepalensis* Hook.

科属：五加科天胡荽属

形态特征：多年生草本，高 5~45 厘米。茎匍匐，节上生根。伞形花序数个簇生于茎端叶腋，花序梗短于叶柄；小伞形花序有花 20~60，常密集成球形的头状花序；花柄极短，花柄基部有膜质、卵形或倒卵形的小总苞片；花瓣卵形，白色或乳白色，有时有紫红色斑点。果光滑或有紫色斑点，成熟后常呈黄褐色或紫黑色。花果期 5~11 月。

生境：生长于山坡、路旁、阴湿地和溪边草丛中，海拔 350~2080 米。

药用价值：全草入药，清热利湿、清肺止咳、活血止血。

园林应用：可作为地被植物。

7 藤五加 *Eleutherococcus leucorrhizus* Oliver

科属：五加科五加属

形态特征：灌木或蔓生状。小叶（3）5 枚，纸质，长圆形、倒披针形或披针形。伞形花序单生枝顶，或数个簇生成伞房状；花黄绿色；萼具 5 小齿；子房 5 室，花柱柱状。果卵球形，具 5 棱。花期 6~8 月，果期 8~11 月。

生境：海拔 1700~2100 米的林下。

药用价值：具有祛风湿，通经络，强筋骨之功效。

园林应用：可作垂直绿化植物。

8 天胡荽 *Hydrocotyle sibthorpioides* Lam.

科属：五加科天胡荽属

形态特征：多年生草本。有气味。茎细长而匍匐，平铺地上成片，节上生根。伞形花序与叶对生，单生于节上；小总苞片卵形至卵状披针形，膜质；小伞形花序有花 5~18，花瓣卵形，绿白色，有腺点；花丝与花瓣同长或稍超出，花药卵形。果实略呈心形，幼时表面草黄色，成熟时有紫色斑点。花果期 4~9 月。

生境：通常生长在湿润的草地、河沟边、林下，海拔 475~3000 米。

药用价值：全草入药，清热、利尿、消肿、解毒。

园林应用：叶形优雅，色彩翠绿，常作为水缘、水盆或湿地的观叶植物。

9 通脱木 *Tetrapanax papyrifer* (Hook.) K. Koch

科属：五加科通脱木属

形态特征：常绿灌木或小乔木。树皮深棕色，有明显的叶痕和大形皮孔。圆锥花序长 50 厘米或更长；苞片披针形；伞形花序直径 1~1.5 厘米，有花多数；小苞片线形；花淡黄白色；花瓣 4 片，稀 5 片，三角状卵形；雄蕊和花瓣同数；子房 2 室；花柱 2，离生，先端反曲。果实球形，紫黑色。花期 10~12 月，果期翌年 1~2 月。

生境：通常生于向阳肥厚的土壤，海拔自数十米至 2800 米。

药用价值：中药用通草作利尿剂，并有清凉散热功效。

园林应用：宜在公路两旁、庭园边缘的大乔木下种植。

10 细柱五加 *Eleutherococcus nodiflorus* (Dunn) S. Y. Hu

科属：五加科五加属

形态特征：灌木。小枝细长下垂，节上疏被扁钩刺。叶有小叶 5 枚，稀 3~4 枚；小叶片膜质至纸质，倒卵形至倒披针形。伞形花序单个稀 2 个腋生，或顶生在短枝上，有花多数；花黄绿色；萼边缘近全缘或有 5 小齿；花瓣 5 片，长圆状卵形；雄蕊 5；子房 2 室。果扁球形，熟时紫黑色。花期 4~8 月，果期 6~10 月。

生境：生于灌木丛林、林缘、山坡路旁和村落中，海拔 500~3000 米。

药用价值：根皮供药用，中药称"五加皮"，作祛风化湿药。能强筋骨。

园林应用：可作垂直绿化植物。

九十三、柏科

1 刺柏 *Juniperus formosana* Hayata

科属：柏科刺柏属

形态特征：乔木，高达 12 米。树皮褐色。树冠塔形或圆柱形。小枝下垂，三棱形。叶三叶轮生，条状披针形或条状刺形，中脉微隆起，绿色，两侧各有 1 条白色、很少紫色或淡绿色的气孔带。雄球花圆球形或椭圆形。球果近球形或宽卵圆形，熟时淡红褐色，被白粉或白粉脱落；种子半月圆形。

生境：耐寒耐旱，抗逆性强，多散生于林中，海拔为 1300~2300 米。

药用价值：清热解毒，燥湿止痒。

园林应用：刺柏小枝下垂，树形美观，能有效吸附尘埃，净化空气，配植、丛植、带植于草坪、花坛、山石、林下，可丰富绿化层次，增加观赏美感，可作为城乡绿化的主要树种之一。

2 干香柏 *Cupressus duclouxiana* Hichel

科属：柏科柏木属

形态特征：乔木，高达 25 米。树干端直，树皮灰褐色。枝条密集，树冠近圆形或广圆形。一年生枝四棱形，绿色，二年生枝上部稍弯，向上斜展，近圆形，褐紫色。鳞叶密生，近斜方形，蓝绿色，微被蜡质白粉。雄球花近球形或椭圆形，雄蕊 6~8 对，花药黄色，药隔三角状卵形，中间绿色，周围红褐色，边缘半透明。球果圆球形；种鳞 4~5 对，熟时暗褐色或紫褐色，能育种鳞有多数种子。

生境：海拔 1400~3300 米地带，散生于干热或干燥山坡之林中。

药用价值：可作植物精油。

园林应用：具有古朴典雅的美感是城市庭园绿化常用的树种。

九十四、禾本科

蜈蚣草 *Eremochloa ciliaris* (L.) Merr.

科属：禾本科蜈蚣草属

形态特征：多年生草本。秆密丛生，纤细直立，高 40~60 厘米。总状花序单生，常弓曲；无柄小穗卵形，覆瓦状排列于总状花序轴一侧；第一颖厚纸质；第二颖厚膜质，3 脉，脊之下部有窄翅；第一小花雄性，外稃先端钝，内稃较窄，花药长约 1 毫米；第二小花两性或雌性；花药较大；柱头黄褐色。颖果长圆形。花果期 6~9 月。

生境：生于山坡、路旁草丛中。

药用价值：清热，利湿，消肿，解毒。

园林应用：可用作园林地被或矿山生态修复植物。

九十五、苦苣苔科

1 半蒴苣苔 *Hemiboea subcapitata* Clarke

科属：苦苣苔科半蒴苣苔属

形态特征：多年生草本。茎高 10~40 厘米，肉质，散生紫褐色斑点，不分枝，具 4~7 节。聚伞花序腋生或假顶生，具 1~10 余花；总苞球形，开裂后呈船形；花梗粗壮；萼片 5，长椭圆形，干时膜质；花冠白色，具紫斑；花冠筒长 2.8~3.5 厘米；上唇裂片半圆形，下唇裂片半圆形；花药椭圆形；花盘环状，子房线形。蒴果线状披针形。花期 9~10 月，果期 10~12 月。

生境：生于海拔 100~2100 米的山谷林下石上或沟边阴湿处。

药用价值：全草药用，治疗疮肿毒、蛇咬伤和烧烫伤。

园林应用：可作园林地被植物。

2 川西吊石苣苔 *Lysionotus wilsonii* Rehd.

科属：苦苣苔科 吊石苣苔属

形态特征：常绿小灌木。茎常卧于石上，在节处生根。花序具细梗，有 1~2 花；苞片线形；花萼 5 裂达基部，裂片披针状线形；花冠白色；退化雄蕊 2，狭线形；花盘环状有齿。蒴果线形；种子狭长圆形。花期 7~8 月。

生境：生于山谷林中石上，海拔 700~1400 米。

药用价值：全草可供药用，治跌打损伤等症。

园林应用：可作垂直绿化材料。

九十六、铁角蕨科

北京铁角蕨 *Asplenium pekinense* Hance

科属：铁角蕨科铁角蕨属

形态特征：植株高 8~20 厘米。叶簇生，淡绿色，下部疏被与根状茎上同样的鳞片，向上疏被黑褐色的纤维状小鳞片；叶片披针形，二回羽状或三回羽裂，中部羽片三角状椭圆形；小羽片2~3 对，互生，椭圆形，舌形或线形，小脉扇状二叉分枝，叶坚草质，干后灰绿色或暗绿色；叶轴及羽轴与叶片同色，两侧有连续的线状狭翅，下部疏被黑褐色的纤维状小鳞片。孢子囊群近椭圆形，每小羽片有 1~2 枚，成熟后为深棕色，往往满铺于小羽片下面；囊群盖同形，灰白色，膜质，全缘。

生境：耐阴，生于岩石上或石缝中，海拔 380~3900 米。

药用价值：全草用于胆道、尿路感染、高血压、妇女月经不调。

园林应用：可作为林下地被、墙面和水面种植或室内大型盆栽等。

九十七、通泉草科

弹刀子菜 *Mazus stachydifolius* (Turcz.) Maxim.

科属：通泉草科通泉草属

形态特征：多年生草本，高 10~50 厘米。茎直立，圆柱形，不分枝或在基部分 2~5 枝。基生叶匙形；茎生叶对生，长椭圆形至倒卵状披针形，纸质。总状花序顶生，长 2~20 厘米，花稀疏；苞片三角状卵形；花萼漏斗状，萼齿略长于筒部，披针状三角形；花冠蓝紫色，裂片狭长三角形状，被黄色斑点同稠密的乳头状腺毛；雄蕊 4 枚，2 强；子房上部被长硬毛。蒴果扁卵球形。花期 4~6 月，果期 7~9 月。

生境：生于海拔 1500 米以下的较湿润的路旁、草坡及林缘。

药用价值：功效清热解毒、凉血散瘀。

园林应用：可作园林地被植物。

九十八、姜科

象牙参 *Roscoea humeana* Balf. f. & W. W. Sm.

科属：姜科象牙参属

形态特征：株高 15~45 厘米。根簇生，膨大呈纺锤状。叶 3~6 枚，披针形或长圆形。花序顶生，近头状，有花 2~4；苞片数枚，长圆形，包藏住花被管；花紫色或蓝紫色；花冠管裂片披针形；侧生退化雄蕊倒卵形，较唇瓣小；花药室线形。花期 6~7 月。

生境：生于海拔 2700~3000 米的松林下或荒草丛中。

药用价值：具有润肺止咳、补虚之功效。

园林应用：植株矮小紧凑，花朵艳丽密集，适合作室内栽培观赏。

九十九、地钱科

地钱 *Marchantia polymorpha* L.

科属：地钱科地钱属

形态特征：叶状体暗绿色，宽带状，多回二歧分叉，边缘呈波曲状，有裂瓣；背面具六角形，整齐排列的气室分隔；气室内具多数直立的营养丝，鳞片紫色，4~6列。雌雄异株；雄托盘状，波状浅裂成7~8瓣；精子器生于托的背面，托柄长约2厘米；雌托扁平，深裂成9~11个指状裂瓣；孢蒴着生托的腹面，叶状体背面前端常生有杯状的无性芽胞杯。

生境：生长于阴湿土坡、墙下或沼泽地湿土或岩石上。

药用价值：全草可以入药，生肌，拔毒，清热解毒。

园林应用：可作地被植物。

一百、柳叶菜科

1 待宵草 *Oenothera stricta* Ledeb. et Link

科属：柳叶菜科月见草属

形态特征：直立或外倾一年生或二年生草本。具主根。茎不分枝或自莲座状叶丛斜生出分枝，高 30~100 厘米。花蕾绿色或黄绿色，直立，长圆形或披针形；萼片黄绿色，披针形开花时反折；花瓣黄色，基部具红斑，宽倒卵形；花粉直接授在裂片上。蒴果圆柱状，被曲柔毛与腺毛；种子在果内斜伸，宽椭圆状，无棱角，褐色。花期 4~10 月，果期 6~11 月。

生境：生长于向阳的山脚下、荒地、草地、干燥的山坡、路旁。

药用价值：根为解热药，可治感冒、喉炎等。

园林应用：花香美丽，常栽培观赏或作园林地被用。

2 柳兰 *Epilobium angustifolium* L.

科属：柳叶菜科柳叶菜属

形态特征：多年粗壮草本。根状茎广泛匍匐于表土层，木质化。花序总状，直立，长 5~40 厘米；苞片下部的叶状，三角状披针形；花在芽时下垂，到开放时直立展开；花蕾倒卵状；子房淡红色或紫红色；萼片紫红色，长圆状披针形；粉红至紫红色，倒卵形或狭倒卵形，全缘或先端具浅凹缺；花药长圆形，初期红色，开裂时变紫红色，产生带蓝色的花粉，花粉粒常 3 孔；柱头白色，深 4 裂，裂片长圆状披针形。蒴果，种子狭倒卵状。花期 6~9 月，果期 8~10 月。

生境：生于海拔 2900~4700 米的山区半开旷或开旷较湿润草坡灌丛、高山草甸、河滩、砾石坡。

药用价值：根状茎可入药，能消炎止痛，跌打损伤

园林应用：可作园林地被植物。

3 鳞片柳叶菜 *Epilobium sikkimense* Hausskn.

科属：柳叶菜科柳叶菜属

形态特征：多年生草本。花序常下垂，开始与苞片密集于茎顶端；花在芽时直立或下垂；花蕾长圆状卵形；萼片长圆状披针形，龙骨状；花瓣粉红色至玫瑰紫色，宽倒心形至倒卵形；花药长圆状卵形；柱头头状，花时围以外轮

花药。蒴果，种子狭倒卵状，灰褐色，表面有粗乳突；种缨污白色。花期 6~8 月，果期 8~9 月。

生境：生于高山区草地溪谷、砾石地、冰川外缘砾石地湿处，海拔 2400~4700 米。

药用价值：清热消炎，理气活血，跌打损伤。

园林应用：丛植作园林地被植物。

4 柳叶菜 *Epilobium hirsutum* L.

科属：柳叶菜科柳叶菜属

形态特征：多年生粗壮草本。总状花序直立；苞片叶状；花直立，花蕾卵状长圆形；子房灰绿色至紫色；萼片长圆状线形，背面隆起成龙骨状；花瓣常玫瑰红色，或粉红、紫红色，宽倒心形；花药乳黄色，长圆形；花柱直立，白色或粉红色；柱头白色，裂片长圆形。蒴果，种子倒卵状；种缨，黄褐色或灰白色。花期 6~8 月，果期 7~9 月。

生境：在西南地区生于海拔 180~3500 米的河谷、溪流或石砾地，也生于灌丛、荒坡、路旁。

药用价值：根或全草入药，可消炎止痛、祛风除湿、跌打损伤，活血止血、生肌。

园林应用：可作庭院绿化点缀或用于盆栽。

5 毛草龙 *Ludwigia octovalvis* (Jacq.) Raven

科属：柳叶菜科丁香蓼属

形态特征：多年生粗壮直立草本。常被伸展的黄褐色粗毛。花瓣黄色，倒卵状楔星；雄蕊 8，花药宽长圆形；柱头近头状，浅 4 裂，花盘隆起，子房圆柱状。蒴果圆柱状，具 8 条棱，绿色至紫红色；种子每室多列，离生，近球状或倒卵状。花期 6~8 月，果期 8~11 月。

生境：生于田边、湖塘边、沟谷旁及开旷湿润处，海拔 0~750 米。

药用价值：根、全草：淡，凉。清热解毒，祛腐生肌。

园林应用：可作为园林地被植物。

6 粉花月见草 *Oenothera rosea*

科属：柳叶菜科月见草属

形态特征：多年生草本。花单生于茎、枝顶部叶腋，近早晨日出开放；花蕾绿色，锥状圆柱形，长 1.5~2.2 厘米，顶端萼齿紧缩成喙；花管淡红色，萼片绿色，带红色，披针形；花瓣粉红至紫红色，宽倒卵形；花丝白色至淡紫红色，花药粉红色至黄色，长圆状线形；子房花期狭椭圆状；花柱白色；柱头红色，围以花药。蒴果棒状；种子每室多数，长圆状倒卵形。花期 4~11 月，果期 9~12 月。

生境：生于海拔 1000~2000 米荒地草地、沟边半阴处，繁殖力强。

药用价值：根入药，有消炎、降血压功效。

园林应用：常作园林地被观花植物用。

一百零一、十字花科

1 大叶碎米荠 *Cardamine macrophylla* Willd.

科属：十字花科碎米荠属

形态特征：多年生草本，高 30~100 厘米。根状茎匍匐延伸。总状花序多花；外轮萼片淡红色，长椭圆形，边缘膜质，内轮萼片基部囊状；花瓣淡紫色、紫红色，少有白色，倒卵形；花丝扁平；子房柱状，花柱短。长角果扁平；果瓣有时带紫色；种子椭圆形，褐色。花期 5~6 月，果期 7~8 月。

生境：生于山坡灌木林下、沟边、石隙、高山草坡，海拔 1600~4200 米。

药用价值：全草药用，利小便、止痛及治败血病。

园林应用：可作园林地被用。

2 弹裂碎米荠 *Cardamine impatiens* Linnaeus

科属：十字花科碎米荠属

形态特征：二年或一年生草木，高 20~60 厘米。茎直立，着生多数羽状复叶。总状花序顶生和腋生，花多数，形小，果期花序极延长；萼片长椭圆形；花瓣白色，狭长椭圆形；雌蕊柱状。长角果狭条形而扁；果瓣无毛；种子椭圆形，边缘有极狭的翅。 花期 4~6 月，果期 5~7 月。

生境：生于路旁、山坡、沟谷、水边或阴湿地，海拔 150~3500 米之间。

药用价值：功效活血调经，清热解毒，利尿通淋。

园林应用：用作园林地被植物。

3 高河菜 *Megacarpaea delavayi*

科属：十字花科高河菜属

形态特征：多年生草本，高 30~70 厘米。根肉质，肥厚。茎直立。总状花序顶生，成圆锥花序状；花粉红色或紫色；萼片卵形，深紫色，顶端

圆形；花瓣倒卵形，顶端圆形；雄蕊 6。短角果顶端 2 深裂，裂瓣歪倒卵形，黄绿带紫色；种子卵形，棕色。花期 6~7 月，果期 8~9 月。

　　生境：生在海拔 3400~3800 米的高山草原。

　　药用价值：全草药用，具有清热泻火、解毒的功效，有治疗咳嗽、咳痰、痢疾的药用价值。

　　园林应用：可作园林地被植物。

4　蔊菜 *Rorippa indica* (L.) Hiern

　　科属：十字花科蔊菜属

　　形态特征：一、二年生直立草本，高 20~40 厘米。茎单一或分枝，表面具纵沟。叶互生，基生叶及茎下部叶具长柄，叶形多变化，通常大头羽状分裂；茎上部叶片宽披针形或匙形。总状花序顶生或侧生，花小，多数，具细花梗；萼片 4 片，卵状长圆形；花瓣 4 片，黄色，匙形；雄蕊 6，2 枚稍短。长角果线状圆柱形，成熟时果瓣隆起。花期 4~6 月，果期 6~8 月。

　　生境：生于路旁、田边、园圃、河边、屋边墙脚及山坡路旁等较潮湿处，海拔 230~1450 米。

　　药用价值：全草入药，内服有解表健胃、止咳化痰、平喘、清热解毒、散热消肿等效。

　　园林应用：作为园林地被植物。

一百零二、卷柏科

翠云草 *Selaginella uncinata* (Desv.) Spring

科属：卷柏科卷柏属

形态特征：主茎先直立而后攀援状，长
50~100 厘米或更长。叶全部交互排列，二形，草
质，表面光滑，具虹彩，边缘全缘，明显具白边，
主茎上的叶排列较疏，较分之上的大，二形，绿
色；主茎上的腋叶明显大于分枝上的，肾形，或
略心形。孢子叶穗紧密，四棱柱形，单生于小枝
末端；孢子叶一形，卵状三角形，边缘全缘，具
白边，先端渐尖，龙骨状；大孢子叶分布于孢子
叶穗下部的下侧或中部的下侧或上部的下侧；大
孢子灰白色或暗褐色；小孢子淡黄色。

生境：生于林下，海拔 50~1200 米。

药用价值：功能主治清热利湿、止血、止咳。

园林应用：羽叶似云纹，四季翠绿，并有蓝绿色荧光，属小型观叶植物，盆栽或应用于岩石园、水景
园等专类园中，也可在盆景上作装饰之用。

一百零三、清风藤科

1　鄂西清风藤 *Sabia campanulata* subsp. *ritchieae*

科属：清风藤科清风藤属

形态特征：落叶攀援灌木，高达 2 米。小枝黄绿色，老枝褐色，呈之字形曲折，无毛，有条纹和皮孔。叶椭圆状卵形或长圆状椭圆形。花单生叶腋，紫色，下垂；花萼 5 裂；雄蕊 5，花丝宽。果近圆形，熟时蓝色，蜂窠状。花期 3~4 月，果期 5~6 月。

生境：生于海拔 500~1200 米的山坡及湿润山谷林中。

药用价值：具有抗炎、免疫调节、保肝、抗病毒、降血压、抗心率失常、镇咳镇静等多种功效。

园林应用：可作园林垂直绿化材料。

2　四川清风藤 *Sabia schumanniana* Diels

科属：清风藤科清风藤属

形态特征：落叶攀援木质藤本，长 2~3 米。当年生枝黄绿色，有纵条纹，二年生枝褐色，无毛。叶纸质，长圆状卵形，叶面深绿色，叶背淡绿色。聚伞花序有花 1~3，长 4~5 厘米；总花梗长 2~3 厘米，小花梗长 8~15 毫米；花淡绿色，萼片 5 片，三角状卵形；花瓣 5 片，长圆形或阔倒卵形；雄蕊 5，花丝扁平。分果爿倒卵形或近圆形。花期 3~4 月，果期 6~8 月。

生境：生于海拔 1200~2600 米的山谷、山坡、溪旁和阔叶林中。

药用价值：茎皮可提取单宁，茎供药用，可治腰痛。

园林应用：园林垂直绿化材料。

3　泡花树 *Meliosma cuneifolia* Franch.

科属：清风藤科泡花树属

形态特征：落叶灌木或乔木，高可达 9 米。树皮黑褐色。小枝暗黑色。叶为单叶，纸质，倒卵状楔形或狭倒卵状楔形。圆锥花序顶生，直立，被短柔毛，具 3（4）次分枝；萼片 5 片，宽卵形；外面 3 片花瓣近圆形，内面 2 片花瓣长 1~1.2 毫米，2 裂达中部，裂片狭卵形。核果扁球形。花期 6~7 月，果期 9~11 月。

生境：生于海拔 650~3300 米的落叶阔叶树种或针叶树种的疏林或密林中。

药用价值：根皮药用，治无名肿毒、毒蛇咬伤、腹胀水肿。

园林应用：本种花序及叶俱美，适宜公园、绿地孤植或群植。

一百零四、鳞毛蕨科

1　粗齿鳞毛蕨 *Dryopteris juxtaposita* Christ

科属：鳞毛蕨科鳞毛蕨属

形态特征：植株高 50~100 厘米。根状茎短而直立，被褐棕色鳞片。叶簇生；禾秆色，基部被黑褐色、全缘的披针形鳞片；叶片卵状长圆形，二回羽状；羽片约 13 对三角状披针形，下部各羽片长 7~9 厘米，一回羽状；小羽片 11~13 对，长圆形；叶脉羽状；叶纸质，两面光滑或沿羽轴下面偶有一二枚小鳞片。孢子囊群满布叶背面，每小羽片有 5~6（8）对；囊群盖圆肾形，褐色，纸质，全缘。

生境：生山谷、河旁，海拔 1500~2500 米。

药用价值：清热解毒。

园林应用：可作园林地被用。

2　贯众 *Cyrtomium fortunei* J. Sm.

科属：鳞毛蕨科贯众属

形态特征：植株高 25~50 厘米。根茎直立，密被棕色鳞片。叶簇生，禾秆色，腹面有浅纵沟，密生卵形及披针形棕色有时中间为深棕色鳞片，鳞片边缘有齿；叶片矩圆披针形，奇数一回羽状；侧生羽片 7~16 对，互生，近平伸，柄极短，披针形；具羽状脉，小脉联结成 2~3 行网眼，腹面不明显，背面微凸起；顶生羽片狭卵形；叶为纸质；叶轴腹面有浅纵沟，疏生披针形及线形棕色鳞片。孢子囊群遍布羽片背面；囊群盖圆形，盾状，全缘。

生境：生于空旷地的石灰岩缝或林下，海拔 2400 米以下。

药用价值：用于风热感冒，温热癍疹，吐血，咳血，带下及钩、蛔、绦虫等肠寄生虫病。

园林应用：本种盆栽在室内摆设观赏或作园林地被植物。

3　亮叶耳蕨 *Polystichum lanceolatum* (Bak.) Diels

科属：鳞毛蕨科耳蕨属

形态特征：小型石生植物，植株高 4~10 厘米。根状茎短而直立，顶端被深棕色、卵形渐尖头、边缘有疏齿的小鳞片。叶簇生；叶柄浅棕禾秆色，有时浅绿禾秆色；叶片线状披针形狭，一回羽状；羽片 15~20 对，互生或对生，平展或略向上斜展，彼此接近或覆瓦状密接；叶脉羽状，叶厚纸质或近革质，干后通常呈浅棕绿色，有时呈灰绿色；叶轴浅棕禾秆色；羽片有光泽，上面光滑，下面疏被浅棕色的短节毛。孢子囊群小，生于较短的小脉分枝顶端，主脉上侧 1~3 个，中生，主脉下侧不育或偶有 1 个，圆盾形的囊群盖深棕色，全缘，易脱落。

生境：生于海拔 900~1800 米的山谷阴湿处石灰岩隙。

药用价值：清热解毒，调中止痛，止泻。治脾胃虚寒的脘腹冷痛，食少不运，下肢疖肿，刀伤出血，痢疾等。

园林应用：可栽植于岩石园。

一百零五、灯心草科

葱状灯心草 *Juncus allioides* Franch.

科属：灯心草科灯心草属

形态特征：多年生草本，高 10~55 厘米。根状茎横走。头状花序单一顶生，有花 7~25，直径 10~25 毫米；苞片 3~5 枚，披针形，褐色或灰色，在花蕾期包裹花序呈佛焰苞状；花具花梗和卵形膜质的小苞片；花被片披针形，灰白色至淡黄色，膜质，内外轮近等长；雄蕊 6 枚，伸出花外；花药线形，淡黄色；花丝上部紫黑色，基部红色。蒴果长卵形，成熟时黄褐色；种子长圆形。花期 6~8 月，果期 7~9 月。

生境：生于海拔 1800~4700 米的山坡、草地和林下潮湿处。

药用价值：功效清心火、利小便。

园林应用：可用于园林地被植物。

一百零六、桦木科

刺榛 *Corylus ferox* Wall.

科属：桦木科榛属

形态特征：乔木或小乔木，高5~12米。树皮灰黑色或灰色。枝条灰褐色或暗灰色；小枝褐色，疏被长柔毛，基部密生黄色长柔毛。叶厚纸质，矩圆形或倒卵状矩圆形。雄花序1~5排成总状；苞鳞背面密被长柔毛；花药紫红色。果3~6枚簇生，极少单生；果苞钟状，成熟时褐色，背面密被短柔毛，偶有刺状腺体；上部具分叉而锐利的针刺状裂片；坚果扁球形，上部裸露，顶端密被短柔毛，长1~1.5厘米。

生境：生于海拔2000~3500米的山坡林中。

药用价值：雄花治外伤出血，冻伤，疮疖。果实滋补强壮。

园林应用：枝叶、果苞针刺形状奇特，可作为观赏树种。

一百零七、薯蓣科

穿龙薯蓣 *Dioscorea nipponica* Makino

科属：薯蓣科薯蓣属

形态特征：缠绕草质藤本。根状茎横生，栓皮层显著剥离。单叶互生；叶片掌状心形，边缘作不等大的三角状浅裂、中裂或深裂，叶表面黄绿色。花雌雄异株；雄花序为腋生的穗状花序，花序基部常由 2~4 集成小伞状，至花序顶端常为单花；苞片披针形，顶端渐尖，短于花被；花被碟形，6 裂，裂片顶端钝圆；雄蕊 6，着生于花被裂片的中央，药内向；雌花序穗状，单生；雌花具有退化雄蕊，有时雄蕊退化仅留有花丝；雌蕊柱头 3 裂，裂片再 2 裂。蒴果成熟后枯黄色，三棱形。花期 6~8 月，果期 8~10 月。

生境：常生于山坡灌木丛中和稀疏杂木林内及林缘。

药用价值：祛风除湿，活血通络，止咳。

园林应用：可作为缠绕藤本植物。

一百零八、车前科

川西婆婆纳 *Veronica sutchuenensis* Franch.

科属：车前科婆婆纳属

形态特征：植株高 10~25 厘米。茎上升，相当密地被灰白色多细胞长柔毛。总状花序常对生于近顶端叶腋，长 2~6 厘米，有花数朵，总梗长 1~3 厘米，花序除花冠外各部分被多细胞黄白色柔毛；苞片条形，与花梗近等长；花萼裂片宽条形至条状倒披针形，花冠粉红色，裂片倒卵形至圆形。蒴果倒心状肾形或肾形。花期 5~6 月。

生境：生于海拔 2000~2700 米的林中或山坡草地。

药用价值：全草：淡，平。补肾壮阳，凉血，止血，理气止痛。

园林应用：适合花坛地栽，或盆栽，并可作切花生产。

一百零九、泡桐科

川泡桐 *Paulownia fargesii* Franch.

科属：泡桐科泡桐属

形态特征：乔木，高达 20 米。树冠宽圆锥形。小枝紫褐色至褐灰色，有圆形凸出皮孔。全体被星状绒毛。花序枝的侧枝长可达主枝之半，故花序为宽大圆锥形，小聚伞花序，有花 3~5；萼倒圆锥形，基部渐狭；花冠近钟形，白色有紫色条纹至紫色，内面常无紫斑。蒴果椭圆形或卵状椭圆形，宿萼贴伏于果基或稍伸展，常不反折；种子长圆形。花期 4~5 月，果期 8~9 月。

生境：生于海拔 1200~3000 米的林中及坡地。

药用价值：功效主治化痰止咳、平喘。

园林应用：孤植或列植作园林观赏树种。

一百一十、山矾科

山矾 *Symplocos sumuntia* Buch.–Ham. ex D. Don

科属：山矾科山矾属

形态特征：乔木。嫩枝褐色。叶薄革质，卵形、狭倒卵形、倒披针状椭圆形。总状花序长2.5~4厘米，被展开的柔毛；苞片早落，阔卵形至倒卵形；花萼长 2~2.5 毫米，萼筒倒圆锥形，无毛，裂片三角状卵形，与萼筒等长或稍短于萼筒，背面有微柔毛；花冠白色裂片背面有微柔毛；雄蕊25~35。核果卵状坛形，外果皮薄而脆，顶端宿萼裂片直立，有时脱落。花期 2~3 月，果期 6~7 月。

生境：生于海拔 200~1500 米的山林间。

药用价值：清热祛湿，行气止咳化痰。主治黄疸、咳嗽、关节炎。外敷治亚急性扁桃体炎、鹅口疮。

园林应用：可作庭园绿化植物及行道树、风景树，也广泛用于工厂厂区园林绿化。可孤植、列植或散植。

一百一十一、楝科

楝 *Melia azedarach* L.

科属：楝科楝属

形态特征：落叶乔木，高达 10 余米。树皮灰褐色，纵裂。圆锥花序约与叶等长，无毛或幼时被鳞片状短柔毛；花芳香；花萼 5 深裂，裂片卵形或长圆状卵形；花瓣淡紫色，倒卵状匙形；雄蕊管紫色，管口有钻形，长椭圆形，顶端微凸尖；子房近球形，5~6 室，柱头头状，顶端具 5 齿，不伸出雄蕊管。核果球形至椭圆形。花期 4~5 月，果期 10~12 月。

生境：生于低海拔旷野、路旁或疏林中。

药用价值：功效疏肝泄热，行气止痛，杀虫。

园林应用：适宜作庭荫树和行道树，是良好的城市及矿区绿化树种。

一百一十二、杨柳科

1 川柳 *Salix hylonoma* Schneid.

科属：杨柳科柳属

形态特征：小乔木，高 3~6 米。幼枝有毛，后无毛，红棕色。叶椭圆形，长圆状披针形，卵状披针形或卵形，上面绿色，幼叶常呈现褐红色、浅绿色，两面网脉明显，边缘有不明显的细腺齿，稀全缘。花与叶同时开放，或稍先叶开放，花序通常长 3~6 厘米，呈现金色光泽，花药红紫色，广椭圆形；苞片椭圆形或倒卵形，两面常有金色长毛；雌花序长 5~7 厘米；子房卵形发红色。蒴果有短柄。

生境：生于海拔 3000 米以下的山坡林中。

药用价值：叶和絮有清热解毒、利湿消肿之效。

园林应用：适宜作庭荫树和行道树，是良好的城乡绿化材料。

2 大叶柳 *Salix magnifica* Hemsl.

科属：杨柳科柳属

形态特征：灌木或小乔木。花与叶同时开放，或稍叶后开放；幼叶红色，小枝暗紫红色。花序长达 10 厘米，呈黄色、黄红色或微红色，有花序梗；苞片宽倒卵形至长椭圆形；雄蕊 2，离生或部分合生，裂片近圆柱形，背腺较小，长圆形；子房卵状长圆形。蒴果卵状椭圆形，通常果柄越短。花期 5~6 月，果期 6~7 月。

生境：产自四川西部，生于海拔 2100~2800 米的山地。

药用价值：皮可解热镇痛。

园林应用：观叶观花植物，适宜作庭荫树和行道树。

一百一十三、葫芦科

赤瓟 *Thladiantha dubia* Bunge

科属：葫芦科赤瓟属

形态特征：攀援草质藤本。全株被黄白色的长柔毛状硬毛。根块状。茎稍粗壮，有棱沟。雌雄异株；雄花单生或聚生于短枝的上端呈假总状花序，有时 2~3 花生于总梗上；花萼筒极短，近辐状；花冠黄色，裂片长圆形；雄蕊 5，花丝极短，花药卵形；退化子房半球形；雌花单生；花萼和花冠同雄花；退化雄蕊 5，棒状；子房长圆形，柱头膨大，肾形。果实卵状长圆形；种子卵形，黑色。花期 6~8 月，果期 8~10 月。

生境：常生于海拔 300~1800 米的山坡、河谷及林缘湿处。

药用价值：理气、活血、祛痰、利湿。

园林应用：可作棚架植物，花及果可用于观赏。

一百一十四、芸香科

臭节草 *Boenninghausenia albiflora* (Hook.) Reichb. ex Meisn.

科属：芸香科石椒草属

形态特征：常绿草本。分枝甚多，枝、叶灰绿色，稀紫红色，嫩枝的髓部大而空心，小枝多。叶薄纸质，小裂片倒卵形、菱形或椭圆形，背面灰绿色；老叶常变褐红色。花序有花甚多，花枝纤细，基部有小叶；花瓣白色，有时顶部桃红色，长圆形或倒卵状长圆形；8 枚雄蕊长短相间，花丝白色，花药红褐色；子房绿色。分果瓣有种子 4 粒；种子肾形，褐黑色。花果期 7~11 月。

生境：多生于海拔 1500~2800 米的山地草丛中或疏林下，土山或石岩山地均有。

药用价值：清热，散瘀，凉血，舒筋，消炎。

园林应用：作园林地被用。

一百一十五、柽柳科

柽柳 *Tamarix chinensis* Lour.

科属：柽柳科柽柳属

形态特征：乔木或灌木，高 3~8 米。老枝直立，暗褐红色，光亮；幼枝稠密细弱，常开展而下垂，红紫色或暗紫红色，有光泽；嫩枝繁密纤细，悬垂。总状花序侧生，花大而少，较稀疏而纤弱点垂，小枝亦下倾；有短总花梗；苞片线状长圆形；萼片 5 片，狭长卵形；花瓣 5 片，粉红色，通常卵状椭圆形或椭圆状倒卵形，稀倒卵形；花盘 5 裂，裂片先端圆或微凹，紫红色，肉质；雄蕊 5；子房圆锥状瓶形，花柱 3，棍棒状。蒴果圆锥形。花期 4~9 月。

生境：喜生于河流冲积平原、海滨、滩头、潮湿盐碱地和沙荒地。

药用价值：功效疏风，解表，透疹，解毒。

园林应用：主要用于道路绿化、公园绿化、庭院绿化、河道护岸生态修复、边坡绿化等工程，绿篱、色块、组团、球形造型为常见应用形式。

一百一十六、五福花科

1 **茶荚蒾** *Viburnum setigerum* Hance

科属：五福花科荚蒾属

形态特征：落叶灌木，高达4米。芽及叶干后变黑色、黑褐色或灰黑色；当年小枝浅灰黄色，多少有棱角，无毛，二年生小枝灰色，灰褐色或紫褐色。复伞形式聚伞花序无毛或稍被长伏毛，有极小红褐色腺点，第一级辐射枝通常5条，花生于第三级辐射枝上，芳香；萼齿卵形；花冠白色，干后变茶褐色或黑褐色，辐状。果序弯垂，果实红色，卵圆形。花期4~5月，果熟期9~10月。

生境：生于山谷溪涧旁疏林或山坡灌丛中，海拔200~1650米。

药用价值：治小便淋浊、肺痈、咳吐脓血、热瘀经闭。

园林应用：宜植于墙隅、亭旁，或丛植于常绿林缘，也可盆栽观赏。

2 **桦叶荚蒾** *Viburnum betulifolium* Batal.

科属：五福花科荚蒾属

形态特征：冬芽外被黄白色薄绒状简单长柔毛。叶纸质，上面被叉状长柔伏毛，后变近无毛。花冠较大，直径5~6毫米，裂片与筒几等长。果实较大，长约7毫米。

生境：分布于四川、云南等地。

药用价值：清热，利湿，活血化瘀。

园林应用：宜植于墙隅、亭旁，或丛植于常绿林缘，均甚相宜。

一百一十七、马桑科

草马桑 *Coriaria terminalis* Hemsl.

科属： 马桑科马桑属

形态特征： 亚灌木状草本。小枝四棱形或呈角状狭翅，紫红色。叶对生，薄纸质，下部的叶阔卵形或几成圆形，上部或侧枝的叶卵状披针形或长圆状披针形，基出 3~9 脉，叶无柄或具短柄。花小，单性，同株而不同序，总状花序顶生，序轴紫红色，被白色腺状柔毛；苞片披针形，紫色；萼片阔卵形或卵形或卵状披针形；花瓣 5 片，小，卵形肉质，里面龙骨状，花后增大，雄蕊 10，2 轮，花丝线形，花药长圆形。果成熟时紫红色或黑色。

生境： 海拔 1900~3700 米的山坡林下或灌丛中。

药用价值： 叶能止痛止痒，能用于皮炎湿疹和丘疹等多种皮肤病的治疗。

园林应用： 可作护坡植物。

一百一十八、省沽油科

野鸦椿 *Euscaphis japonica* (Thunb. ex Roem. & Schult.) Kanitz

科属：省沽油科野鸦椿属

形态特征：落叶小乔木或灌木，高 2~8 米。树皮灰褐色。小枝及芽红紫色，枝叶揉碎后发出恶臭气味。叶对生，奇数羽状复叶，叶轴淡绿色，小叶 5~9 枚，稀 3~11 枚，厚纸质，长卵形或椭圆形。圆锥花序顶生，花多，较密集，黄白色，萼片与花瓣均 5，椭圆形，萼片宿存，花盘盘状，心皮 3 个，分离。蓇葖果，果皮软革质，紫红色；种子近圆形，黑色，有光泽。花期 5~6 月，果期 8~9 月。

生境：多生长于山脚和山谷，常与一些小灌木混生，散生。其幼苗耐阴，耐湿润，耐瘠薄干燥，耐寒性较强。

药用价值：根或果实入药，祛风解表，清热利湿；祛风散寒，行气止痛，消肿散结。

园林应用：观花、观叶和赏果，可群植、丛植于草坪，也可用于庭园，公园等地。

一百一十九、列当科

1 伯氏马先蒿 *Pedicularis petitmenginii* Bonati

科属：列当科马先蒿属

形态特征：多年生草本。干时变为黑色。总状花序顶生；苞片叶状而小，裂片亦少；萼管卵形而斜，外被白色长柔毛，萼齿 3 枚，绿色而质较厚；花冠长约 11~15 毫米，管及下唇为白色或淡黄色，盔部色较深，紫色或紫红色，花管伸直，比萼管长，外微被短毛。蒴果斜圆卵形。花期 5~8 月，果期 7~9 月。

生境：生于海拔 3100~3850 米的林下，林缘及草地上。

药用价值：具有滋阴补肾、补中益气、健脾和胃等功效。

园林应用：可配置假山，点缀草坪等。

2 大管马先蒿 *Pedicularis macrosiphon* Franch.

科属：列当科马先蒿属

形态特征：多年生草本。干时略变黑色，草质。花腋生，疏稀，浅紫色至玫瑰色；萼圆筒形，前方不开裂，膜质齿 5 枚；花冠长 4.5~6 厘米盔直立部分的基部到盔顶约 7 毫米；下唇长于盔，长约 15 毫米，宽约 14 毫米，以锐角开展，3 裂，侧裂较大而椭圆形，中裂凸出为狭卵形而钝头，长过于广；雄蕊着生于管喉，两对花丝均无毛；柱头略伸出于喙端。蒴果长圆形至倒卵形。花期 5~8 月。

生境：生于海拔 1200~3400 米的山沟阴湿处、沟边及林下。

药用价值：具有滋阴补肾、补中益气、健脾和胃等功效。

园林应用：花期长，花形整齐，叶形美观，可密植于花坛或为花境、草地镶边。

3 甘肃马先蒿 *Pedicularis kansuensis* Maxim.

科属： 列当科马先蒿属

形态特征： 一年或两年生草本。干时不变黑。花序长者达 25 厘米或更多，花轮极多而均疏距；苞片下部者叶状；花冠长约 15 毫米，其管在基部以上向前膝曲，向上渐扩大，至下唇的水平上宽达 3~4 毫米，下唇长于盔，裂片圆形，中裂较小，基部狭缩，其两侧与侧裂所组成之缺刻清晰可见，盔长约 6 毫米，基部仅稍宽于其他部分，中下部有一最狭部分，额高凸，常有具波状齿的鸡冠状凸起，端的下缘尖锐但无凸出的小尖。蒴果斜卵形。花期 6~8 月。

生境： 生于海拔 1825~4000 米的草坡和有石砾处，而田埂旁尤多。

药用价值： 清热利湿，调经活血，固齿。主治肝炎、胆囊炎、月经不调、水肿。

园林应用： 用于花坛、花境栽植。

一百二十、茶藨子科

冰川茶藨子 *Ribes glaciale* Wall.

科属：茶藨子科茶藨子属

形态特征：落叶灌木，高 2~5 米。花单性，雌雄异株，组成直立总状花序；雄花序长 2~5 厘米，具花 10~30；雌花序短，长 1~3 厘米，具花 4~10；花序轴和花梗具短柔毛和短腺毛；苞片卵状披针形或长圆状披针形；花萼近辐状，褐红色；萼筒浅杯形，宽大于长；萼片卵圆形或舌形，先端圆钝或微尖，直立；花瓣近扇形或楔状匙形，短于萼片，先端圆钝；花丝红色，花药圆形，紫红色或紫褐色；雌花的雄蕊退化，花药无花粉；子房倒卵状长圆形。果实近球形或倒卵状球形，红色。花期 4~6 月，果期 7~9 月。

生境：生于山坡或山谷丛林及林缘或岩石上，海拔 900~3000 米。

药用价值：叶用于烧、烫伤，漆疮，胃痛。茎皮、果实可清热燥湿，健胃。

园林应用：可作垂直绿化用。

一百二十一、乌毛蕨科

顶芽狗脊 *Woodwardia unigemmata*

科属：乌毛蕨科狗脊属

形态特征：植株高达 2 米。叶脉明显，羽轴两面及主脉上面隆起，与叶轴同为棕禾秆色，在羽轴及主脉两侧各有 1 行狭长网眼，其外的小脉分离，小脉单一或二叉，先端有纺缍形水囊；叶革质，干后棕色或褐棕色，叶轴近先端具 1 枚被棕色鳞片的腋生大芽胞。孢子囊群粗短线形，挺直或略弯，着生于主脉两侧的狭长网眼上，下陷于叶肉；囊群盖同形，厚膜质，棕色或棕褐色，成熟时开向主脉。

生境：生疏林下或路边灌丛中，喜钙质土，海拔 450~3000 米。

药用价值：具有清热解毒、驱虫、凉血、止血等作用。

园林应用：作园林地被用。

一百二十二、藤黄科

1 短柱金丝桃 *Hypericum hookerianum*

科属：藤黄科金丝桃属

形态特征：灌木，高 0.3~2.1 米。丛状，圆顶，有直立至开张的枝条。花序具 1~5 花，自茎顶端第 1 节生出，近伞房状；苞片披针形或狭长圆形至倒卵状匙形；花直径 3~6 厘米，深盃状；花蕾宽卵珠形至近圆球形；萼片离生；花瓣深黄至暗黄色，无红晕，明显内弯，宽倒卵形至近圆形，边缘全缘，有近顶生的小尖突；雄蕊 5 束，每束有雄蕊 60~80，花药金黄色；子房宽卵珠形，离生；柱头狭头状。蒴果卵珠形至卵珠状圆锥形；种子深红褐色，圆柱形。花期 4~7 月，果期 9~10 月。

生境：生于山坡灌丛中或林缘处，海拔 2500~3400 米。

药用价值：清热利湿。

园林应用：可植于林荫树下，或者庭院角隅等。

2 贯叶连翘 *Hypericum perforatum* L.

科属：藤黄科金丝桃属

形态特征：多年生草本，高 20~60 厘米。花序为 5~7 花两岐状的聚伞花序，生于茎及分枝顶端，多个再组成顶生圆锥花序；苞片及小苞片线形；萼片长圆形或披针形，先端渐尖至锐尖，边缘有黑色腺点；花瓣黄色，长圆形或长圆状椭圆形，两侧不相等，边缘及上部常有黑色腺点；雄蕊多数，3 束，花药黄色，具黑腺点；子房卵珠形。蒴果长圆状卵珠形；种子黑褐色，圆柱形。花期 7~8 月，果期 9~10 月。

生境：生于山坡、路旁、草地、林下及河边等处，海拔 500~2100 米。

药用价值：具有舒肝解郁、清热利湿、消肿止痛的功效。

园林应用：可作为地被植物。

一百二十三、椴树科

1　椴树 _Tilia tuan_ Szyszyl.

科属：椴树科椴树属

形态特征：乔木，高 20 米。树皮灰色，直裂。叶卵圆形，有星状茸毛，干后灰色或褐绿色，侧脉 6~7 对，边缘上半部有疏而小的齿突。聚伞花序长 8~13 厘米；花柄长 7~9 毫米；苞片狭窄倒披针形，下面有星状柔毛；萼片长圆状披针形，被茸毛，内面有长茸毛；花瓣长 7~8 毫米。果实球形，无棱，有小突起，被星状茸毛。花期 7 月。

生境：主要分布于北温带和亚热带。

药用价值：祛风除湿，活血止痛，止咳。

园林应用：树形美观，花朵芳香，对有害气体的抗性强，是很好的行道树、庭荫树。

2　毛刺蒴麻 _Triumfetta cana_ Bl.

科属：椴树科刺蒴麻属

形态特征：木质草本，高 1.5 米。嫩枝被黄褐色星状茸毛叶卵形或卵状披针形。聚伞花序 1 至数枝腋生；萼片狭长圆形，被茸毛；花瓣比萼片略短，长圆形；雄蕊 8~10 或稍多；子房有刺毛，4 室，柱头 3~5 裂。蒴果球形。花期夏秋间。

生境：生长于次生林及灌丛中。

药用价值：全株供药用，辛温，消风散毒，治毒疮及肾结石。利尿化石。治石淋，感冒风热表症。

园林应用：可作为地被植物。

一百二十四、金粟兰科

1 **多穗金粟兰** *Chloranthus multistachys*

科属：金粟兰科金粟兰属

形态特征：多年生草本，高 16~50 厘米。茎直立，单生，下部节上生一对鳞片叶。穗状花序多条，粗壮，顶生和腋生；苞片宽卵形或近半圆形；花小，白色，排列稀疏；雄蕊 1~3 ；子房卵形，无花柱，柱头截平。核果球形，绿色，表面有小腺点。花期 5~7 月，果期 8~10 月。

生境：生于山坡林下阴湿地和沟谷溪旁草丛中，海拔 400~1650 米。

药用价值：根及根状茎供药用，能祛湿散寒、理气活血、散瘀解毒。

园林应用：适作地被植物成片栽植于山石旁，也可盆栽。

2 **全缘金粟兰** *Chloranthus holostegius* (Hand.–Mazz.) Pei et Shan

科属：金粟兰科金粟兰属

形态特征：多年生草本，高 25~55 厘米。茎直立，通常不分枝，下部节上对生 2 片鳞状叶。穗状花序顶生和腋生，通常 1~5 聚生，苞片宽卵形或近半圆形，不分裂；花白色；雄蕊 3，药隔伸长成线形；子房卵形。核果近球形或倒卵形，绿色。花期 5~6 月，果期 7~8 月。

生境：生于山坡、沟谷密林下或灌丛中，海拔 700~1600 米。

药用价值：全草供药用，能解毒消肿、活血散瘀。

园林应用：可作园林地被用。

一百二十五、紫葳科

1　多小叶鸡肉参 *Incarvillea mairei* var. *multifoliolata*

科属：紫葳科角蒿属

形态特征：多年生草本，高 30~40 厘米。总状花序有花 2~4，着生花序近顶端；花莛长达 22 厘米；小苞片 2 枚，线形；花萼钟状，萼齿三角形，顶端渐尖；花冠紫红色或粉红色，花冠筒长 5~6 厘米，下部带黄色，花冠裂片圆形；雄蕊 4，2 强子房 2 室；柱头扇形，薄膜质。蒴果圆锥状。种子多数，阔倒卵形，淡褐色。花期 6~8 月，果期 8~10 月。

生境：生于海拔 3200~4200 米的石山草坡或云杉林边。

药用价值：补气益血，滋补强壮。

园林应用：高山花卉，花冠紫红色或粉红色，具有较好的观赏性。可引种栽培作地被植物。

2　红菠萝花 *Incarvillea delavaryi*

科属：紫葳科角蒿属

形态特征：多年生草本，高达 30 厘米。无茎。全株无毛。总状花序有 2~6 花，着生于花莛顶端，花莛长达 30 厘米；花萼钟状，花冠钟状，红色，花冠筒长约 5 厘米，裂片 5，半圆形，开展；雄蕊 4，2 强；花药卵圆形，丁字形着生；花柱长约 3 厘米，柱头扁平，扇形。蒴果木质，4 棱形，灰褐色。花期 7 月。

生境：生于海拔 2400~3900 米的高山草坡中。

药用价值：根入药，治产后少乳、体虚、久病虚弱、头晕、贫血，有滋补强壮作用。

园林应用：可作为园林地被植物。

3　密生波罗花 *Incarvillea compacta* Maxim.

科属：紫葳科角蒿属

形态特征：多年生草本。总状花序密集，聚生于茎顶端，1 至多花丛叶腋中抽出；苞片长 1.8~3 厘米，线形；花萼钟状，绿色或紫红色，具深紫色斑点，萼齿三角形；花冠红色或紫红色，花冠筒外面紫色，具黑色斑点，内面具少数紫色条纹，裂片圆形；雄蕊 4，2 强，着生于花冠筒基部，花药两两靠合；子房长圆形，柱头扇形。蒴果长披针形。花期 5~7 月，果期 8~12 月。

生境：生于空旷石砾山坡及草灌丛中，海拔 2600~4100 米。

药用价值：花、种子、根均入药，治胃病、黄疸、消化不良、耳炎、耳聋、月经不调、高血压、肺出血。

园林应用：可作园林地被用。

一百二十六、千屈菜科

萼距花 *Cuphea hookeriana*

科属：千屈菜科萼距花属

形态特征：灌木或亚灌木状，高 30~70 厘米。叶薄革质，披针形或卵状披针形，稀矩圆形。花单生于叶柄之间或近腋生，组成少花的总状花序；花梗纤细；花萼基部上方具短距，带红色，背部特别明显，密被粘质的柔毛或绒毛；花瓣 6 片，其中上方 2 片特大而显著，矩圆形，深紫色，波状，具爪，其余 4 片极小，锥形；子房矩圆形。

生境：耐热，喜高温，不耐寒。喜光，也能耐半阴，生长快，萌芽力强，耐修剪。喜排水良好的沙质土壤。

药用价值：种子富含中链甘油三酯。

园林应用：适合庭院石头旁作矮行道树、百花丛、花圃边缘种植。

一百二十七、无患子科

1 房县枫 *Acer sterculiaceum*

科属：无患子科槭属

形态特征：落叶乔木，高 10~15 米。树皮深褐色。总状花序或圆锥总状花序，先叶或与叶同时发育；花黄绿色，单性，雌雄异株；萼片 5 片，长圆卵形；花瓣 5 片，与萼片等长；在雌花中不发育，花药黄色；雌花的子房有疏柔毛。果序长 6~8 厘米；小坚果凸起，近于球形，褐色，嫩时被淡黄色疏柔毛，旋即脱落；翅镰刀形。花期 5 月，果期 9 月。

生境：生于海拔 2000~2500 米的疏林中。

药用价值：行气止痛，除湿驱风。

园林应用：可作行道树。

2 栾树 *Koelreuteria paniculata* Laxm.

科属：无患子科栾树属

形态特征：落叶乔木或灌木。树皮厚，灰褐色至灰黑色，老时纵裂。聚伞圆锥花序长 25~40 厘米，在末次分枝上的聚伞花序具花 3~6 朵，密集呈头状；苞片狭披针形；花淡黄色，稍芬芳；萼裂片卵形，呈啮蚀状；花瓣 4 片，开花时向外反折，线状长圆形，瓣片基部的鳞片初时黄色，开花时橙红色；雄蕊 8，在雄花中的长 7~9 毫米，雌花中的长 4~5 毫米，花丝下半部密被白色；花盘偏斜；子房三棱形。蒴果圆锥形，具 3 棱，果瓣卵形；种子近球形。花期 6~8 月，果期 9~10 月。

生境：产自我国大部分省区。

药用价值：清肝明目。主治目赤肿痛、多泪。

园林应用：栾树适应性强、季相明显，是理想的绿化，观叶树种。宜作庭荫树，行道树及园景树。

3 复羽叶栾树 *Koelreuteria bipinnata*

科属：无患子科栾树属

形态特征：乔木，高可达 20 余米。圆锥花序大型，长 35~70 厘米；萼 5 裂达中部，裂片阔卵状三角形或长圆形；花瓣 4 片，长圆状披针形，瓣片顶端钝或短尖，瓣爪，被长柔毛；雄蕊 8，花丝被白色；子房三棱状长圆形，被柔毛。蒴果椭圆形或近球形，具 3 棱，淡紫红色，老熟时褐色；有小凸尖，果瓣椭圆形至近圆形；种子近球形。花期 7~9 月，果期 8~10 月。

生境：生于海拔 400~2500 米的山地疏林中。

药用价值：根入药，有消肿、止痛、活血、驱蛔之功。

园林应用：可作为庭荫树、风景树。

一百二十八、远志科

1 **瓜子金** *Polygala japonica* Houtt.

科属：远志科远志属

形态特征：多年生草本，高 15~20 厘米。茎、枝直立或外倾，绿褐色或绿色。总状花序与叶对生，或腋外生，最上 1 个花序低于茎顶；花梗细；萼片 5 片，外面 3 片披针形，里面 2 片花瓣状，卵形至长圆形，基部具爪；花瓣 3 片，白色至紫色，基部合生，侧瓣长圆形，龙骨瓣舟状，具流苏状鸡冠状附属物；雄蕊 8，鞘 1/2 以下与花瓣贴生，子房倒卵形，具翅。蒴果圆形；种子 2 颗，卵形，黑色。花期 4~5 月，果期 5~8 月。

生境：生于山坡草地或田埂上，海拔 800~2100 米。

药用价值：全草或根入药，有镇咳、化痰、活血、止血、安神、解毒的功效。

园林应用：花与果均具芳香，常作花篱，盆栽装饰庭院。

2 **荷包山桂花** *Polygala arillata* Buch.-Ham. ex D. Don

科属：远志科远志属

形态特征：灌木或小乔木。总状花序与叶对生，下垂，密被短柔毛，果时长达 25~30 厘米；花长 13~20 毫米；萼片 5 片，外面 3 片小，不等大，内萼片 2 片，花瓣状，红紫色，长圆状倒卵形；花瓣 3 片，肥厚，黄色，侧生花瓣长 11~15 毫米，较龙骨瓣短，2/3 以下与龙骨瓣合生，基部外侧耳状，龙骨瓣盔状，具丰富条裂的鸡冠状附属物；雄蕊 8，花丝长约 14 毫米，2/3 以下连合成鞘，并与花瓣贴生，花药卵形；子房圆形。蒴果阔肾形至略心形，浆果状，成熟时紫红色，果爿具同心圆状肋。花期 5~10 月，果期 6~11 月。

生境：生于山坡林下或林缘，海拔 700~3000 米。

药用价值：根皮入药，有清热解毒、祛风除湿、补虚消肿之功能。

园林应用：花黄色，果红色，下垂，是很好的园林观赏树种。

一百二十九、木犀科

1　流苏树 *Chionanthus retusus* Lindl. et Paxt.

科属：木犀科流苏树属

形态特征：落叶灌木或乔木，高可达 20 米。聚伞状圆锥花序，长 3~12 厘米；苞片线形，花长 1.2~2.5 厘米，单性而雌雄异株或为两性花；花萼 4 深裂，裂片尖三角形或披针形；花冠白色，4 深裂，裂片线状倒披针形，花冠管短；雄蕊藏于管内或稍伸出，花药长卵形，药隔突出；子房卵形，柱头球形。果椭圆形，呈蓝黑色或黑色。花期 3~6 月，果期 6~11 月。

生境：生于海拔 3000 米以下的稀疏混交林中或灌丛中，或山坡、河边。

药用价值：强壮，兴奋，益脑，健胃，活血脉。治手足麻木。

园林应用：优良的园林观赏树种，点缀、群植、列植均具很好的观赏效果。

2　蜡子树 *Ligustrum leucanthum*

科属：木犀科女贞属

形态特征：落叶灌木或小乔木，高 1.5 米。树皮灰褐色。圆锥花序着生于小枝顶端；花萼截形或萼齿呈宽三角形；花冠裂片卵形；花药宽披针形。果近球形至宽长圆形，呈蓝黑色。花期 6~7 月，果期 8~11 月。

生境：生于山坡林下、路边和山谷丛林中以及荒地、溪沟边或林边。

药用价值：蜡子树树、皮、根、叶可入药，能治疗多种疾病，如头痛、牙痛、水肿、湿疮、疥癣、蛇咬伤、肝硬化，同时还能在体外抑菌、抗炎、降压等功效。

园林应用：可作行道树或庭荫树等。

一百三十、紫菜科

聚合草 *Symphytum officinale* L.

科属：紫菜科聚合草属

形态特征：丛生型多年生草本，高 30~90 厘米。花序含多数花；花萼裂至近基部，裂片披针形；花冠长 14~15 毫米，淡紫色、紫红色至黄白色，裂片三角形；子房通常不育，偶而个别花内成熟 1 个小坚果。小坚果歪卵形，黑色，平滑，有光泽。花期 5~10 月。

生境：生于山林地带，为典型的中生植物。

药用价值：聚合草含有尿囊素，可以刺激新细胞生长，外用治疗创伤，可促进伤口愈合。药用根茎，有活血凉血、清热解毒的功效。

园林应用：可作庭院植物、地被植物和盆栽等。

一百三十一、柿科

君迁子 *Diospyros lotus* L.

科属：柿科柿属

形态特征：落叶乔木，高可达30米。雄花1~3腋生，簇生；花萼钟形，4裂；花冠壶形，带红色或淡黄色，裂片近圆形，边缘有睫毛；雄蕊16，每2枚连生成对；花药披针形；子房退化；雌花单生，淡绿色或带红色；花萼4裂，深裂至中部，花冠壶形，裂片近圆形；退化雄蕊8枚，着生花冠基部。果近球形或椭圆形，初熟时为淡黄色，后则变为蓝黑色。花期5~6月，果期10~11月。

生境：生于海拔500~2300米左右的山地、山坡、山谷的灌丛中，或在林缘。

药用价值：种子可入药，有止渴、去烦热，令人润泽，镇心的功效，是清热药、止咳药。

园林应用：栽植作庭院树或行道树。

一百三十二、木贼科

1 **节节草** *Equisetum ramosissimum* Desf.

科属：木贼科木贼属

形态特征：中小型植物。根茎直立，黑棕色。地上枝多年生；枝一型，绿色，主枝多在下部分枝，常形成簇生状；鞘筒下部灰绿色，上部灰棕色；鞘齿 5~12 枚，三角形，灰白色，黑棕色或淡棕色；侧枝较硬，圆柱状；鞘齿 5~8 个，披针形，上部棕色，宿存。孢子囊穗短棒状或椭圆形。

生境：海拔 100~3300 米。

药用价值：疏风散热，解肌退热。

园林应用：可作园林地被用。

2 **披散木贼** *Equisetum diffusum* D. Don

科属：木贼科木贼属

形态特征：中小型植物。根茎横走，黑棕色，节和根密生黄棕色长毛或光滑无毛。枝一型；高 10~70 厘米；主枝有脊 4~10 条，脊的两侧隆起成棱伸达鞘齿下部，每棱各有一行小瘤伸达鞘齿，鞘筒狭长，下部灰绿色，上部黑棕色；鞘齿 5~10 枚，披针形，先端尾状，革质，黑棕色；侧枝纤细，较硬，圆柱状，有脊 4~8 条，脊的两侧有棱及小瘤，鞘齿 4~6 个，三角形，革质，灰绿色，宿存。孢子囊穗圆柱状。

生境：生于海拔 0~3400 米。

药用价值：清热利尿，解表散寒，明目退翳，接骨。

园林应用：常于山坡、阴湿处的配置植物，成片种植作园林地被用。

一百三十三、榆科

朴树 *Celtis sinensis* Pers.

科属：榆科朴属

形态特征：落叶乔木。树皮平滑，灰色。一年生枝被密毛。花杂性，两性花和单性花同株，1~3朵生于当年枝的叶腋；花被片4枚，被毛；雄蕊4，柱头2个。核果单生或2个并生，近球形，熟时红褐色，果核有穴和突肋。花期4~5月，果期9~11月。

生境：多生于路旁、山坡、林缘，海拔100~1500米。

药用价值：根、皮、嫩叶入药，有消肿止痛、解毒治热的功效。外敷治水火烫伤。

园林应用：树冠圆满宽广，树荫浓郁，对有毒气体的抗性强。在园林中孤植于草坪或旷地，列植于街道两旁。

一百三十四、桦木科

桤木 *Alnus cremastogyne* Burk.

科属：桦木科桤木属

形态特征：乔木。树皮灰色，平滑。雄花序单生，长3~4厘米。果序单生于叶腋，矩圆形；序梗细瘦，柔软，下垂；果苞木质；小坚果卵形。

生境：我国特有种，生于海拔500~3000米的山坡或岸边的林中。

药用价值：清热凉血。用于鼻衄、肠炎、痢疾。

园林应用：根系发达，具有根瘤或菌根，能固沙保土，是生态防护林树种。桤木喜水湿，是河岸护堤和水湿地区重要造林树种。

一百三十五、叶下株科

算盘子 *Glochidion puberum* (L.) Hutch.

科属：叶下株科算盘子属

形态特征：直立灌木。小枝、叶片下面、萼片外面、子房和果实均密被短柔毛。叶片纸质或近革质，长圆形、长卵形或倒卵状长圆形，稀披针形。花小，雌雄同株或异株，2~5 簇生于叶腋内，雄花束常着生于小枝下部，雌花束则在上部，或有时雌花和雄花同生于一叶腋内；雄蕊 3，合生呈圆柱状；雌花：花梗长约 1 毫米；萼片 6 片，与雄花的相似，但较短而厚。蒴果扁球状；种子近肾形，具三棱，砖红色。花期 4~8 月，果期7~11 月。

生境：生于海拔 300~2200 米的山坡、溪旁灌木丛中或林缘。

药用价值：根、茎、叶和果实均可药用，有活血散瘀、消肿解毒之效，治痢疾、腹泻、感冒发热、咳嗽、食滞腹痛、湿热腰痛、跌打损伤、疝气（果）等。

园林应用：本种在华南荒山灌丛极为常见，为酸性土壤的指示植物。

一百三十六、里白科

芒萁 *Dicranopteris dichotoma* (Thunb.) Berhn.

科属：里白科芒萁属

形态特征：植株高达 3~5 米。蔓延生长。叶远生；叶轴 5~8 回两叉分枝，一回叶轴长 13~16 厘米，二回以上的羽轴较短，末回叶轴，上面具 1 纵沟；各回腋芽卵形，密被锈色毛，苞片卵形，边缘具三角形裂片，叶轴第一回分叉处无侧生托叶状羽片，其余各回分叉处两侧均有一对托叶状羽片；末回羽片形似托叶状的羽片，篦齿状深裂几达羽轴；裂片平展，15~40 对，披针形或线状披针形；叶坚纸质，上面绿色，下面灰白色，无毛。孢子囊羣圆形，细小，一列，着生于基部上侧小脉的弯弓处，由 5~7 枚孢子囊组成。

生境：生于疏林下及火烧迹地上。

药用价值：有清热利尿、化瘀、止血之功效。

园林应用：生长于酸性红壤的山坡上，是酸性土壤指示植物，可作园林地被植物。

一百三十七、美人蕉科

美人蕉 *Canna indica* L.

科属：美人蕉科美人蕉属

形态特征：植株全部绿色，高可达 1.5 米。总状花序疏花；略超出于叶片之上；花红色，单生；苞片卵形，绿色；萼片 3 片，披针形；花冠裂片披针形，绿色或红色；外轮退化雄蕊 3~2，鲜红色；唇瓣披针形。蒴果绿色，长卵形。花果期 3~12 月。

生境：我国南北各地常有栽培。

药用价值：根茎清热利湿，舒筋活络等。

园林应用：可用作盆栽，也可地栽。

一百三十八、木兰科

木莲 *Manglietia fordiana* Oliv.

科属：木兰科木莲属

形态特征：乔木，高达 20 米。嫩枝及芽有红褐短毛。总花梗被红褐色短柔毛，花被片纯白色，每轮 3 片，外轮 3 片质较薄，近革质，凹入，长圆状椭圆形。聚合果褐色，卵球形，蓇葖露出面有粗点状凸起，先端具长约 1 毫米的短喙；种子红色。花期 5 月，果期 10 月。

生境：生于海拔 1200 米的花岗岩、沙质岩山地丘陵。

药用价值：果及树皮入药，治便闭和干咳。

园林应用：木莲树姿优美，枝叶浓密，花大芳香，果实鲜红，是园林观赏的优良树种。

一百三十九、木棉科

木棉 *Bombax ceiba*

科属：木棉科木棉属

形态特征：落叶大乔木。树皮灰白色。幼树的树干通常有圆锥状的粗刺。分枝平展。花单生枝顶叶腋，通常红色，有时橙红色；萼杯状，萼齿3~5，半圆形，花瓣肉质，倒卵状长圆形，二面被星状柔毛；雄蕊管短，花丝较粗；花柱长于雄蕊。蒴果长圆形，钝，密被灰白色长柔毛和星状柔毛；种子多数，倒卵形，光滑。花期3~4月，果夏季成熟。

生境：生于海拔1400~1700米以下的干热河谷、沟谷季雨林内。

药用价值：花可供蔬食，入药清热除湿，能治菌痢、肠炎、胃痛。根皮祛风湿、理跌打。树皮为滋补药，亦用于治痢疾和月经过多。

园林应用：木棉树形高大雄伟，春季红花盛开，是优良的行道树、庭荫树和风景树。

一百四十、桃金娘科

柠檬桉 *Eucalyptus citriodora* Hook. f.

科属：桃金娘科桉属

形态特征：大乔木，高 28 米。树干挺直。树皮光滑，灰白色，大片状脱落。成熟叶片狭披针形，揉之有浓厚的柠檬气味；过渡性叶阔披针形。圆锥花序腋生；花蕾长倒卵形；萼管；雄，花药椭圆形。蒴果壶形，果瓣藏于萼管内。花期 4~9 月。

生境：原产地在澳大利亚东部及东北部无霜冻的海岸地带，最高海拔分布为 600 米，年降水量为 600~1000 毫米，喜肥沃壤土。

药用价值：柠檬桉叶有消肿散毒功能，用于治疗腹泻肚痛、皮肤病及风湿骨痛，还可预防流感、流脑、麻疹。

园林应用：优美园景树。树干洁净，树姿优美，在公园、风景区、庭院等绿地，孤植、丛植、群植观赏。

一百四十一、石松科

蛇足石杉 *Huperzia serrata*

科属：石松科石杉属

形态特征：多年生土生植物。茎直立或斜生。枝上部常有芽胞。叶螺旋状排列，疏生，平伸，狭椭圆形，向基部明显变狭，通直，基部楔形，下延有柄，中脉突出明显，薄革质。孢子叶与不育叶同形；孢子囊生于孢子叶的叶腋，两端露出，肾形，黄色。

生境：生于海拔 300~2700 米的林下、灌丛下、路旁。

药用价值：全草入药，有清热解毒、生肌止血、散瘀消肿的功效。治跌打损伤、瘀血肿痛、内伤出血。外用治痈疔肿毒、毒蛇咬伤、烧烫伤等。但该品有毒，中毒时可出现头昏、恶心、呕吐等症状。

园林应用：可作蕨类地被植物。

一百四十二、丝缨花科

长叶珊瑚 *Aucuba himalaica* var. *dolichophylla* W. P. Fang & T. P. Soong

科属：丝缨花科桃叶珊瑚属

形态特征：本变种的叶片为窄披针形或披针形，长 9~18 厘米，宽 1.5~3.5 厘米，下面无毛或仅中脉被短柔毛，边缘具细锯齿 4~7 对。

生境：常绿阔叶林下，海拔 1000 米。

药用价值：祛风除湿，通络止痛。

园林应用：植于林缘、坡地和山谷溪畔等地用。

一百四十三、旌节花科

中国旌节花 *Stachyurus chinensis* Franch.

科属：旌节花科、旌节花属

形态特征：落叶灌木，高2~4米。穗状花序腋生，先叶开放；花黄色，长约7毫米；苞片1枚，三角状卵形；小苞片2枚，卵形；萼片4枚，黄绿色，卵形；花瓣4枚，卵形；雄蕊8；子房瓶状，连花柱长约6毫米，被微柔毛，柱头头状，不裂。果实圆球形。花粉粒球形或近球形，具三孔沟。花期3~4月，果期5~7月。

生境：山坡林下或灌丛中；生于海拔400~3000米的山坡谷地林中或林缘。

药用价值：其茎髓为著名中药"通草"，有利尿、催乳、清湿热、治水肿、淋病等功效。

园林应用：宜植于园林绿地，也可植于林缘、坡地和山谷溪畔等地，景观效果良好。

一百四十四、香蒲科

小香蒲 *Typha minima* Funck ex Hoppe

科属：香蒲科香蒲属

形态特征：多年生沼生或水生草本。雄花无被，雄蕊通常 1 枚单生，有时 2~3 枚合生；雌花具小苞片；孕性雌花柱头条形，子房纺锤形；不孕雌花子房长 1~1.3 毫米，倒圆锥形；白色丝状毛先端膨大呈圆形。小坚果椭圆形，纵裂，果皮膜质；种子黄褐色，椭圆形。花果期 5~8 月。

生境：池塘、湿地及低洼处。

药用价值：治小便不利、乳痈。

园林应用：点缀园林水池、湖畔，构筑水景。宜作花境、水景背景材料。

参 考 文 献

鲍海鸥. 庐山野生观赏植物资源调查研究 [D]. 南京：南京林业大学，2008.

陈福春，常志刚. 大兴安岭北部山地野生灌木花卉资源 [J]. 中国园艺文摘，2011，27（02）：51-52.

陈俊愉. 国内外花卉科学研究与生产开发的现状与展望 [J]. 广东园林，1998（2）：3-10，20.

陈俊愉，程绪珂. 中国花经 [M]. 上海：上海文化出版社，1990.

张旭乐，林霞，刘洪见，等. 浙江省野生花境植物资源及观赏应用初步研究 [J]. 中国农学通报，2011，27
（13）：296-300.

周海峰. 广西九万山国家级自然保护区野生观赏植物资源调查研究 [D]. 南宁：广西大学，2014.

朱纯，代色平. 广东野生观赏植物资源开发利用的综合评价 [J]. 广东园林，2008（04）：9-13.

张育恺. 广东南昆山自然保护区野生观赏植物资源分析与评价研究 [D]. 广州：华南农业大学，2016.

冯学华，林爵平. 南岭国家级自然保护区野生观赏植物资源 [J]. 林业科技通讯，2001（03）：32-34.

强晓鸣，高文，刘凤利. 陕西牛背梁自然保护区野生木本彩叶植物资源 [J]. 陕西林业科技，2012（01）：
18-21.

乔勇进，许景伟，史少军，等. 我国野生植物资源保护的现状、特点和对策 [J]. 防护林科技，2005（1）：
50-52.

潘端云. 黔中地区野生观赏植物多样性及其评价 [D]. 贵州：贵州大学，2019.

Anne-Marie T. Skou F T, Johannes K. Are plant populations in expanding ranges made up of escaped cultivars? The
case of Ilex aquifolium in Denmark[J]. Plant Ecology, 2012, 213(7): 1131-1144.

Pejman A, Hedayat B, Ayoub M N, et al. Current status and biotechnological advances in genetic engineering of
ornamental plants[J]. Biotechnology Advances, 2016, 34(6): 1073-1090.

李德铢，蔡杰，贺伟，等. 野生生物种质资源保护的进展和未来设想 [J]. 中国科学院院刊，2021，36
（04）：409-416.

任小娟. 碧峰峡野生观赏植物资源及其区系分析 [D]. 成都：四川大学，2008.

涂清芳. 琅琊山风景区野生观赏植物资源调查及评价 [D]. 南京：南京林业大学，2012.

程文静. 浅析园林景观中药用植物的应用 [J]. 中国园艺文摘，2016，32（10）：76-77，154.

李国兴，石娟，郑红，等. 山东地区野生观赏植物的性状评价 [J]. 山东林业科技，2015，45（04）：28-34.

李莎. 中医药文化在景观设计中的表达 [D]. 重庆：西南大学，2013.